新潮文庫

沈黙の春

レイチェル・カーソン
青樹簗一訳

目次

沈黙の春

アルベルト・シュヴァイツァーに捧ぐ

シュヴァイツァーの言葉――
未来を見る目を失い、現実に先んずるすべを忘れた人間。そのゆきつく先は、自然の破壊だ。

湖水のスゲは枯れはて、
鳥は歌わぬ。

キーツ

私は、人類にたいした希望を寄せていない。人間は、かしこすぎるあまり、かえってみずから禍い(わざわ)をまねく。自然を相手にするときには、自然をねじふせて自分の言いなりにしようとする。私たちみんなの住んでいるこの惑星にもう少し愛情をもち、疑心暗鬼や暴君の心を捨て去れば、人類も生きながらえる希望があるのに。

E・B・ホワイト

まえがき

一九五八年の一月だったろうか、オルガ・オーウェンズ・ハキンズが手紙を寄こした。彼女が大切にしている小さな自然の世界から、生命という生命が姿を消してしまったと、悲しい言葉を書きつづってきた。まえに、長いこと調べかけてそのままにしておいた仕事を、またやりはじめようと、固く決心したのは、その手紙を見たときだった。どうしてもこの本を書かなければならないと思った。

仕事にとりかかってから、私を助け、はげましてくれた人は、数かぎりなく、その名をすべてここに書きつらねるわけにはいかない。何年にもわたって観察、研究した資料を気持よく提出して下さった人たち――それは、合衆国をはじめ外国の政府機関、試験所、大学、研究所につとめている人たち、またそのほかいろんな仕事をしている人々に及ぶ。貴重な時間を私のためにさき、いろいろと考えをきかせて下さった方すべてに、心から感謝したい。

原稿を読んで、それぞれ専門の立場から批判して下さった方々にも、私はどんなに感謝していることか。ここに記したことすべての責任は私にあるが、快く協力して下さった専門家のおかげがあったればこそ、この本を出すことができたのだ。——メイオー病院のL・G・バーソロミュー医学博士、テキサス大学のジョン・J・ビーセル氏、ウェスト・オンタリオ大学のA・W・A・ブラウン氏、コネティカット州ウェストポートのモートン・S・ビスカインド医学博士、オランダの植物保護局のC・J・ブリーイエ博士、ロップ・ベシー・ウェルダー野生生物協会のクラレンス・コタム氏、クリーブランド病院のジョージ・クライル医学博士、コネティカット州ノーフォークのフランク・エグラー氏、メイオー病院のマルコム・M・ハーグレイヴズ医学博士、国立癌（がん）研究所のW・C・ヒューパー医学博士、カナダ漁業研究所のC・J・カースウィル氏、ウィルダーネス協会のオラウス・ミュアリー氏、カナダ農務省のA・D・ピケット氏、イリノイ自然調査局のトマス・G・スコット氏、タフト衛生工学センターのクラレンス・ターズウェル氏、ミシガン州立大学のジョージ・J・ウォレス氏など。

だれでも資料をたくさん集めて本を書くとなると、優秀な図書館員の腕がものをいう。私の場合もその例にもれない。とくに内務省図書館のアイダ・K・ジョンストン氏、国立衛生研究所図書館のセルマ・ロビンソン氏には特別の尽力を賜った。

また編集者ポール・ブルックス氏は、何年にもわたって私をはげまし、私の遅筆を許してくれた。また、編集者としてのすぐれた判断力にも、感謝したい。

文献の蒐集（しゅうしゅう）にあたっては、ドロシー・アルガイヤー、ジーン・デイヴィス、ベット・

ヘイニー・ダフの助力をうけた。また家政婦アイダ・スプローさんの心のこもった助けがなければ、この本を書きあげることはできなかっただろう。私個人の生活で苦しい時が何回かあったのだ。

そのほかたくさんの人々のおかげをどれほどこうむったかを記して、このまえがきを終りたい。個人的には知らない人たちが大部分だが、こういう人たちがいるということに、どれほど勇気づけられたことか。この世界を毒で意味なくよごすことに先頭をきって反対した人たちなのだ。人間だけの世界ではない。動物も植物もいっしょにすんでいるのだ。その声は大きくなくても、戦いはいたるところで行われ、やがていつかは勝利がかれらの上にかがやくだろう。そして、私たち人間が、この地上の世界とまた和解するとき、狂気から覚めた健全な精神が光り出すであろう。

レイチェル・カーソン

一　明日のための寓話

アメリカの奥深くわけ入ったところに、ある町があった。生命あるものはみな、自然と一つだった。町のまわりには、豊かな田畑が碁盤の目のようにひろがり、穀物畑の続くその先は丘がもりあがり、斜面には果樹がしげっていた。春がくると、緑の野原のかなたに、白い花のかすみがたなびき、秋になれば、カシやカエデやカバが燃えるような紅葉のあやを織りなし、松の緑に映えて目に痛い。丘の森からキツネの吠え声がきこえ、シカが野原のもやのなかを見えつかくれつ音もなく駆けぬけた。

道を歩けば、アメリカシャクナゲ、ガマズミ、ハンノキ、オオシダがどこまでも続き、野花が咲きみだれ、四季折々、道行く人の目をたのしませる。冬の景色も、すばらしかった。枯れ草が、雪のなかから頭を出している。その実やベリー（漿果）を求めて、たくさんの鳥が、やってきた。いろんな鳥が、数えきれないほどくるので有名だった。春と秋、渡り鳥が洪水のように、あとからあとへと押し寄せては飛び去るころになると、遠路もいとわず鳥見に大勢の人たちがやってくる。釣りにくる人もいた。山から流れる川は冷たく澄んで、ところどころに淵をつくり、マスが卵を産んだ。むかしむかし、はじめて人間がここに分け入って家を建て、井戸を掘り、家畜小屋を建てた、そのときから、自然はこうした姿を見せてきたのだ。

ところが、あるときどういう呪いをうけたのか、暗い影があたりにしのびよった。いままで見たこともきいたこともないことが起りだした。若鶏はわけのわからぬ病気にかかり、牛も羊も病気になって死んだ。どこへ行っても、死の影。農夫たちは、どこのだれが病気になったというはなしでもちきり。町の医者は、見たこともない病気があとからあとへと出てくるのに、とまどうばかりだった。そのうち、突然死ぬ人も出てきた。何が原因か、わからない。大人だけではない。子供も死んだ。元気よく遊んでいると思った子供が急に気分が悪くなり、二、三時間後にはもう冷たくなっていた。

自然は、沈黙した。うす気味悪い。鳥たちは、どこへ行ってしまったのか。みんな不思議に思い、不吉な予感におびえた。裏庭の餌箱は、からっぽだった。ああ鳥がいた、と思っても、死にかけていた。ぶるぶるからだをふるわせ、飛ぶこともできなかった。春がきたが、沈黙の春だった。いつもだったら、コマツグミ、ネコマネドリ、ハト、カケス、ミソサザイの鳴き声で春の夜は明ける。そのほかいろんな鳥の鳴き声がひびきわたる。だが、いまはもの音一つしない。野原、森、沼地——みな黙りこくっている。

農家では鶏が卵を産んだが、雛は孵らず、豚を飼っても、何にもならなかった。小さい子ばかり生れ、それも二、三日で死んでしまう。リンゴの木は、溢れるばかり花をつけたが、耳をすましてもミツバチの羽音もせず、静まりかえっている。花粉は運ばれず、リンゴはならないだろう。

かつて目をたのしませた道ばたの草木は、茶色に枯れはて、まるで火をつけて焼きはらったようだ。ここをおとずれる生き物の姿もなく、沈黙が支配するだけ。小川からも、生命という生命の火は消えた。いまは、釣りにくる人もいない。魚はみんな死んだのだ。

ひさしのといのなかや屋根板のすき間から、白い細かい粒がのぞいていた。何週間まえのことだったか、この白い粒が、雪のように、屋根や庭や野原や小川に降りそそいだ。

病める世界——新しい生命の誕生をつげる声ももはやきかれない。でも、魔法にかけられたのでも、敵におそわれたわけでもない。すべては、人間がみずからまねいた禍いだった。

本当にこのとおりの町があるわけではない。だが、多かれ少なかれこれに似たことは、合衆国でも、ほかの国でも起っている。ただ、私がいま書いたような禍いすべてのそろった町が、現実にはないだけのことだ。裏がえせば、このような不幸を少しも知らない町や村は、現実にはほとんどないといえる。おそろしい妖怪が、頭上を通りすぎていったのに、気づいた人は、ほとんどだれもいない。そんなのは空想の物語さ、とみんな言うかもしれない。だが、これらの禍いがいつ現実となって、私たちにおそいかかるか

――思い知らされる日がくるだろう。

アメリカでは、春がきても自然は黙りこくっている。そんな町や村がいっぱいある。いったいなぜなのか。そのわけを知りたいと思うものは、先を読まれよ。

二　負担は耐えねばならぬ

この地上に生命が誕生して以来、生命と環境という二つのものが、たがいに力を及ぼしあいながら、生命の歴史を織りなしてきた。といっても、たいてい環境のほうが、植物、動物の形態や習性をつくりあげてきた。地球が誕生してから過ぎ去った時の流れを見渡しても、生物が環境を変えるという逆の力は、ごく小さなものにすぎない。だが、二十世紀というわずかのあいだに、人間という一族が、おそるべき力を手に入れて、自然を変えようとしている。

ただ自然の秩序をかきみだすのではない。いままでにない新しい力――質の違う暴力で自然が破壊されていく。ここ二十五年の動きを見れば、そう言わざるをえない。たとえば、自然の汚染。空気、大地、河川、海洋、すべておそろしい、死そのものにつながる毒によごれている。そして、たいていもう二度ときれいにならない。食物、ねぐら、生活環境などの外の世界がよごれているばかりではない。禍いのもとは、すでに生物の細胞組織そのものにひそんでいく。もはやもとへもどせない。汚染といえば放射能を考えるが、化学薬品は、放射能にまさるとも劣らぬ禍いをもたらし、万象そのもの――生命の核そのものを変えようとしている。核実験で空中にまいあがったストロンチウム90は、やがて雨やほこりにまじって降下し、土壌（どじょう）に入りこみ、草や穀物に付着し、そのうち人体の骨に入りこんで、その人間が死ぬまでついてまわる。だが、化学薬品もそれに劣らぬ禍いをもたらすのだ。畑、森林、庭園にまきちらされた化学薬品は、放射能と同じようにいつまでも消え去らず、やがて生物の体内に入って、中毒と死の連鎖をひき起していく。また、こんな不思議なこともある――土壌深くしみこんだ化学薬品は地下水によって遠く運ばれていき、やがて地表に姿をあらわすと、空気と日光の作用をうけ、新しく姿をかえて、植物を滅ぼし、家畜を病気にし、きれいな水と思って使っている人間のからだを知らぬまにむしばむ。アルベルト・シュヴァイツァーは言う――《人間自身がつくり出した悪魔が、いつか手におえないべつのものに姿を変えてしまった》。

いまこの地上に息吹（いぶ）いている生命がつくり出されるまで、何億年という長い時がすぎ去っている。発展、進化、分化の長い段階を通って、生命はやっと環境に適合し、均衡（バランス）を保てるようになった。環境があってこそ生命は維持されるが、環境はまたおそろしいものであった。たとえば、場所によっては、危険な放射能を出す岩石があった。すべての生命のエネルギー源である太陽光線にも、短波放射線がひそんでいて、生命をきずつけたのだった。時をかけて――それも何年とかいう短い時間ではなく何千年という時をかけて、生命は環境に適合し、そこに生命と環境の均衡ができてきた。時こそ、欠くことのできない構成要素なのだ。それなのに、私たちの生きる現代からは、時そのものが消えうせてしまった。

めまぐるしく移りかわる、いままで見たこともないような場面――それは、思慮深くゆっくりと歩む自然とは縁もゆかりもない。自分のことしか考えないで、がむしゃらに先をいそぐ人間のせいなのだ。放射線といっても、岩石から出る放射線でもなければ、またこの地上に生命が芽生えるまえに存在していた太陽の紫外線――宇宙線の砲撃でもなく、人間が原子をいじってつくり出す放射能なのだ。生命が適合しなければならなかった自然界の化合物といえば、カルシウムとか、シリカとか、銅とか、そのほか岩から洗い出され海へと運ばれていった無機物のかすにすぎなかったが、いまや人間は実験室のなかで数々の合成物をつくり出す。自然とは縁もゆかりもない、人工的な合成物に、生命は適合しなければならない。

時間をかければ、また適合できるようになるかもしれない。だが、時の流れは、人の力で左右できない、自然の歩みそのものなのだ。ひとりの人間の生涯のあいだにかたがつくものではない。何世代も何世代もかかる。何か奇跡が起ってうまくいっても、新しい化学物質があとをたつことなく実験室から流れ出てくるとすれば、すべてはむなしい。合衆国だけでも、毎年五百もの新薬が巷に溢れ出る。実にたいへんな数であって、その組合せの結果がどうなるか、何とも予測しがたい。人間や動物のからだは、毎年五百もの新しい化学薬品に何とか適合していかなければならない！ そして、私たちのからだに、動物たちのからだにどういう作用を及ぼすのか、少しもわからない化学物質ばかり……。

その大部分は、〈自然と人間の戦い〉で使われる。虫や雑草やネズミ類など――近代人が俗に言う《邪魔もの》をやっつけるために、一九四五年前後から基本的な化学薬品が二百あまりもつくり出され、何百何千の勝手な名前をつけて売り出されている。

撒布剤、粉末剤、エアゾールというふうに、農園でも庭園でも森林でも、そしてまた家庭でも、これらの薬品はやたらと使われている。だが、《益虫》も《害虫》も、みな殺しだ。鳥の鳴き声は消え、魚のはねる姿ももはや見られず、木の葉には死の膜がかかり、地中にも毒はしみこんでいく。そして、もとはといえば、わずか二、三の雑草をはびこらせないため、わずか二、三の昆虫が邪魔なためだとは……。地表に毒の集中砲火をあびせれば、結局、生命あるものすべての環境が破壊されるこの明白な事実を無視するとは、正気の沙汰とは思えない。《殺虫剤》と人は言うが、《殺生剤》と言ったほうがふさわしい。

化学薬品スプレーの歴史をふりかえってみると、悪循環の連鎖そのものといえよう。ＤＤＴが市販されてから、毒性の強いものがつぎからつぎへと必要になり、私たちはまるでエスカレーターにのせられたみたいに、上へ上へととどまるところを知らずのぼっていく。一度ある殺虫剤を使うと、昆虫のほうではそれに免疫(めんえき)のある品種を生み出す（まさにダーウィンの自然淘汰(とうた)説どおり）。そこで、それを殺すためにもっと強力な殺虫剤をつくる。だが、それも束(つか)の間(ま)、もっと毒性の強いものでなければきかなくなる。そしてまた、こんなこともある。殺虫剤をまくと、昆虫は逆に《ぶりかえし》て、まえよりもおびただしく大発生してくるのだ。これについては、あとでくわしく書こう。とまれ、化学戦が勝利に終ったことは、一度もなかった。そして、戦いが行われるたびに、生命という生命が、はげしい砲火をあびたのだった。

核戦争が起れば、人類は破滅の憂目(うきめ)にあうだろう。だが、いますでに私たちのまわりは、信じられないくらいおそろしい物質で汚染している。化学薬品スプレーもまた、核兵器とならぶ現代の重大な問題と言わなければならない。植物、動物の組織のなかに、有害な物質が蓄積されていき、やがては生殖細胞をつきやぶって、まさに遺伝をつかさどる部分を破壊し、変化させる。未来の世界の姿はひとえにこの部分にかかっているというのに。

人間の生殖細胞を人工的に変化させることの可能な時代がやってくると、未来の世界の建設者を自称する人たちは夢見ている。このようなことは可能なばかりか、いますでに起っているのだ。しかも、私たちの不注意から。なぜならば、放射線と同じように、化学薬品もまた突然変異をひき起すことが多い。虫退治にどんな殺虫剤を使うかというような一見つまらないことで、みずから未来の運命をきめるとは、考えてみれば皮肉なことだ。

いったいなんのために、こんな危険を冒しているのか――この時代の人はみんな気が狂ってしまったのではないか、と未来の歴史家は、現代をふりかえって、いぶかるかもしれない。わずか二、三種類の虫を退治するために、あたり一面をよごし、ほかならぬ自分自身の破滅をまねくとは、知性あるもののふるまいだろうか。だが、私たちがいままでしてきたことといえば、まさに寸分違わずそのとおりなのだ。ふりかえってみれば当然すぐにもやめなければならないのに、平気でこんなことをしてきたのだ。農作物の生産高を維持するためには、大量の殺虫剤をひろく使用しなければならない、と言われている。だが、本当は、農作物の生産過剰に困っている。農地削減に対する補償などをして生産を押えようとしているが、作物はやたらとつくられ、一九六二年度には、余剰食糧貯蔵費総額十億ドル以上を、私たちアメリカ人は税金として納めている。合衆国農務省には、穀物生産高を減らそうとする動きもある。だが、同じ省内のべつの課はこんなことを考えている（一九五八年）――《土壌銀行の規定にしたがい、耕作面積を減らすことは、最小面積で最大収穫高をあげるために、化学薬品使用の関心を刺戟するものと、一般的に考えられる》（訳注 ソイル・バンクとは、余剰農産物の作付けまたは収穫をへらすため、農地の使用中止に対する補償金を自治体や連邦政府が支払う制度）。

害虫などたいしたことはない、昆虫防除の必要などない、と言うつもりはない。私がむしろ言いたいのは、コントロールは、現実から遊離してはならない、ということ。そして、昆虫といっしょに私たちも滅んでしまうような、そんな愚かなことはやめよ——こう私は言いたいのだ。

一つの問題を片づけようとしてはつぎからつぎへと禍いをまねいてきた——こうしたことは、私たち現代の生活に特徴的だといっていい。人類がまだ地球の歴史に登場するまえ、そのころ昆虫はすでに地球に棲息（せいそく）していた。いろんな種類がいて、豊かな適応力をそなえていた。やがて人間があらわれると、昆虫は人間と衝突しだす（昆虫には五十万以上も種類があるから、パーセンテージにすれば人間と衝突した昆虫の数はごくわずかにすぎない）。昆虫が人間の安全をおびやかすのは、大きく二つにしぼられる。一つは、食糧補給の面で昆虫が人間の敵となったこと、いま一つは、昆虫が疾病（しっぺい）を媒介する点である。

人間が密集して住んでいるようなところ、そしてそれも天災、戦争、極度の貧困破滅に見舞われて、とくに衛生設備がいきとどかないときに、疾病を伝播（でんぱ）する昆虫が問題となり、防除対策をたてなければならなくなる。だが、化学薬品を大量に使っても、その成果はごくかぎられ、へたをすると逆に事態をいっそう悪化させるばかりであって、このことは、あとで説明したい。

農業も原始的な段階では、害虫などほとんど問題にならない。だが、広大な農地に一種類だけの作物を植えるという農業形態がとられるにつれて、面倒な事態が生じてきた。まずこの農作方式は、ある種の昆虫が大発生する下地となった。単一農作物栽培は、自然そのものの力を十分に利用していない。それは、技術屋が考える農業のようなものである。自然は、大地にいろいろ変化を生み出してきたが、人間は、それを単純化することに熱をあげ、そのあげく、自然がそれまでいろんな種類のあいだにつくり出してきた均衡やコントロールが破壊されてしまった。自然そのもののコントロールのおかげで、それぞれの種類には適当な棲息地があたえられていた。だが、新しい農業形態がとられ、たとえばコムギばかりがつくられるようになると、まえにはいろんな作物があったために十分発生できなかったコムギの害虫は、思いきりふえてくる。

これと似たようなことは、まだある。三、四十年まえ、合衆国の多くの町で、街路に立派なニレの木を植えた。だが、片端から病気にかかって、夢みた美しい景観も、いまでは絶望的な状態にある。病気は、コガネムシが運んできた。ニレの木ばかりが植えられていなければ、コガネムシも、むやみと繁殖できなかったのに……。

現代の昆虫防除の問題には、地質や人間の歴史も考慮しなければならないこともある。何千もの種類の生物が、もともと棲息していた地域を離れて新しいテリトリーへと侵入していくことが多い。そして、それも世界的な規模で行われる。このことは、イギリスの生態学者チャールズ・エルトンが最近の著作『侵蝕の生態学』でくわしく発表し、細かく説明している。一億数千万年まえの白亜紀に、各大陸をつないでいた陸の橋が切れて海となり、生物は《巨大な自然の隔離庫》に閉じこめられてしまい（エルトン）、それぞれの大陸では新しい種が発展していった。そして千五百万年ほどまえ、また陸地がつながると、この新しく生れた種は新しいテリトリーへと移動した。いまでもこのような動きは行われているばかりか、かなり積極的に人間がこの動きを助けている。

　たとえば、植物を輸入するのは、生物伝播の大きな原因となる。植物が動くと、ほとんどいつも動物がいっしょについてまわる。隔離ということが言われだしたのは、かなり新しく、それも完全にはできない。アメリカ合衆国植物輸入局がいままでに世界各地から移植した植物だけでも、二十万種あまりになる。植物につく主な害虫は百八十ばかり合衆国にいるが、その半数近くは海外から入ってきたもので、しかも大部分は植物にくっついて海を渡ってきた。

　新しい国へきてみれば、いままでの天敵もいず、植物であれ動物であれ侵入者は傍若無人にふえだす。私たちが手をやいている昆虫がたいてい輸入品なのは、わけのないことではない。

自然にそうなるにせよ、また人為的な原因があるにせよ、昆虫や植物はたえまなくどこからか入ってくるだろう。隔離したり化学薬品を大量撒布（スプレー）してみても、莫大（ばくだい）な費用がかかるばかりで、あまり効果があがらない。ただ一時しのぎにすぎない。エルトン博士によれば、私たちは、《生きのびるか滅びるかという事態に追いこまれているが、ある植物や動物を抑えつける技術的な方法を発見すればそれでいいのではない》。私たちに必要なのは、動物個体群や、動物と環境の関係についての基礎的な知識で、こういうことを知るときにこそ、《大発生や新しい侵蝕の爆発的な力を押えて、均衡（バランス）を押し進めることができるだろう》。

いますでにわかっていることは、少なくない。それなのに、私たちはその知識を十分利用しようとしない。大学では生態学者を養成し、政府関係にも生態学者はいる。それなのに、滅多にかれらの言葉に耳をかそうとしない。化学薬品の死の雨が降る。ほかにどうしようもないではないか、と、知らん顔をしている。だが、ほかにもいろいろと方法はある。何でも発明する私たちなのだから、機会さえあたえられれば、もっといろんな方法を発見できるのに……。

みんな、催眠術にかけられているのか。よくないものも、有害なものも、仕方ないと受け入れてしまう。よいものを要求する意志も、目も失ってしまったのか。生態学者ポール・シェパードの言葉をかりれば、このような考えによれば、《あと何インチかで、環境の破滅という海に溺れてしまうのに、やっと何とか頭だけ水の上に出してその場をしのぐ生活がいいのだ。なぜまた、少しずつわれわれをむしばんでいく毒をあてがわれて黙っていなければならないのか。ぬるま湯のような環境のなかのわが家、われわれの敵でもない、味方でもないような知合いのサークル、もう少しで気が狂いそうなエンジンの音を我慢しなければならないのか。いまにも破滅しそうで滅びない世界に住みたいなどと思う人がいるだろうか》。

だが、まさにそのような世界が、私たちの頭上にのしかかっている。化学薬品で消毒した、虫のいない世界をうち立てるのだ——そのほうの専門家、また防除業者と呼ばれる人々は、十字軍を起しかねまじき狂気の勢いである。かれらが、どんなに残酷な暴力行為につっぱしるかは、いたるところで例証されている。《防除に熱心な昆虫学者は検事、裁判官、陪審員、税査定人、税徴収官、保安官の役を一身に集め自分たちの考えを力ずくで押しとおしている》とはコネティカットの昆虫学者ニーリー・ターナーの言葉である。このうえない悪が、国家、ならびに州関係の機関で野ばなしに行われている。

化学合成殺虫剤の使用は厳禁だ、などと言うつもりはない。毒のある、生物学的に悪影響を及ぼす化学薬品を、だれそれかまわずやたらと使わせているのはよくない、と言いたいのだ。その薬品にどういう副作用や潜在的毒性があるのか、考えてもみなければ知りもしないまま化学薬品を使う。おびただしい人々が、知らぬまに、こうした毒を手にしていた――手にさせられたのだった。権利の章典に、市民は危険な毒から――私的個人、公的な官庁からばらまかれるにせよ――安全に身を守られるべきである、と書いてないとすれば、それはかしこかった私たちの祖先も、こんなことになろうとは夢にも思わなかったためにすぎない。

土壌、水、野生生物、そしてさらには人間そのものに、こうした化学薬品がどういう影響をあたえるのか、ほとんど調べもしないで、化学薬品を使わせたのだった。これから生れてくる子供たち、そのまた子供たちは、何と言うだろうか。生命の支柱である自然の世界の安全を私たちが十分守らなかったことを、大目にみることはないだろう。

どんなおそろしいことになるのか、危険に目覚めている人の数は本当に少ない。そしていまは専門分化の時代だ。みんな自分の狭い専門の枠ばかりに首をつっこんで、全体がどうなるのか気がつかない。いやわざと考えようとしない人もいる。またいまは産業の時代だ。とにかく金をもうけることが、神聖な不文律になっている。殺虫剤の被害が目に見えてあらわれて住民が騒ぎだしても、まやかしの鎮静剤をのまされるのがおちである。このような虚偽、口にあわない事実に砂糖のオブラートをかけることなど、もうやめにしたらいい。昆虫防除の専門家がひき起す禍いを押しつけられるのは、結局私たちみんななのだ。私たち自身のことだという意識に目覚めて、みんなが主導権をにぎらなければならない。いまのままでいいのか、このまま先へ進んでいっていいのか。だが、正確な判断を下すには、事実を十分知らなければならない。ジャン・ロスタンは言う——**《負担は耐えねばならぬとすれば、私たちには知る権利がある》**。

三　死の霊薬

人類の歴史がはじまって以来、いままでだれも経験しなかった宿命を、私たちは背負わされている。いまや、人間という人間は、母の胎内に宿ったときから年老いて死ぬまで、おそろしい化学薬品の呪縛（じゅばく）のもとにある。だが、考えてみれば、化学薬品が使われだしてから、まだ二十年にもならない。それなのに、合成殺虫剤は生物界、無生物界をとわず、いたるところに進出し、いまでは化学薬品の汚染をこうむらないもの、ところなど、ほとんどない。大きな川という川、そればかりか地底を流れる地下水もまた汚染している。十二年もまえに使用した化学薬品は、土壌にしみこんだまま、いまなおその残滓（ざんし）が見つかる。魚、鳥、爬虫類（はちゅうるい）、家畜、野生動物のからだも、同じだ。だから、何か動物実験をしようとしても、化学薬品の汚染をまぬかれた動物をさがし出すことはむずかしい。人里離れた山奥の湖水の魚、地中にもぐりこんでいるミミズ、また鳥の卵——そしてほかならぬ人間自身のからだにも、化学薬品の痕跡（こんせき）が見られる。子供でも大人でも、ほとんどの人間のからだのなかに化学薬品が蓄積されている。母乳のなかに、そしておそらく、まだ生れおちない子供の組織のなかに、化学薬品が入っている。

なぜまた、こんなことになったのか。合成化学薬品工業が、急速に発達してきたためである。それは、第二次世界大戦のおとし子だった。化学戦の研究を進めているうちに、殺虫力のあるさまざまな化学薬品が発明された。でも、偶然わかったわけではなかった。もともと人間を殺そうと、いろいろな昆虫がひろく実験台に使われたためだった。

こうして生れたのが、合成殺虫剤で、戦争は終ったが、跡をたつことなく、新しい薬品がつくり出されてきた。戦前の単純な無機系の殺虫剤とは、質の違う薬品ばかりだった。分子をうまく操作し、原子を置換し、原子の順列を変えてしまう、人為的な過程をへてつくられる。それに反して、無機系のものは、自然に発生する無機物や、植物からつくる。たとえば、砒素、銅、鉛、マンガン、亜鉛の化合物とか、そのほかの無機物、また菊の花を乾燥させてピレトリンをとったり、タバコに近い草から硫化ニコチンを、また東インド諸島のマメ科の植物からロテノンをとったりした。

新しく登場した合成殺虫剤がこうした無機物と違うのは、生物学的にきわめて大きな影響を及ぼす点にある。ただ毒があるというのではなく、からだのうちでも直接に生命と関係のある部分に入っていき、おそろしい、ときには死にいたる変化をまき起すのである。たとえば、毒からからだを守る機能を果している酵素を破壊する。肉体のエネルギー源である酸化の働きを阻害する。そのほかいろいろな器官をいためつけ、きずついた細胞はゆっくりと変質し、もう二度ともとへもどらず、やがて悪性の腫瘍(しゅよう)にむしばまれていく。

だが、毎年毎年、新しい化学薬品がつくり出されてくる。そのまえの年よりも、もっと危険な薬品が……。そして、この地上いたるところで使われる。アメリカ合衆国の一九四七年の合成殺虫剤の生産量は、一億二千四百二十五万九千ポンド（訳注 一ポンド＝〇・四五キログラム）だったが、一九六〇年には六億三千七百六十六万六千ポンドにふえている。五倍をこえる増加ぶりである。売上高は、卸売りで二億五千万ドルをはるかにうわまわった。しかし、これはまだ手はじめで、工業界はもっと大仕掛けな生産をもくろんでいる。

殺虫剤の《紳士録》——こうしたものをつくらなくては……。なぜなら、化学薬品はいまや私たちの身近に、私たちの生活の一部——それればかりか私たちの生命の一部となっているからなのだ。私たちみんな、それを食べたり飲んだりして、おまけにからだの奥底、骨の髄のなかまで入れている。だから、その性質とか、またどれにはどのくらいの力があるのか、少しは知っていたほうがいい。

第二次世界大戦を境にして、無機系の殺虫剤から、《奇跡》の炭素分子の世界への転換が行われたが、むかしの殺虫剤すべてが姿を消したわけではなかった。たとえば、砒素は、いまでもさまざまな除草剤、殺虫剤の主要成分である。砒素は、きわめて毒性の強い無機物で、いろんな金属の鉱石にまざっていたり、また火山、海洋、湧水（ゆうすい）のなかにもごく少量見いだされる。人間と砒素との関係は複雑で、その歴史もふるい。砒素化合物はたいてい無味無臭なので、ボルジアの時代のはるかまえから、毒殺用に使われてきた。また砒素は、最初に発見された主要な発癌（はつがん）物質（癌の原因になる物質）で、いまから二百年ほどまえイギリスの医者が煙突の煤（すす）のなかから見つけ出し、癌の原因となることを確認している。ある地域の住民全体が長いあいだ慢性砒素中毒にかかったことが、記録に残っている。環境が砒素で汚染したために、馬、牛、ヤギ、豚、シカ、魚、ハチなどが病気になったり、死んだこともある。こうした事実があるのに、砒素はひろく使われている。合衆国南部では、綿花畑に砒素を撒布（スプレー）したため、養蜂（ようほう）業はほとんどつぶれてしまい、長いあいだ砒素殺虫剤を使っていた農夫たちは、慢性砒素中毒にかかり、家畜も殺虫・除草剤の砒素のために中毒を起した。ブルーベリーの畑にまいた砒素は、風にのって、隣の土地へと飛んでいき、小川をよごし、ハチや牛は中毒し、人間も病気にかかってしまった。《最近私たちの国で、公共衛生のことなど少しも考えずに砒素関係の薬品を使ったが、これほどの無神経さはほかに考えられぬであろう》――これは、環境癌の権威、国立癌研究所のW・C・ヒューパー博士の言葉である。博士は続けて言う――《砒素殺虫剤をまいている人たちを見たことのあるものならだれでも、このおそろしい毒薬を何の注意もはらわないで使っているその無神経さにびっくりしたにちがいない》。

だが、現代の殺虫剤はもっと危険なのだ。いろいろ数ある殺虫剤は、大きく二つに分けられる。一つは、一般に《塩化炭化水素》と呼ばれるもので、DDTがその代表であり、もう一つのグループは、有機リン酸系の殺虫剤で、マラソン、パラチオンなど。共通な点は、まえに書いたように、どれも炭素原子を骨格として構成されていること。この炭素原子は、また生物界には欠くことのできない要素で、このため、この原子をもとにつくられているものは、《有機》と呼ばれる。まず手はじめに、殺虫剤の構造を調べ、生命の源である炭素原子と関係があるのに、なぜまた死をまねくようなことになるのか、考えてみよう。

主要成分である炭素――この原子は、どの原子とも鎖状、環状、そのほかいろいろな形で結合し、またほかの物質の原子ともつながる、ほとんど無限といっていいほどの力をもっている。このような自由自在な炭素の働きがあればこそ、生物はバクテリアからシロナガスクジラにいたるまで、信じられないくらい自由自在な形態の変化を見せている。脂肪、炭水化物、酵素、ビタミンなどの分子と同じように、複雑な錯蛋白質分子のもとは、炭素原子である。また炭素原子は、おびただしい数の無生物の土台で、炭素は生命のシンボルとはかぎらない。

有機化合物には、炭素と水素が簡単に連結したものもある。そのうちでもいちばん単純なのは、メタン（沼気（しょうき）ともいう）で、バクテリアによる水中有機物の分解によって、自然に発生する。適当に空気とまざると、炭坑内でおそろしい爆発を起す。この構造式はとても単純で、一つの炭素原子に四つの水素原子がついている――

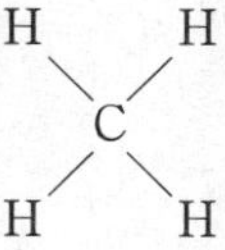

さらにこの四つの水素のうちの一つなり、また全部をひきはなして、ほかの元素におきかえることもできる。たとえば一つ水素をとって、そのかわりに塩素をおくと、塩化メチルができる――

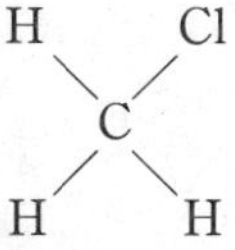

また水素を三つはずし、塩素にかえると、麻酔のときに使われるクロロフォルムがで

きる——

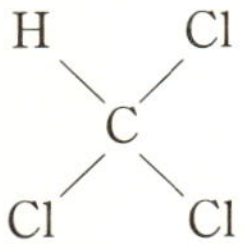

水素を全部とりさり塩素にかえると、四塩化炭素になる。みんながなじみのドライクリーニングによく使われるのは、これである——

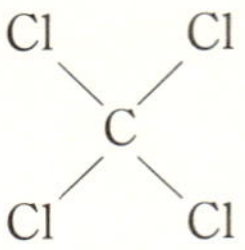

このように塩素置換したメタン分子にあたえたいろんな変化の図表で、塩化炭化水素がどんなものか一応説明されると思う。だが、これだけでは、炭化水素の化学世界の複雑さ、有機化学者がさまざまな物質を数かぎりなくつくり出していく魔法の正体はわからない。たとえば、炭素原子一つという単純なメタン分子のかわりに、たくさんの炭素原子からなる炭化水素分子を使って、環状、あるいは鎖状、側鎖、枝状にならんだ炭素に、水素とか塩素とかの単純な原子ではなくて、もっと複雑な基を結合さ

せる。すると見た目にはほんのわずかの差にすぎなくても、物質全体の性質ががらりと変る。たとえば、炭素原子に何が結合するか、というだけではなく、どの位置に結合するかが、大切である。このような巧妙な操作によって、ものすごく有毒な化学薬品がいくつもつくり出されたのだった。

ＤＤＴ（dichloro-diphenyl-trichloroethane）は、一八七四年にドイツの化学者がはじめて合成したものだが、殺虫効果があるとわかったのは、一九三九年のことである。たちまち、昆虫伝播疾病の撲滅、また作物の害虫退治に絶大な威力があるともてはやされ、発見者パウル・ミュラー（スイス）は、ノーベル賞をもらった。

いまではＤＤＴの使われていないところはないと言ってよく、だれもが無害な常用薬のつもりでいる。ＤＤＴが人間には無害だという伝説が生れたのは、はじめて使われたのが戦時中のシラミ退治で、兵隊、避難民、捕虜などにふりかけたことも影響している。大勢の人間がＤＤＴに直接ふれたのに、何も害がなかったので、無害だということになってしまったのである。事実、**粉末状の**ＤＤＴならば、ふつうの塩化炭化水素と違って、皮膚からなかへ入りにくい。だが、油にとかしたＤＤＴは、危険なことおびただしい。そしてＤＤＴは油にとかしてふつう使われる。ＤＤＴをのみこめば、消化器官にゆっくりと浸透し、また肺に吸収されることもある。一度体内に入ると、脂肪の多い器官——たとえば副腎、睾丸、甲状腺にもっぱら蓄積する（ＤＤＴは脂肪に溶解するため）。また、肝臓、腎臓、さらに腸をつつんで保護している大きな腸間膜の脂肪にも、かなりの量が蓄積される。

　ＤＤＴがからだのなかに蓄積されていく過程を述べれば——はじめは、ほんのわずかたまる（たいがい食物について入ってくる）。そして、つもりつもって大量になるまで蓄積が続いていく。まず体内の脂肪部にたくわえられると、その貯蔵所はまさに増幅器となる。口に入れた食物では、一ないし十分の一ｐｐｍ（訳注 parts per million 百万分の一の量）だが、体内で一〇ないし一五ｐｐｍにまで増大する。百倍以上のふえ方である。こうした用語は一般の読者にはなじみがないかもしれないが、化学者や薬学者はふつうこの単位を使って測定している。百万分の一といえば、ごくわずかだと素人なら考える。また事実そのとおりだが、このような物質の効力はとても強いので、わずかの量でも、からだの内部に大きな変化をもたらす。動物実験によれば、三ｐｐｍでも、心臓筋肉の大切な酵素がいためつけられ、わずか五ｐｐｍで、肝臓細胞の壊疽、崩壊が見られ、ＤＤＴとよく似た化学薬品ディルドリン、クロールデンでは、二・五ｐｐｍだけでも、同じような症状があらわれる。

　何もおどろくまでもなく、人体内のふつうの化学作用では、原因と結果は大きくかけはなれている。たとえば、一万分の二グラムというごく少量のヨウ素があるかないかで、健康か病気かに分れる。こうした少量の殺虫剤はしだいに蓄積されていき、その排泄(はいせつ)はきわめて緩慢だから、肝臓などの器官が破壊されたり、慢性中毒になる危険は、きわめて大きい。

DDTはどのくらい人間の体内に蓄積されるものだろうか――専門家の意見はわかれている。食品薬品管理局の主任薬学博士アーノルド・レーマン博士によれば、これ以下ならDDTは吸収されないという線もなければ、これ以上はうけつけないという上限もない。しかし、またアメリカ合衆国公衆衛生局のウェイランド・ヘイズ博士は、各人には飽和点とも言うべきものがあって、それをこえればDDTは排泄されてしまう、という。実際問題としては、どちらの意見が正しいかは、重要ではない。とにかく、DDTの人体における蓄積についてはいろいろと研究されたのであって、ふつうの人間に可能性として有毒なだけの量が蓄積されていることは明らかなのだ。とくにDDTに身をさらした覚えのない人間でも（食物について入るのはやむをえないので問題にしない）、平均五・三から七・四ppm、農夫は平均一七・一ppm、殺虫剤工場の作業員は、何と六四八ppmという高さだ！　このようにDDTの蓄積はかなりひろい範囲にわたっているのであり、さらに見のがせないのは、最低の数字でも、肝臓やそのほかの組織の器官に害を及ぼす線をうわまわっている事実なのである。

DDTや、それに近い化学物質のおそろしさは、食物や餌(えさ)の連鎖によって、有機体から有機体へと移動していく事実にうかがわれる。たとえば、ムラサキウマゴヤシ

（訳注　牧草としては日本でもアルファアルファと呼ばれる）の畑にＤＤＴをまく。そのムラサキウマゴヤシの粉を鶏にやる。すると、鶏の卵にＤＤＴがあらわれる。七ないし八ｐｐｍの残留物を含有する秣（まぐさ）を、牛にあたえる。すると、約三ｐｐｍというＤＤＴがその乳から検出される。しかし、さらにそのミルクでバターをつくると、その残留量六五ｐｐｍという大きな数字が出てくる。このようにあるものから他へ移行するうちに、ごく少量のＤＤＴは、大幅に濃縮していく。食品薬品管理局は、ミルクに殺虫剤の残留物の入ることを禁止しているが、いまでは、殺虫剤の汚染をこうむらない秣を見つけようとしても、それはほとんど不可能と言えよう。

　毒はまた母親のからだを通って子孫へと及んでいく。食品薬品管理局が試験しているが、殺虫剤の残留物は、母乳にも見いだされたのだった。ということは、母乳で育つ幼児は、少量とはいえ、規則的に有毒な化学薬品を摂取し、体内に蓄積していく。だが、化学薬品にふれるのは、これがはじめてではない。すでに胎内にいるときから、化学薬品の洗礼をうけているといっても、ほとんど間違いない。動物を使って実験した場合、塩化炭化水素の殺虫剤は、自由自在に、胎盤という障壁をよこぎる（ふつう胎盤は、母体内の有害な物質が子宮に入らないように毒除け（どくよけ）の役目をしている）。もちろん、胎児がさらされる化学薬品はわずかの量にすぎないが、年のいかぬ子供ほど毒に敏感に反応することを考えれば、その作用を無視するわけにもいかない。いまや、ふつうの人間なら、生命をうけたそのはじめのはじめから、化学薬品という荷物をあずかって出発し、年ごとにふえるその重荷を一生背負って歩くことになる。

ごく少量の蓄積からはじまって、つぎつぎとつみ重なりふえていく、そして、やがて肝臓がやられる――これは、ふつうの食事をしていても起りうることなのだ。そこで食品薬品管理局の専門家たちは、すでに一九五〇年に声明を出している――《DDTにひそむおそろしい毒性は、いままであまりにも過小評価されていたきらいがある》。医学の歴史をひもといても、このような前例はない。最後には、いったいどうなるのか、まだだれにもわからない。

塩化炭化水素には、このほか**クロールデン**がある。DDTのこのましくない性質すべてをそなえているうえに、さらにそれ自身固有の厄介な面をもっている。たとえば、その残留物はいつまでも土壌に残る。また食糧でも何でも一度その表面にクロールデンがつくとなかなかとれない。そのくせ、クロールデンは揮発性で、うっかり吸いこんで中毒を起すこともある。そしてまたあらゆるところから、人間のからだに入ってくる。皮膚は簡単に通りぬけてしまうし、蒸発すれば呼吸器官から入り、口から入るようなことがあれば、もちろん消化系に浸透していく。ほかの塩化炭化水素と同じように、漸次濃縮していく。動物を使って実験してみると、餌についている二・五pp mというわずかのクロールデンが、脂肪内では七五ppmにまでふえる。

　豊かな経験のある薬学者レーマン博士によれば、クロールデンこそ、《殺虫剤のなかでも、最も有毒なものの一つだ。それをいじくった者は、だれでも中毒の危険にさらされる》。でも、だれも本気にしない。郊外に住む人たちは、庭の芝生に平気でクロールデンをまいて、この警告に耳を傾けようとしなかった。だれも病気にならないからといって、安心するわけにはいかない。なぜならば、毒素は長いあいだからだの内部に潜伏し、何カ月、何カ年もたってから、表面にあらわれてくるのだ。それもどうしてこんなにからだの調子が悪いのか、原因をはっきりつきとめることのできないような症状だ。だが、死が急速にやってくることもある。二五パーセントの溶液をうっかり皮膚にこぼしたら、四十分もたたないうちに中毒症状があらわれ、医者が駆けつけるまもなく死んだ犠牲者がいる。はじめに危険を知らせる症状があらわれるから、それから治療すればまにあう、などというわけにはいかない。

　クロールデンに構造上よく似ている**ヘプタクロール**とはクロールデンを構成している一部であって、これだけ切りはなしてまたべつの製品として市販されている。これは、脂肪にとくによく蓄積される。かりに食物中に十分の一ppmというごく少量のヘプタクロールが含有されていると、体内に蓄積される量は、計測できるほどになるだろう。また、ヘプタクロールには奇妙な性質があって、ヘプタクロール・エポキシドといわれる、化学的に性質の異なる物質に変化する。土壌や、植物、動物の組織のなかに入ってから変化するのである。鳥を使っての実験では、このように変化したエポキシドは、はじめにくらべて、約四倍も毒性が強い。ちなみに、ヘプタクロールそのものは、まえに書いたクロールデンよりもすでに四倍も毒性が強い。

いまからかなりまえ一九三〇年代の中ごろ、塩化炭化水素類のなかでも特殊なもの、塩化ナフタリンを扱っている人たちのあいだに、肝炎や、もっとおそろしい、ほとんど生命の助からぬ肝臓の奇病が見られた。それは電気工場のことで、工員たちがこの病気にかかって死亡したことがあり、またその後最近では、田舎で牛がわけのわからない疾病におそわれ死んだのも、これが原因ではないかと思われている。こうしたことを考えれば、このグループに属する三つの殺虫剤が炭化水素系のうちでも最も有毒なのもまた驚くにあたらない。この殺虫剤とは、ディルドリン、アルドリン、エンドリンの三つである。

ディルドリン——この名は、ドイツの化学者ディールスの名をとってつけられた。DDTにくらべると約五倍も毒性が強い(嚥下(えんげ)した場合)。溶解して、皮膚からなかへ入ると、DDTの四十倍も毒性が強くなる。その特徴は、中毒症状がすぐにあらわれ、神経系統がおかされ、ひきつけが起る。一度中毒すると、慢性になり、なかなかなおらない。そして、ほかの塩化炭化水素類の場合と同じように、この慢性症状の一つは、ひどい肝臓障害なのである。残効性が強く、また殺虫力も強いために、ディルドリンは、いまではポピュラーな殺虫剤となっている。だが、使用したあと、野生動物はおそろしいほどいためつけられる。ウズラとコウライキジの試験の結果が出ているが、ＤＤＴの四十倍から五十倍もの毒がディルドリンにはある。

ところで、ディルドリンはどういうふうに体内に蓄積されたり、ひろがっていったりするのか、どういうぐあいに排泄されるのかは、よくわかっていない。まさに現代科学の盲点といえよう。化学者はつぎからつぎへと新しい殺虫剤を発明する。だが、こうした殺虫剤が生物にどういう影響をあたえるのか、生物学的な研究が立ちおくれている。とまれ、人体に長いあいだ毒が蓄積されることは明らかで、一度体内に入った毒はあたかも休火山の地底の火のようにまどろんでいるが、無理をしたときなどからだの脂肪のたくわえが減ると、パッと火の手をあげる。私たちにわかっていることと言えば、ほとんどがにがい経験をしてのことなのだ。ＷＨＯ（世界保健機関）がマラリア撲滅の大運動を起したことがあった。マラリアカがＤＤＴに抵抗しだしたので、ディルドリンにきりかえたら、化学薬品を撒布（スプレー）していた人たちのあいだにたちまち中毒症状があらわれたのである。班によって異なるが、おそるべきことに半数から全員の撒布（さんぷ）者（しゃ）がひきつけを起し、死亡者も何人か出た。スプレーをやめてから四カ月たっても、ひきつけ症状のやまない人もいた。

アルドリン——これは、何となくうす気味が悪い。一つの、れっきとした物質だが、ディルドリンに変身してしまう。たとえば、アルドリンを撒布した畑からニンジンを引抜いてくると、そのニンジンにはディルドリンの残滓(ざんし)が見いだされる。生物の組織や土壌のなかで姿を変えてしまう。まるで、錬金術に出てくるような変容ぶりだ。化学者すらだまされることがある。テストをしてもアルドリンの痕跡(こんせき)がぜんぜんあらわれないから、アルドリンは霧散してしまった、と思ったりする。だが、べつのテストをすれば、ディルドリンとなって残っていることがわかる。

ディルドリンと同じように、アルドリンも劇薬である。肝臓や、腎臓の機能を低下させる。アスピリン一錠の分量で、四百羽以上のウズラを殺せる。人間が中毒したことは、いろいろ記録に残っていて、工場での中毒が多い。

アルドリンは——このグループの殺虫剤にふさわしく、私たちの未来に暗い影を——不妊という影をなげかける。致死量にならない少量のアルドリンをコウライキジにあたえる。コウライキジはやがて卵を産み、雛(ひな)が孵(かえ)る。だが、雛は、すぐに死んでしまう。鳥にかぎらず、ネズミも同じだ。アルドリンの洗礼を受けたネズミ——その子たちは、病身で、短命である。犬の子は、生れてから三日もたたぬうちに死んでしまった。これから生れてくるものたちは、何らかの化学薬品の洗礼をうけている両親たちにかわって苦しまなければならない。それは動物だけのことで、人間は例外かどうか、だれにもわからない。それなのに飛行機やヘリコプターで、空から郊外や田畑に、このおそろしいアルドリンがまきちらされてきた。

そして、最後に、**エンドリン**――塩化炭化水素系の殺虫剤のなかでも、いちばんの劇薬である。化学構造は、ディルドリンによく似ているが、その分子構造にほんのわずかのねじれがあるため、ディルドリンの五倍も毒性が強い。エンドリンにくらべれば、この系統の親であるDDTなど、ほとんど害がないといってもいいくらいだ。哺乳動物に対しては、DDTの十五倍の毒があり、魚には三十倍、ある種の鳥には三百倍もの毒がある。

ここ十年間実際に使ったあげく、おびただしい魚が死に、またエンドリンを撒布した果樹園に入った牛はひどい中毒を起し、井戸水や湧水が汚染した。むやみにエンドリンをまきちらせば、人間の生命そのものが危険にさらされるだろう、注意すべし、とある州の保健局が警告している。合衆国でも、とにかく一つの州だけでも何とか反応があったのである。

エンドリン中毒の悲劇はいろいろある。たとえば、ヴェネズエラの事件など。でも、不注意のため、とはたして言えるだろうか。劇薬ということを承知で、十分用心したつもりだった。アメリカ人夫婦が、ヴェネズエラに引っ越してきた。一歳になる子供がいた。新しい家には、ゴキブリがいたので、エンドリンの入った殺虫剤をまいた。午前九時ごろまきはじめたが、そのまえに赤ちゃんと小犬を家の外に出した。スプレーが終ってから、床をよく洗った。そして、ひるごろ、赤ちゃんと犬を家のなかへ入れた。それから一時間後――あるいはもう少しあとだったかもしれない、犬が吐きだし、ひきつけ、死んでしまった。その日の夜の十時ごろ、今度は赤ちゃんが吐きだし、ひきつけ、意識を失った。死にこそしなかったが、それまで健康で何一つかわったところのなかった赤ちゃんは、耳もきこえなければ、目も見えず、筋肉の痙攣(けいれん)におそわれ、外界から遮断(しゃだん)された日を送ることになった。なんとか、少しでもよくならないものかと望みを託してニューヨークの病院に入れ、何ヵ月も治療を続けてみたが、だめだった。《ほんのいくらかでもよくなることも、きわめて疑わしい》――主治医は、こう言っていた。

殺虫剤のもう一つの大きな系統は、有機リン酸エステルで、有数の毒薬である。これらの薬品を用いる場合にあぶないのは、スプレーをする人だけでなく、うっかり間接的にでもふれたりすると、急性中毒を起す。その膜をかぶった野菜にふれたり、その使用ずみの容器にさわっただけでも、同じような症状があらわれる。フロリダ州で、二人の子供がからの袋を見つけ、それでブランコをなおそうとした。まもなく二人とも死に、その遊び友達までも三人が病気になった。袋には、まえにパラチオンが入っていたのだった（パラチオンは有機リン酸エステルの殺虫剤）。試験の結果、パラチオン中毒で人間も死ぬことが明らかになっている。そのほかウィスコンシン州では、小さな男の子二人が同じ晩に死んでいる。いとこ同士で、ひとりは、庭で遊んでいた。隣の畑では、ジャガイモに父親がパラチオンをまいていた。その粉が風にのって飛んできたのだ。もうひとりの子は、お父さんのあとから遊び半分に納屋に入って、煙霧機の筒口に手でさわったのだった。

こうした殺虫剤は、その生れたいきさつから皮肉めいている。有機リン酸エステルのあるものは、ずっとまえから知られていたが、それに殺虫力があることがわかったのは、一九三〇年代の終りごろだ。ドイツの化学者ゲルハルト・シュラーダーが発見している。そのころ、ドイツ政府は、これをひたかくし、人間対人間の戦いに利用しようと、こっそり研究を進めたのだった。そして、死の毒ガス（神経系を冒すもの）がつくられたりした。殺虫剤もこのときつくられたので、化学構造は死の毒ガスとよく似ている。

有機リン酸系の殺虫剤が生物に及ぼす影響はまた独特である。まず酵素が破壊される（酵素——これは、からだのなかの機能が潤滑に働く役目を果している）。そして、神経系統がねらわれる。これは、昆虫でも、温血動物でも同じだ。健康体の場合、一つの神経からほかの神経へとインパルスがパスしていくのは、アセチルコリンと呼ばれる《化学的な伝達者》が働くからである。それは、この大切な役割を果すと、消えてしまう。ごく一瞬だけあらわれるので、医学的に研究するとなると体内で消えるまえに特殊な処置をして、検出して実験しなければならない。とにかく、伝達の役目を果すこの化学物質があればこそ、からだは健康でいられる。神経のインパルスがパスしたあと、すぐにアセチルコリンが消えないと、インパルスは神経から神経へと飛びかう。アセチルコリンがどこまでもますますはげしく作用してやまないからだ。もしもこのようなことがあると、からだ全体の動きの均衡（バランス）がとれず、震顫（しんせん）、筋肉痙攣、ひきつけの症状が起り、すぐにも死がやってくる。

　アセチルコリンがすぐに消え去るのは、コリンエステラーゼと呼ばれる保護酵素があって、それが役目を果し終えたアセチルコリンをただちに破壊する連鎖反応が、からだのなかで起っているためである。コリンエステラーゼがあればこそ、いつもからだの均衡が正確に保たれ、アセチルコリンのおそろしい力に倒れることもない。だが、有機リン酸系の殺虫剤にふれると、保護酵素が破壊され、酵素の量が減ると、アセチルコリンが増進する。有機リン酸化合物は、ベニテングタケという毒キノコに含まれている有毒アルカロイド、ムスカリンに似たような影響をあたえるといってよい。

　くりかえし有機リン酸化合物にさらされると、コリンエステラーゼの保有量が低下して、急性中毒という崖（がけ）っぷちに追いこまれる。それ以上少しでも有機リン酸化合物に接触すると、崖からまっさかさまに墜落してしまう。だから、殺虫剤のスプレーを職業にしている人たち、またそのほかいつも殺虫剤にふれる人たちは、定期的に血液検査をうけなければあぶない。

パラチオン――これは有機リン酸エステル系殺虫剤のうちではいちばんよく使われている。最も強力でおそろしい毒薬の一つである。ミツバチがそれにふれると、《神経がいらだち、喧嘩ずき》になり、気が狂ったようにからだをこすり、三十分もたたないうちに死んでいく。パラチオン急性中毒の最低量をたしかめようと、いちばん端的な方法を使って、ごく少量のみこんだ化学者がいる。〇・〇〇四二四オンス（訳注 一オンス＝二八・三五グラム）というわずかの量だったが、たちまち麻痺におそわれ、手もとに用意しておいた解毒剤をのむまもなく、死亡した。いまでは、フィンランドで自殺と言えば、パラチオンと言われている。ここ二、三年のパラチオン中毒事故の統計が、カリフォルニア州から出ているが、年間平均二百をこえている。そのほか、世界各地でもパラチオンによる死亡率は、おそるべきものとなっている。一九五八年インドでは百件、シリアでは六十七件、日本では毎年平均三百三十六件を数える。

それにもかかわらず、七百万ポンドという大量のパラチオンが、合衆国の農場や果樹園にばらまかれている――手動スプレヤーや、モーターつきの煙霧機、撒布器、また飛行機を使って。カリフォルニア州の農場で使われた量だけでも、《全人類ひとりひとりにわけあたえても、各個人の致死量の五倍から十倍》にあたるという（さる医学界の権威ある学者の報告による）。

だが、私たちみんなが元気でいられるのは、パラチオンなど、この系統の化学薬品が、かなり早く分解するためなのである。作物に付着した残留物は、塩化炭化水素系のものにくらべると、比較的早く消滅する。とはいえ、消滅するまえに猛威をふるう。人間を死に追いやることすらある。カリフォルニアのリヴァーサイドで、三十人の男がオレンジをもいでいたが、十一人がはげしい吐き気におそわれ、半盲、半意識の状態におちいり、ひとりをのぞいてあとはみな入院した。まさにパラチオン中毒の症状なのだ。このオレンジ畑では、二週間半ほどまえに、パラチオンをまいているので、十六日から十九日間ぐらい残留期間があると言えよう。でも、この例だけを見て、結論を下すのは早すぎる。一カ月まえのパラチオン・スプレーに中毒した例もあるし、また半年まえの定量スプレーの残留物がオレンジの皮から、見つかったこともあった。

農園、果樹園、ブドウ園で有機リン酸エステル系の殺虫剤を使って働いている人たちは、みなおそろしい危害にさらされている。そのため、合衆国では州によって研究所をつくり、各種殺虫剤中毒の診断や治療の助言をしているところもある。医者自身も、中毒患者を診察するときゴムの手袋をはめないと、危険だ。患者の衣服がパラチオンをたっぷり吸いこんでいるので、病院の洗濯婦(せんたくふ)も注意しなければならない。

マラソン（マラチオン）も、有機リン酸エステルの一種だが、DDTと同じようにポピュラーで、一般家庭でひろく使われている。植木の消毒や蚊退治に使ったり、また最近フロリダ州でチチュウカイバエが大発生したときに、百万エーカー（訳注 一エーカー＝四〇四七平方メートル）に及ぶ面積にまいたこともある。同系統のほかの殺虫剤にくらべて毒が弱いというので、安易にひろく使われている。何よりも、殺虫剤製造会社が、そう宣伝している。

安全だ、といっても、はたしてどこまで安全なのか。もっとも、この場合も何年か使ううちに、危険なことがわかってきたのだが……。マラソンが《安全》なのは、哺乳動物の肝臓にすばらしい保護力があって、マラソンの毒性をかなり抜いているからなのである。この解毒（げどく）作用は、肝臓の酵素の一つが行なっている。だが、何かの拍子にこの酵素がこわれたり、きずついたりしたそのときに、マラソンが入ってくると、マラソンの毒は思う存分あばれまわる。

不幸にも、こうしたことが近ごろたびたび起る。いまから二、三年まえ、食品薬品管理局の一研究委員会が発見しているが、マラソンとそのほかの有機リン酸エステル系の薬品を併用すると、おびただしい中毒が起る。それぞれの毒性を加えたその和の五十倍ものおそろしい威力を発揮する。言葉をかえれば、併用するときには、それぞれの合成物の致死量の百分の一がすでに死をまねく。

そこで、さまざまな組合せのテストが行われ、有機リン酸エステル系殺虫剤を組合せると非常に危険であり、結合のために毒性が強まり、《潜在していた効力が表面にあらわれる》ことがいまでは明らかになっている。Aという化合物が、化合物Bの毒を消す酵素を破壊するため、と思われる。AとBは、同時にあたえられなくてもいい。今週Aの殺虫剤を使い、来週Bの殺虫剤を使っても同じなのだ。野菜や果物に殺虫剤がついていてもあぶない。台所のボウルのなかでサラダをつくるとき、二つの有機リン酸エステル系の殺虫剤がまざることも、よくあるのだ。許容量以内の残留物でも、相互に作用しあって毒性を発揮するかもしれない。

いろいろな化学薬品が相互に作用しあうとき、どういうおそろしいことになるのか、これについては、いままでほとんど何も知られていなかったといっていい。だが、いまや、実験室では、憂うべき事実がつぎつぎと明らかになっている。たとえば、有機リン酸エステルの毒性は、殺虫剤ではないほかの溶媒を加えても、増大する。その一例はマラソンで、可塑性の溶媒が加わると、ふつうの殺虫剤が加わったときよりも毒性が強まる。これもやはり、可塑性の溶媒が肝臓酵素を破壊するため、もともと有毒な殺虫剤の《牙を抜く》役目を果す酵素の活動を押えてしまうためなのである。

人間のからだは、いまやさまざまな化学薬品にさらされている。だれでもすぐに思いうかべるのは、薬だ。薬と殺虫剤との関係という問題は、いまやっと研究がはじめられたにすぎない。でも、すでにはっきりわかっていることもある。たとえば、有機リン酸エステル系殺虫剤（パラチオン、マラソン）は、ある種の筋肉弛緩剤の毒性を増加させ、またそのほかのもの（このなかにはマラソンも入る）、ものによってはバルビツール酸系による催眠作用をいちじるしく長びかせたりする。

ギリシア神話では、夫イアソンを奪われた魔女メデイアが、新婦に毒の衣裳を贈る。それをまとうやいなや、たちどころに苦しみもがいて死ぬ、ガウンなのだ。このような《間接致死》ともいうべき殺人は、いまや《浸透殺虫剤（組織殺虫剤、全身殺虫剤などともいう）》を使っていともたやすく行われる。草木や動物に浸透殺虫剤という毒をまぜる。すると、草木や動物はたちまちメデイアのガウンにかわってしまう。やがて、そこに昆虫がやってきて、毒の入った樹液や血を吸う。

全身に浸透していく浸透殺虫剤の世界は、何ともうす気味が悪い。グリム童話の世界すら、これほど幻想的ではない。ほかにくらべるものがあるとしたら、チャールズ・アダムズの戯画の世界というところか。おとぎばなしのすばらしい森が、あっというまに毒の森と変る。木の葉をかじったり、木の汁を吸うと、虫たちはみな死んでしまう。犬の血には毒がまざっていて、犬にたかるノミも死ぬ。そこらに立っている木から突然甘い匂いが流れ出し、それにさそわれて死ぬ虫もいる。ミツバチがせっせと巣に運ぶのは、毒の蜜。やがて毒の蜂蜜ができあがる。

《組み込みの》殺虫剤というのは、もともと自然からヒントを得たもので、応用昆虫学者がそれを実現したにすぎない。亜セレン酸ナトリウム分を含有する土壌に生えるコムギは、アブラムシやハダニ類におそわれることがない。セレンは、世界各地の岩石や土壌にわずかに見いだされる自然物だが、これに目をつけて、ここに最初の浸透殺虫剤が生れたのだった。

浸透殺虫剤とは、植物や動物の組織全体にしみわたって、有毒化する。こうした効力があるのは、塩化炭化水素や有機リン類の化学薬品で、すべて人工合成だが、自然物にも、このようなものがある。しかし、実際には、たいてい有機リン類が使われる。残留の心配がそれほどないためである。

浸透殺虫剤の複雑怪奇な活躍ぶりは、またこんなところにもあらわれている——作物の種子を浸透殺虫剤のなかにひたしたり、また炭素といっしょにしてその膜をかけると、やがてそこから芽生える植物の実生(みしょう)は、アブラムシや、そのほか植物の汁を吸う昆虫に対して有毒になる。エンドウマメやその他の豆類、またサトウダイコンのような野菜類は、こうすれば害虫の攻撃をかわすことができる。カリフォルニア州でもしばらく、浸透殺虫剤の膜を綿(わた)の種子にかけていたことがあった。一九五九年に二十五人の農夫が突然病気になっている。そのとき、サン・ホーキン・バレーで、種子の袋を扱っているうちに……。種子は浸透殺虫剤で消毒してあったのだ。

草木に浸透殺虫剤の処置をほどこす、やがて、ミツバチが飛んできて、毒の入った花から蜜を集める。すると、どういうことになるだろうか。シュラダンという薬品を使った区域について、イギリスでテストが行われたことがある。薬品を撒布(スプレー)したのはまだ花が咲くまえだったのに、花の蜜には毒がまじっていた。そして予期したとおり、ミツバチがそこから集めた蜜にも、シュラダンの残留物が検出された。

　動物用浸透殺虫剤は、主に牛につく寄生虫の幼虫の退治に使われる。家畜に大きな被害をあたえるこの寄生虫を防除するために、宿主である家畜の血や組織のなかに殺虫力のある毒をまぜるわけだが、家畜自体はきずつかないように、細心の注意をはらわなければならない。適量をきめるのはきわめてむずかしく、政府の獣医が指摘しているが、少量でもくりかえし殺虫剤を注入すると、家畜のいろんな器官を保護している酵素、コリンエステラーゼをしだいに弱め、今度はそこへ少しでも殺虫剤が入ると、家畜が急性中毒をおこすという。

　私たち人間の日常生活に直接関係のある面でも、この新しい分野の開発の可能性は高い。たとえば、犬に薬をのませて犬の血に毒をまぜ、ノミを殺すこともできるという。だが、そんなことをすれば、牛が最後に中毒したような目に、犬もあわないとはかぎらない。ところで、人間用の浸透殺虫剤というようなものをつくって、人間の組織そのものに、殺虫剤をまぜたら、どうだろうか。まだこんなことを言い出す人はだれもいないが、そうすれば、蚊になやまされることはない。いずれ、そうならないともかぎらない。

昆虫を駆除するためにいろんな化学薬品が使われている。そのなかにはどんなに有害なものがあるのか、いままで書いたわけだが、除草剤のほうはどうなのだろう。邪魔な植物を手ばやく駆除するために、たくさんの化学薬品がここにもまた登場してきた。草殺しとふつう呼ばれる除草剤である。どう使われ、とくにどう濫用されているかについては、六章で書きたい。いまここでは除草剤は有害かどうか、除草剤を使っても環境が毒に汚染しないかどうか、問題にしてみたい。

除草剤は植物だけに害をあたえて動物とは何の関係もない——このような伝説ができあがっているが、残念ながら事実はそうではない。除草剤といわれるものにはいろいろな種類の化学薬品があって、植物と同じように動物の組織にも影響をあたえる。その影響は、種々様々である。あるものは、からだ全体に毒を及ぼし、あるものは新陳代謝を異常に促進させ、その結果、体温がおそろしくあがる。それだけで、あるいはまたほかの薬品と結合しながら悪性の腫瘍を発生させるかと思えば、また遺伝子突然変異をひき起して、遺伝関係に深刻な影響をあたえる。殺虫剤と同じように、除草剤にも非常に危険な化学薬品があり、《安全》だと安心して使っていると、おそろしいことになる。あとからあとへと工場から新しい化学薬品があらわれてくるが、いまでもみんながよく使うのは、やはり砒素化合物で、これはまえに書いたように殺虫剤にも使われるが、砒酸ナトリウムとして除草剤に使われる。いままでのスプレーの歴史をふりかえってみれば、安心できない。道路ぎわに除草剤をまいたときには、牛が死んだり、またおびただしい野生動物が犠牲となったりした。水中の雑草をとろうと湖や貯水池に除草剤をまいたために、水道の水は飲めなくなるし、湖で泳げなくなったこともある。サツマイモのつるを枯らそうと畑に撒布（スプレー）したときには、大勢の人間、また動物が犠牲となった。

これは、一九五一年ごろイギリスで施行された方法である。むかしは、硫酸を使ってつるを焼きはらっていたが、硫酸が手に入りにくいので、イギリスではこの新しい方法にきりかえたのだった。危険な薬品を使うので、イギリス農務省は、砒素をまいた畑に入らないように注意していた。だが、牛にわかるはずがない（まして野生の動物や、野鳥にわかるはずがあろうか）。毎年、牛はきまったように死んでいった。そのうちある農家の主婦が、中毒で死亡した。砒素の入った水を飲んだのだ。イギリスの大きな化学薬品会社が、すぐに砒素撒布剤（さんぷざい）の製造を中止し（一九五九年）、すでに小売、卸売の手にわたった分を回収した。そしてすぐそのあと、農務省は、人間、ならびに家畜にきわめて危険な砒素剤は禁止する、との政令を出した。一九六一年、オーストラリア政府も、同じような禁止令を出している。だが、合衆国では、この毒薬の使用はいまなお放任されている。

ジニトロ化合物のうちでも、除草剤として使われているものがある。合衆国で使われている劇薬のなかでも、とくに危険率の高いものである。ジニトロフェノールは、新陳代謝を早める。このため、むかしは体重減量剤に使われたこともあったが、体重を減らす分量と、中毒をひき起したり死にいたる量との差は、紙一重なのだ。だから、気がついたときには手おくれで、死ぬ患者もあれば、また一生慢性中毒になやむ人もいた。

　これと関係のあるペンタクロロフェノール（別名ペンタ）は、また殺虫・除草両方に使われ、鉄道線路や、空地などに撒布される。ペンタは、バクテリアから人間にいたるまで、実に種々様々な生物に有害で、その毒性もきわめて強い。ジニトロ化合物と同じように、人体のエネルギー源をかきみだし、そのため生命の火が逆に生命そのものを焼きつくしてしまう。そのおそるべき実例は、カリフォルニア州保健局が報告している。タンクローリーの運転手が、ディーゼル油とペンタクロロフェノールをまぜて、綿の落葉剤をつくっていた。ドラム缶から濃縮液を流し出していたときに、うっかり栓をドラム缶のなかへおとした。素手であわてて栓を拾いあげ、すぐに手を洗ったのに、急に気分が悪くなり、その翌日死亡した。

　砒酸ナトリウムやフェノールのような除草剤の副作用はすぐにあらわれるが、また長いあいだ潜伏していて、突然害をあたえる除草剤もある。たとえば、いましきりに使われているツルコケモモ除草剤アミノトリアゾール、またはアミトロールは、そんなに有害ではない。だが、長いあいだこの薬品にふれると、甲状腺の悪性腫瘍発生の原因となりやすく、野生動物、そればかりか人間にもはるかにおそろしい害をあたえかねない。

除草剤には、また《突然変異惹起性》のものもいくつかあって、遺伝子の作用を変更してしまう。放射線が遺伝にどんな危険な作用を及ぼすか——みんな戦々兢々としている。そのくせ、化学薬品をいたるところにばらまいておきながら平気なのは、どういうわけなのだろう。化学薬品もまた、放射線にまさるとも劣らぬ、おそろしい圧力を遺伝子に加えるのに。

四　地表の水、地底の海

自然資源のうち、いまでは水がいちばん貴重なものとなってきた。地表の半分以上が、水——海なのに、私たちはこのおびただしい水をまえに水不足になやんでいる。奇妙なパラドックスだ。というのも、海の水は、塩分が多く、農業、工業、飲料に使えない。こうして世界の人口の大半は、水飢饉にすでに苦しめられているか、あるいはいずれおびやかされようとしている。自分をはぐくんでくれた母親を忘れ、自分たちが生きていくのに何が大切であるかを忘れてしまったこの時代——、水も、そのほかの生命の源泉と同じように、私たちの無関心の犠牲になってしまった。

殺虫剤による水の汚染という問題は、総合的に考察しなければならない。つまり、人間の環境全体の汚染と切りはなすことができない。水がよごれるのは、いろんなところから汚物が流れこむからである。原子炉、研究所、病院からは放射能のある廃棄物が、核実験があると放射性降下物が、大小無数の都市からは下水が、工場からは化学薬品の廃棄物が流れこむ。それだけではない。新しい降下物——畑や庭、森や野原にまきちらされる化学薬品、おそろしい薬品がごちゃまぜに降りそそぐ——それは放射能の害にまさるとも劣らず、また放射能の効果を強める。そしてさまざまな化学薬品は、たがいに作用しあい、姿をかえ、毒性をます。だが、こうしたことはほとんど知られていない。

自然のなかにはない物質を化学者がつくり出すようになって以来、浄水ということは、複雑な問題となり、水の使用者たちは、年ごとおそろしい危険にさらされる。まえにも書いたが、合成化学薬品の大量生産は、一九四〇年代にはじまる。そしていまは、化学薬品汚染のおそるべき豪雨は、私たちの水路に流れこむ。そして、これらの化学物質が家庭からの雑排水、工場の排液と複雑に結合すると、もはやふつうの浄化装置の手にはおえない。かたく結びついてしまって、ちょっとやそっとでは、分解できない。どういう物質か見きわめることさえできなくなる。川のなかには、想像もつかないくらいさまざまな汚染物があり、それらは組合わさって沈澱(ちんでん)する。それは衛生技術関係の専門家がやけっぱちに《gunk》——ねばっこい、油っこい、いやな匂いのする汚物、と言っている代物(しろもの)だ。マサチューセッツ工科大学教授ロルフ・イライアスン博士は、議会の一委員会で、こうした化合物の複合効果をまえもって知ることは不可能だ、と述べている。また、混合して生ずる有機物を確認することもできない。《そもそものはじめからそれが何か、さっぱりわからない。人間にどういう影響をあたえるのか。わかるはずがない》。

昆虫(こんちゅう)やネズミ類を防除したり、雑草を駆除したりするのに化学薬品を大量に使えば使うほど、こうした有機汚染物はふえてくる。そして、水中の草、昆虫の幼虫、このましくない魚をやっつけるために、水そのものに勝手に薬品を流すこともある。ある州の二百万、三百万エーカー（訳注　一エーカー＝四〇四七平方メートル）というひろい森林に殺虫剤を撒布する（それもわずか一種類の害虫退治のために）。殺虫剤は、じかに川に入ったり、また木の葉をつたって地面におち、ゆっくりと地面にしみこんでいって海への長い旅路につく。汚染物の大半はおそらく昆虫やネズミ類を防除するために農地にまいた何百万ポンド（訳注　一ポンド＝〇・四五キログラム）という農薬であって、雨が降ると地面から洗い出されて、海へと向う。こうして、水が運んできた残留物が集まって、大規模な汚染ということになるといえよう。

川にこうした化学薬品がまじっているのがわかって、われわれはよくショックを受ける。それればかりか、町の水道に化学薬品が入ることとすらある。たとえば、ペンシルヴェニア州の果樹栽培地方の飲料水を実験室でテストしたら、四時間たたないうちにテスト用の魚が残らず死んでしまった。殺虫剤がなかに入っていたのだ。

殺虫剤をまいた綿花畑の排水溝を流れてくる水は有毒で、浄化装置で処理しても、魚は死んでしまう。アラバマ州のテネシー川の十五の支流に畑から雨水が流れこむ。畑では、トクサフェンを使っていた。トクサフェンとは、塩化炭化水素の殺虫剤だ。そのため、十五ある支流の魚はみな死んだ（その支流のうちの二つは、町の水源となっていた）。しかも、殺虫剤を使って一週間たってからでも、水はきれいにならず、下流で金魚を入れた籠を水中につけておくと、毎日金魚は死んでしまうのだった。

こうした汚染そのものは、実際に目に見えることが少ない。何百、何千匹という魚が死んでみて、はじめてわかる。だが、少しもわからないこともある。いや、そういうときのほうが多いのだ。浄水関係の仕事をしている化学者はふつう有機汚染物質の水質試験ができないし、また汚染物を見つけても、とりのぞく方法があるわけでもない。検出されるにせよ、わからないままに捨ておかれるにせよ、殺虫剤はなくならない。ひろい地域に殺虫剤を撒布したことを考えれば、合衆国の主な水系という水系は、すでに汚染しているといっていい。

いや、そんなことなどない、と思う者は、アメリカ合衆国の魚類野生生物局が一九六〇年に出したリポートを見よ。うすい報告書だが、温血動物のように魚の組織にも殺虫剤が蓄積されるかどうか、という研究成果が記されている。まず、トウヒを食いあらすハマキガの一種の幼虫 spruce budworm という害虫防除のために、DDTの大量スプレーを行なった合衆国西部森林地帯の魚のテスト。当然予期したように、どの魚もDDTを含有していた。だが、思いがけないことに、三十マイル（訳注　一マイル＝一・六キロメートル）離れた、その川の上流の魚からもDDTが検出された。上流ではDDTをまいたことはなく、また上流と下流のあいだには大きな滝があり、水が逆流することなどありえない。目には見えない地下水のようなものがあって、DDTが運ばれてきたのか。それとも、風にのって、小川の表面に降下したのか。このような例はほかにもある。ある孵化場の魚の組織からDDTが検出されたことがある。ここでも水は、深い井戸からくみあげていて、DDTを近辺で撒布していない。だから、原因は地下水にあるとしか思えない。

水が汚染するといっても、地下水が一面によごれることほどおそろしいことはないだろう。どこか一カ所の水に殺虫剤を入れれば、そこら中の水がよごれてしまうおそれがある。自然は、外界と遮断された密室で仕事をすることはほとんどない。地上に水を供給する、その仕事ぶりを見れば、すぐにわかる。地表に落ちた雨は、地面や岩の穴や割れ目から地下深く奥へ奥へともぐりこんで、ついに暗黒の地下の海にたどりつく。岩のすき間はすべて水でみたされ、丘の下では隆起し、谷の下では沈下している海……。地下水はたえず動いている。一年間にわずか十五メートルしか進まないこともあれば、それとくらべれば速く、たとえば一日に百六十メートルあまり動くこともある。目には見えない水路を通っていく水は、湧水となって地表にあらわれたり、また、井戸水となるが、大部分は小川となって川にそそぎこむ。雨とか、そのほか地表を流れてじかに川に入るものをのぞけば、地上の川という川は地下水を集めて流れている。だから、地下水が汚染すると、あたりの水がよごれてしまう。おそろしいこととといわなければならない。

コロラドの工場から何マイルも離れた農場に有毒な化学薬品が運ばれていったのも、このような暗黒の地下の流れがあったためにちがいない。農場では、井戸水に毒がまざり、人間も動物も病気になり、作物がいためつけられた。異常な出来事だったが、こうしたことは今後いつでも起りうる。デンヴァー近くの陸軍化学部隊のロッキー山工場で軍需品の製造をはじめたのが一九四三年、一九五一年には、殺虫剤をつくる民間の製油会社に移管された。だが、もうそのまえから、何マイルも離れた農場で家畜が正体不明の病気にかかり、また作物も大打撃をうけていた。葉は黄色くなり、少しも実らず、作物はほとんど全滅してしまった。それればかりではない。病気になった人間もいて、これも何か関係があると考えた人もいた。

この農場の灌漑（かんがい）用水は、浅井戸からくみあげていた。一九五九年、井戸水を検査した結果、いろいろな化学薬品が混入していることがわかった（このときの調査には、合衆国、ならびに州関係の官庁が合同参加した）。むかし軍需工場だったころ、塩化物、塩酸塩、リン酸塩、フッ化物、砒素（ひそ）を汚水処理池へ流していた。そのため、工場と農場を結ぶ地下水が汚染したとすると、工場の廃棄物が三マイル離れたいちばん近くの農場へ達するまで、七年ないし八年かかっているわけだ。汚染はひろがりつづけ、じわじわと、どこまでも浸透していったのであり、科学者たちも、それを止めるすべを知らなかった。

これだけでもおそろしいのに、それにもまして不可解で重要なのは、井戸や、工場の汚水処理池に除草剤2・4Dが検出されたのだ。作物が枯れたのも、まさにこの2・4Dを含んだ水の灌漑をうけたためと思われる。だが、不思議なことに、工場では除草剤など製造してもいなければ、その生産過程で2・4Dができるはずもない。はじめはなかなかわからなかったが、よく調べると、露天の無蓋(むがい)の汚水処理池で自然に2・4Dが発生するのだった。工場から排出されるさまざまな化合物が空気、水、日光にふれて、新しい化合物を生み出す。べつに化学者の手をかりるまでもない。汚水処理池そのものが実験室となって、新しい物質を——、それにふれる植物を全滅させるおそろしい薬品をつくり出していたのだった。

これは、コロラド州の農場のはなしで、自分たちとは関係がない、などとだれがうそぶいていられようか。公共用水が化学薬品で汚染すれば、同じようなことはどこでも起りうる。湖でも川のなかでも、触媒する空気と日光がありさえすれば、《無害》と銘うたれている化学薬品から、どんなにおそろしい物質が出てくるのか、だれにもわからない。

いろんな薬品を混合して、実験室では思いもよらない物質を生み出す——化学薬品による水の汚染のおそろしさは、まさにこの事実にきわまる。川でも湖でも池でも、また夕食のテーブルに出されるコップの水でもかまわない。良心のある化学者なら、実験室でまぜることなど気がひけるような化合物が、勝手にまざりあい作用しあい、おそろしい劇薬が生れる——合衆国公衆衛生局は愕然（がくぜん）とした。比較的無害な化学薬品がいっしょになっただけでも、このような反応は起るのだ。また化学薬品と放射性の廃棄物が組合わさっても……。そして、放射性廃棄物が川に流れこむ量は、ますますふえてきている。放射能のイオン化によって、元素の転位が起りやすくなり、化合物の性質がかわり、予想もできないばかりか、私たちの手におえないようなことになる。

汚染するのは地下水だけではない。地表を流れる水——小川、河、灌漑用水もよごれるのは、あらためて言うまでもない。たとえば、野生生物保護区域であるカリフォルニア州のチューーリ湖と下クラマス湖はそのよい例だ。この保護区域は、カリフォルニア州の境をこえてオレゴン州の上クラマス湖にまで及んでいる。そして、何という運命のいたずらか、みな同じ水系で、どの保護区域のまわりもひろい農場で、ちょうど大海に散在する小さな島のようになっている。その農地はみな、水鳥たちの天国だった湿地帯や沼や池の水を干して開拓したものなのである。

いまこれらの農地は、上クラマス湖の水で灌漑している。一度使った灌漑水は、集めてチューーリ湖へポンプで送り、そこから下クラマス湖へ放水している。したがって、この二つの湖水のまわりにひろがる野生生物保護区域の水は、農地で使われる水と同じなのである。これは、最近起った事件を理解するうえで大切である。

一九六〇年の夏だった。保護区域監視人は、チューリ湖や下クラマス湖のあたりで、何百羽という鳥が死んでいる——あるいは死にかけているのを見つけた。大部分は、魚を餌にしている鳥——オオアオサギ、ペリカン、カイツブリ、カモメなどだった。解剖してみると、トクサフェン、DDD、DDEなどの殺虫剤の残留物が検出された。湖水の魚からも、同じ殺虫剤が見つかり、プランクトンも汚染していた。監視人の考えによれば、殺虫剤の残留物が、還元式の灌漑用水のために殺虫剤を大量に撒布した農地からこの保護区域に運ばれてきたのである。

西部のカモ撃ちハンターでなくても、風にはためく吹流しのような音をたてて、水鳥が夕暮の空を飛んでいくのを賞でるものならだれでも、保護区域の水を毒でよごすならば、おそろしい結果をまねきかねない不安をいだくであろう。この特別保護区域は、西部の水鳥を守るうえで、とても大切な位置にある。ちょうどじょうごの狭くなった首のようなところで、渡り鳥が飛ぶ空の路がすべてここに集まって、太平洋の空の路へとつながっていくのだ。秋の渡りの時期がはじまると、何百万羽というカモやガンが、ベーリング海沿岸とハドソン湾にまたがる棲息地からやってくる。秋に南を目指して太平洋沿岸の各州に渡ってくる水鳥の四分の三は、ここを通る。夏は、また水鳥たちの巣になる。とくに、いまは姿を消そうとしている、アメリカホシハジロとアカオタテガモの営巣地なのだ。これらの保護区域がいちじるしく汚染すれば、アメリカ極西部地方の水鳥の個体群はひどくいためつけられ、もう二度ともとどおりにはならないだろう。

水は、生命の輪と切りはなしては考えられない。水は生命をあらしめているのだ。水中にただよう植物性プランクトンの緑の細胞（それはまるでほこりのように微小）にはじまり、小さなミジンコや、さらにプランクトンを水からこして食べる魚、そしてその魚はまたほかの魚や鳥の餌となり、これらはまたミンクやアライグマに食べられてしまう――一つの生命から一つの生命へと、物質はいつ果てるともなく循環している。水中の有用な無機物は食物連鎖の輪から輪へと渡り動いていく。水中に毒が入れば、その毒も同じように、自然の連鎖の輪から輪へと移り動いていかないと、だれが断言できようか。

カリフォルニア州のクリア湖の例をみるといい。おどろくべきことが起っている。この湖は、サンフランシスコの北方九十マイルばかりの山中にあり、釣（つ）りをする人にはむかしからなじみのあるところだ。Clear Lake《澄んだ湖》というが、水は、くすんだ黒色の軟泥（なんでい）のため濁っていて、底も浅い。ここには小さなブユ *Chaoborus astictopus* がいて、釣りにくる人や、湖畔の別荘地の人たちをなやませたのだった。なやませた、といっても、このブユは蚊によく似ているが、血を吸わず、ことに成虫は何も食べないと思われている。だが、人間は、同じ一つの世界に住みながらほかの生物との共存をいやがり、この無害のブユをただ数が多すぎるという理由で邪魔あつかいにしだした。すぐに防除しはじめたが、なかなか成果があがらない。一九五〇年近くになって、塩化炭化水素の殺虫剤が登場。ＤＤＴによく似たＤＤＤという薬品を撒布。ＤＤＴにくらべれば、魚に害が少ないという理由から……。

一九四九年に新しく防除計画をたてたが、これだけ周到に用意して被害が起るなどとだれが考えただろうか。湖水を測量し水量を計算し、殺虫剤はうんとうすめて、それぞれの化学薬品についての割合が水の七千万分の一となるようにした。ブユは、はじめのうちは姿を消したが、一九五四年にまた殺虫剤を撒布する羽目になる。今度の割合は五千万分の一。ブユは、ほとんど全滅した、と思われた。

やがて冬がきた。殺虫剤の副作用がはじめてあらわれてきた――湖水のカイツブリが死にはじめたのだ。あっというまに、被害は百羽をうわまわった。アメリカカイツブリは、クリア湖で卵を孵す水鳥で、冬でもここにとどまっている。湖に魚がたくさんいるからなのだ。すばらしい姿の、おもしろい習性のある鳥で、カナダや合衆国西部の浅い湖水に浮巣をつくる。別名、《ハクチョウカイツブリ》――とも呼ばれるわけは、からだを低くしずめ、真っ白なうなじと、黒く光る頭を高々とあげて、ほとんど波も立てずに湖水の表面をすべっていくためなのだ。新しく孵った雛鳥は、にぶく光る灰色の毛につつまれているが、生れてから二、三時間もたたないうちに、父親か母親の背中の翼のかげにおぶさって水の上につれだされる。

あいかわらずブユは抵抗をやめないので、第三回目の攻撃がはじまる。一九五七年だった。まえにもまして、おびただしいカイツブリが死んだ。死んだ鳥を調べても、一九五四年のときと同じように、水鳥のあいだに伝染病がはやった痕跡は見られなかった。だが、カイツブリの脂肪組織を分析してみると、一六〇〇ｐｐｍという異常に濃縮したＤＤＤの蓄積が検出された。

水に入れた最高の濃度は、五十分の一ｐｐｍだった。いったいどういうわけで、カイツブリの体内に入るとけたはずれの濃縮度を見せるのだろうか。もちろん、カイツブリは魚を食べる。そこで、クリア湖の魚を分析してみると、いろんなことがわかってきた。毒をはじめに吸収するのは、いちばん小さな生物だ。そこで濃縮した毒は、さらに大きな宿主へと移っていく。プランクトンの有機体からも、殺虫剤五ｐｐｍが検出された（水自体のなかにかつて見いだされた最大濃縮度の約二十五倍）。プランクトンを食べる魚では、四〇から三〇〇ｐｐｍという蓄積量に達する。なかでも蓄積量の多いのは、肉食類だった。ナマズ類では、二五〇〇ｐｐｍという、おどろくべき濃度。まさに因果はめぐる――プランクトンが水から毒を吸収する、そのプランクトンを草食類が食べる、すると、その草食類を小さな肉食類が餌食にする、すると、その小さな肉食類を大きな肉食類が食べてしまう。

だが、それだけではなかった。もっと異常な事態があとから判明した。化学薬品を最後に撒布してから、しばらくすると、ＤＤＤはあとかたもなく消えてしまった。だが、湖から毒が姿を消したわけではなかった。ただ、湖水にいる生物の組織に、毒が移っただけのことだった。化学薬品スプレー後二十三カ月たったが、プランクトンから、五・三ｐｐｍという高率の毒が出た。その二カ年近くのあいだに、プランクトンは成熟しては、枯れていった。水そのものはきれいになっているのに、毒だけは世代から世代へとつたわっていったのだ。そして、その湖にすむ生物も、同じだった。薬品スプレー後一年たったのちも、湖の魚という魚、鳥という鳥、カエルというカエルからＤＤＤが検出された。そして、こうした生物の体内に入った毒の濃度は、水そのものの汚染度にくらべて、何倍も高い。ＤＤＤ使用後九カ月目に、孵化した魚、またカイツブリ、カリフォルニアカモメでは、二〇〇〇ｐｐｍをこえる濃度が見られたのだ。そのうち、カイツブリの巣のコロニーが、減りはじめた。殺虫剤などなかったころは、千つがい以上いたのに、一九六〇年には、わずか三十つがいあまり。このわずかのカイツブリは巣をつくることはつくったが、いったい何のために巣をつくったのやら……。最後にＤＤＤが使われてから、湖水ではカイツブリの雛鳥はもう見られなくなってしまったのである。

どこまでもたち切れることなく続いていく毒の連鎖、そのはじまりは、小さな、小さな植物、そこに、はじめ毒が蓄積された——そう考えても間違いはないだろう。だが、この連鎖の終点——人間は、こんなおそろしいことがあろうとはつゆ知らずに、クリア湖から魚を釣りあげてきて、夕食のフライにする。大量のＤＤＤ、それもくりかえしＤＤＤを口にすれば、どういう結末になるのだろうか。

カリフォルニア州の公衆衛生局は、はじめのうちは危険でないと言ったが、それでも一九五九年になって、湖水でＤＤＤを使うことを禁じた。ＤＤＤが生物にどういう大きな作用を及ぼすのか、科学的に明らかになっていることを考えれば、公衆衛生局が使用を禁じたのも最小限度の安全手段のように思われる。ふつうの殺虫剤と違って、ＤＤＤには、生理学上、特殊な作用がある。副腎の一部——つまりホルモン・コルチンを分泌する副腎皮質として知られている外層の細胞を破壊する。ＤＤＤにこうした破壊力があることは、一九四八年に発見されたが、はじめは犬に限られると思われていた。猿とか、ネズミとか、ウサギのような実験動物には、反応があらわれなかったからだ。だが、ＤＤＤが犬の体内にひき起す状態は、アジソン病にかかった人間の状態ととてもよく似ている。最近発表されたある医学論文によれば、ＤＤＤは人間の副腎皮質をひどく冒す、という。その細胞破壊力はよく知られていて、たとえば副腎にできる特殊な癌の治療に逆にそれが使われることがある。

クリア湖で起ったこうした事件を見れば、だれもが無関心ではいられない。人体にこんなにおそろしい副作用のある物質を、虫を殺すのだといって、使っていいのだろうか。

とくに、この危険な殺虫剤を、じかに水のなかに入れたりするのはやめるべきではないか。うんとうすめて使ったなどといっても、意味がない。餌という連鎖のためにどういうことになるのか、それはいま私が書いたとおりなのだ。そして、合衆国のクリア湖だけの問題ではない。同じようなことがどこでもふえてきている。べつにたいしたことはない、ときにはつまらない問題を解決しようとして、はるかにむずかしい問題をひき起してしまう。もっともこうしたことは、その全貌をつかむことがむずかしいから、無視してしまえるという便利さはあるけれども。クリア湖では、ブユをうるさがった人たちの言いなりになったために、鳥たちを犠牲にした。そして、また何一つ知らないまま、湖の魚を食べたり、湖の水を使っているものすべてにおそらく危険は及んだのだ。

でも、異常としか言いようがないが、貯水池に勝手気儘に毒を入れるのは、いまやあたりまえのこととなろうとしている。もっぱら釣りというスポーツのためなのだ。そしてあとになって、本来の目的である飲用水として使えるようにするために多くの費用をかけなければならない。貯水池の魚を《改良する》のだといって、官庁に圧力をかけ、毒を流しこみ、このましくない魚を殺し、養魚場から自分の好き勝手な魚をつれてくる。まるで、アリスの不思議の国そこのけの有様だ。貯水池は、もともと公共の水をためておくところである。みんなは、釣りマニアのことなど何も知らずに、有毒な残留物のある水を飲まされるか、または高い税金をはらって毒をとりのぞいてもらわなければならない。そうしても、完全に確実な方法があるわけではない……。

地表の水、地底の海が殺虫剤や化学薬品で汚染する。すると、有毒な物質が、私たちの水道にまざる。だが、それだけではない。有毒な物質とは癌の原因にもなりうる。国立癌研究所のW・C・ヒューパー博士は、言う――汚染した水道水を使っていれば、こしばらくのうちに、癌におそわれる危険は目にみえて高まるであろう。さらに、一九五〇年代の初期にオランダで発表された研究によれば、汚染した水道水は発癌の原因になるという。川から水道をひいている町の人間と、汚染度の少ない井戸水や湧水を使っている町の人間とをくらべると、癌死亡率は、前者が高い。外界にある砒素が人間の体内に癌を発生させることはほとんど確実で、これはすでにおそろしい二例の事実となってあらわれている。その一つは鉱山のボタ山から砒素が流出した例であり、いま一つは砒素を多量に含んだ岩から砒素が出たことがあって、そのとき水が汚染し、大勢の人々が癌になっている。砒素の入った殺虫剤をばらまけば、かつてのこうした状況をいとも簡単に再現できる。土壌にまず毒がしみこむ。雨が降って、砒素は小川や川へ、そして貯水池へと運ばれていく。地底のひろい海も、汚染してしまう。

自然界では、一つだけ離れて存在するものなどないのだ。私たちの世界は、毒に染まっていく――この過程をもっとよく理解したいと思うものは、水とならんで、私たちの生命の母とも言うべき《地》に目を向けなければならない。

五　土壌の世界

地球の大陸をおおっている土壌のうすい膜――私たち人間、またそこにすむ生物たちは、みなそのおかげをこうむっている。もし、土壌がなければ、いま目にうつるような草木はない。草木が育たなければ、生物は地上に生き残れないだろう。

農業があってこそ成立っている私たちの生活は、また土があればこそ可能なのだ。だが、土壌も生物のおかげを大きくうけている。土のはじまり、その歴史は、動物、植物ともちつもたれつなのだ。土は、生物がつくったのだと言えなくもない。はるか、はるかむかし、生物と無生物との、不思議な秘密にみちた交わりから、土ができてきた。山が火を噴き、熔岩が流れ出る。水が押し出し、裸の岩を洗い、かたい花崗岩までもすりへらし、霜や氷の鑿が、岩をうちくだいた。すると、生物は魔法に等しい力を発揮し、生命のない物質を少しずつ、ほんの少しずつ土に変えていった。はじめ地衣類が岩をおおって、酸を分泌しては岩石をぐずぐずにし、ほかの生物が宿れる場所をつくった。地衣類のぼろぼろになったかす、ちっぽけな昆虫の皮、海から陸上にあがりはじめたファウナ（動物相）の残骸でできた土壌の小さな穴に、蘚類が生えた。

生物が土壌を形成したばかりでなく、信じられないくらいたくさんのさまざまな生物が、すみついている。もしも、そうでなければ、土は不毛となり死にはててしまう。無数の生物がうごめいていればこそ、大地はいつも緑の衣でおおわれている。

土は、たえず変化してとどまるところを知らない。土もまたはじめもおわりもない循環のプロセスの一部となっている。有機物が腐食する。空からは窒素、そのほかの気体が雨といっしょに落ちてくる。こうして、新しい物質が出てきては、たえず岩石を崩壊させている。かと思うと一時だけ生物に利用されては、消滅していく物質もある。元素を空気や水のなかから摂取して、植物が使えるような形にする、不思議な、しかもなくてはならない化学変化がたえず行われている。生物自身も、みずからうつろいながら、このたえざる変化の輪をまわしている。

土壌の世界——真っ暗な土のなかにうようようごめいている生物については、ほとんど研究されていない。でも、探ってみればみるほど、こんなにすばらしい世界がまたとあるかと思う。土壌の有機体のあいだにはりめぐらされている複雑な糸、土壌の生物と土壌の世界、また地表の世界との関係、こうしたことは、ほとんど何もわかっていないといっていい。

土壌の生物といえば、まずいちばん小さな生物——目には見えないバクテリアや糸のような真菌類が、その代表だ。その数を出すとなると、たちまち天文学的な数字になってしまう。土壌の表面である表土を茶匙に一杯すくっただけでも、そのなかには何十億というバクテリアがうごめいている。一つ一つのバクテリアの大きさは、ほんとに微小なのに、よく肥えた一エーカー（訳注 一エーカー＝四〇四七平方メートル）の畑の表面から一フィート（訳注 一フィート＝三〇・五センチ）までのあいだに巣食うバクテリアの全重量は、千ポンド（訳注 一ポンド＝〇・四五キログラム）あまりになる。長い糸のような花糸状の放線菌類は、バクテリアにくらべると数がいくらか少ないが、個々の菌が大きいので、前記の面積における全重量は、バクテリアとほぼ同じだ。藻類という小さな緑色の細胞のかたまりといっしょになって、土壌の微小な植物の世界をつくりあげている。

バクテリア、菌類、藻類――この三つは、たえずものを腐敗させ、植物、動物の残骸を、そのもとの無機物に還元する。もしも、こうした微小植物がなければ、土壌、空気、生物組織のあいだで行われている炭素、窒素のような化学元素の大きな循環運動は起らないだろう。たとえば、窒素をとらえるバクテリアがないとしよう。そうすれば、いくら空気中に窒素があっても、草木は窒素がとれず枯れてしまう。そのほかの有機物は二酸化炭素を生み出し、炭酸となって、岩をくだく。また、そのほかの微生物も、さまざまな酸化、還元を行い、鉄、マンガン、硫黄のような無機物を植物の使えるような形態に変える。

また、そのほか無数にいるのは、微小なダニやトビムシという名の翅のない小さな昆虫だ。すごく小さなくせに、植物の残骸を細かくくだいて、森林の下のくずやごみを土に変えていく。この小さな昆虫がどんなによく仕事をするかは信じられないくらいである。たとえば、ある種のダニ類は、トウヒの落葉がないと育たない。そのかげに巣食いながら、針葉の内部の組織を咀嚼(そしゃく)する。そして、成長すると、針葉細胞の外皮だけが残る。秋がくると、おびただしい葉がおちるが、それを一手にひきうけておどろくべき仕事をするのは、土壌や森林の下の土にすむ小さな昆虫たちなのだ。かれらは、葉っぱをやわらかくし、細かくくし、腐敗したものを表土とまぜる役割を果す。

小さいが、休むことなく、あくせくと働いている生物のほかにも、もちろんもっと大きな動物たちがいる。土壌の世界でいとなまれる生活は、バクテリアから哺乳類(ほにゅうるい)までの全段階にわたる。あるものは、地表下の真っ暗な層ばかりにすんでいる。そうかと思うと、地下の暗室で冬眠したり、生涯(しょうがい)のある期間だけそこで送るものもいる。また、穴ぐらと地上の世界とのあいだを、勝手気儘に行き来するものもある。とまれ、かれらはみな土壌を風化し、植物におおわれている地表が水を通すように、排水をよくしている。

土壌のなかにはたくさんの生物がうごめいているが、なかでも大切なのは、ミミズだろう。いまから八十年ほどまえ、チャールズ・ダーウィンは、『ミミズの活動による栽培土壌の形成――ならびにミミズの習性の観察』という本を出した。ミミズが土壌の運搬に基本的な役割を果すという考えは、ここにはじめて述べられたといっていい。岩石の表面は、だんだん細かな土でおおわれてくるが、それは虫たちが下から運びあげてくるのだ。その量は多いときには一年で一エーカーあたり何トンにもなる。また葉っぱや草にはたくさんの有機物が入っている。それが、穴ぐらのなかへひきこまれ、土壌となっていく（その量は、六カ月間に一平方ヤード（訳注 一平方ヤード＝〇・八平方メートル）あたり二十ポンドあまりに達する）。ダーウィンの計算によれば、ミミズの力で地表につもる土の量は、十年間に一インチ（訳注 一インチ＝二・五センチ）から二インチぐらいの厚さになるという。だが、それだけではない。穴ぐらは、土壌を風化し、水はけをよくし、植物の根がよく通るようにする。ミミズがいればこそ、土壌バクテリアの硝化作用はまし、土壌の腐敗をくいとめるのだ。ミミズの消化器系を通るうちに有機物は解体し、排泄物（はいせつぶつ）によって土壌は豊かになっていく。

このように土壌の世界は、さまざまな生物が織りなす糸によって、それぞれたがいにもちつもたれつしている。生物は土壌がなければ育たないし、また逆に土は、生物の社会が栄えてこそ、生きたものとなれる。

さて、毒の化学薬品がこの世界に押し寄せてきたらいったいどういうことになるか——いままでほとんど見向きもされなかったこの問題を考えてみよう。土壌を《殺菌する》のだと言って毒薬をじかに土壌にばらまくこともあれば、また雨が降って森や果樹園や畑の木の葉をつたって落ちてくる水が、おそろしい毒を運んでくることもある。土壌のうちにあってきわめて重要な役割を果している、信じがたいほど数多い生物の運命はどうなるだろうか。幼虫のうちに害虫を強力な殺虫剤で殺せば、有機物の解体という大切な役割を果している《益虫》も被害をこうむることは十分考えられる。あるいはまた非選択性殺菌剤を使ってみるとしよう。木の根にくっついて、木が土壌から栄養をとれるようにしている菌類もいっしょに死滅してしまうのではないのだろうか。

悲しむべきことにこの土壌の生態学とも言うべき、きわめて大切な分野に目を向けるものは、科学者といえども数少なく、いわんや防除業者にいたっては、言わずもがな。土などいくら毒をぶちこんでも、どうでもない、などと言っては化学薬品をばらまいている。土壌という独自な世界は、ほとんど見向きもされなかったのだ。

それでもいままでに行われたわずかの研究によって、土壌に及ぼす殺虫剤の影響が少しずつ明らかになってきた。その観察結果がまちまちなのは、おどろくにあたらない。土壌は、それこそさまざまで、ある個所に被害をあたえても、他では安全だったりする。軽い砂地は、腐植土よりもいためつけられやすい。また、一種類の化学薬品よりもいろんな化学薬品が組合わさったときのほうが、おそろしい害をもたらす。研究結果は違っても、害があることはいよいよ明らかで、多くの専門家も安心してはいられなくなった。

生命の核心ともいうべきところでは、化学的な変換、転化が行われているが、まさにそれがおびやかされることがある。大気の窒素を植物が固定できるようにする硝化作用が、そのいい例である。除草剤2・4Dを使うと、しばらくこの硝化作用がみだれる。最近のフロリダ州での実験によれば、リンデン、ヘプタクロール、BHC（ベンゼン・ヘキサクロリド）が土壌に入ると、わずか二週間もたたないうちに硝化作用が減じ、BHC、DDTは使用後一年間も有害な影響を明らかに及ぼした。またほかの実験によれば、BHC、アルドリン、リンデン、ヘプタクロール、DDDを使用すると、マメ科の植物に必要な根瘤（こんりゅう）をつくって窒素を固定しているバクテリアが姿を消してしまう。菌類と高等植物の根とのあいだには奇想天外な、たがいに益しあう関係があるが、それも破壊されてしまう。

個体数の微妙な均衡（バランス）――この均衡があればこそ自然の遠大な歩みということがありうる――がこわれるおそれもある。殺虫剤のためにある種の土壌生物の個体数が減り、捕食者と被食者の均衡が破れ、ある特定の種類が突然大発生をする。こうしたことになれば、土壌の新陳代謝の活動もたちまち変化し、もはや実り豊かな土とはならないかもしれない。そして、それまで自然の均衡のために押えられていた有害な生物が、あばれだすことになりかねない。

土壌のなかに入った殺虫剤は、一カ月や二カ月で消え去らず、何年も何年も長いあいだしみついている。四年まえのアルドリンが検出されたことがある。アルドリンそのものとして残ってもいたが、大部分ディルドリンに転化していた。砂地から大量のトクサフェンが見つかったこともある。調べてみると、十年前にシロアリ退治にトクサフェンを使っていた。ＢＨＣは、最低十一年の寿命があり、ヘプタクロールとか、それから誘導されたさらに有毒な化合物は、最低九年。クロールデンは、使用後十二年たってからも再検出され、それも使用時量の一五パーセントが残留していた。

　適度に殺虫剤を使っているつもりでも、何年もたつあいだに土壌のなかに蓄積される量は想像をこえる。塩化炭化水素は、寿命が長くなかなか消えないから、新しく使用された分は、そのまままえの分にプラスされていく。《一エーカーに一ポンドのＤＤＴなら無害だ》とよく言われるが、およそナンセンスなのだ。スプレーをくりかえせば、殺虫剤はその分だけつぎからつぎへとたまっていく。ジャガイモ畑の土壌からは、一エーカーあたり十五ポンドのＤＤＴ、穀物畑の土壌からは、十九ポンドという多量のＤＤＴが出てきた。調査中のツルコケモモの湿地では、エーカーあたり三十四、五ポンド。いちばん汚染のひどいのは、おそらくリンゴ園の土壌で、わずか一夏のあいだにＤＤＴを四回も五回も撒布（スプレー）するから、ＤＤＴの残留量は、三十ポンドから五十ポンドになると思われる。こんなふうに何年も撒布を続けていれば、リンゴの木と木のあいだでは、エーカーあたり二十六から六十ポンド、木の下では、百十三ポンドにもなる。

　いつまでも土壌をよごすものには砒素がある。でも砒素を使ったのはむかしのことで、タバコ畑でも一九四〇年代のなかごろから有機合成殺虫剤にきりかえだした。それなのに、どうしたわけか、**アメリカのタバコ畑でできる巻煙草を調べてみると、砒素が検出され、その含有量は、一九三二年から一九五二年のあいだに、三倍以上もふえている。**さらにその後の調査では、六倍という数字がでた。砒素毒物学の権威ヘンリー・S・サタリー博士の説明によれば、かなりまえから有機合成殺虫剤がもっぱら使われるようになったにもかかわらず、タバコの木はあいかわらずむかし使われた砒素系の毒を吸収しつづけているためだという。というのも砒酸鉛は簡単には分解しない毒薬であって、それがタバコ畑の土壌にしみついているためなのである。そして砒酸鉛は、可溶性の砒素をこれからも出しつづけるだろうという。タバコ畑の土壌は、たいてい《累積した毒に、ほとんど半永久的に汚染してしまった》（サタリー博士）。砒素の入った殺虫剤を使わなかった地中海東部沿岸地方では、このような砒素含有量の増大はみられなかった。

したがって、私たちは、第二に土壌の汚染ということだけではなく、汚染した土壌と植物組織との関係を明らかにしなければならない。つまり、土壌中の殺虫剤はどのくらい植物組織のなかへと入っていくものなのか。もちろん、土壌の種類、作物、殺虫剤の種類、性質、その濃度などによって、答えは変ってくる。有機物を豊富に含有している土壌は、ほかにくらべて毒性の汚染度が低いし、実験してみると、ニンジンはほかの作物にくらべて殺虫剤をよく吸収する。たとえば、リンデンを使うと、その濃縮度は、土壌よりもニンジンのなかのほうが高い。とまれ、これからは、作物を植えるまえに、土壌を分析して殺虫剤が含まれていないかどうか検査する必要があるかもしれない。作物に殺虫剤をかけなくても、土壌に含有されている化学薬品のために、出荷できない羽目になるともかぎらないから。

　でも、いちばん困るのは、ベビーフードを製造している会社である。少なくとも有名なある会社は、有毒な殺虫剤の汚染をこうむらない果実や野菜を見つけるのに、苦労している。なかでも厄介（やっかい）なのは、ＢＨＣで、これは植物の根や塊茎からなかへ入り、一度汚染した野菜からは黴（かび）の匂（にお）いや味が抜けない。カリフォルニア州で、サツマイモが市場からつきかえされてきたことがあり、調べてみると、サツマイモを植える二年まえに畑にＢＨＣをまいていた。南カリフォルニアのサツマイモ需要をむこう一年一手にひきうけていた会社が、大部分の畑が汚染していたために、一般の市場からサツマイモを仕入れなければならず、ひどい損失をこうむったこともある。そのほかいろんな果物や野菜が、方々の州で不合格となり、こんなことが四、五年も続いた。でも、いちばん手をやいたのは、落花生だった。合衆国南部では、たいてい落花生と綿花を交互に栽培していて、綿花にはＢＨＣを大量に撒布（スプレー）する。そのあとに植えた落花生は、ほんのわずかなＢＨＣでもすぐに影響をうけて黴くさくなるから、多量の殺虫剤を吸収したら、たちまち黴くさい味になってしまう。一度なかに入った化学薬品は、もうとりのぞくことができない。そして落花生を加工するうちに、黴くささがとれるどころか、逆に強くなることが多い。だから、良心的な落花生加工会社は、BHCを撒布した畑の落花生、そしてまた土壌がBHCで汚染している畑の落花生はいっさい使わないことにするよりほか仕方がない。

農作物全部がいつ同じ目にあわないともかぎらない。土壌が汚染しているかぎりは、この脅威はなくならない……。マメ、コムギ、オオムギ、ライムギのような、殺虫剤に敏感な植物は、十分根をはることができず、実生（みしょう）の発育がおくれてしまう。ワシントン州やアイダホ州のホップ栽培者たちは、手いたい目にあっている。Strawberry root weevil というゾウムシの一種の幼虫が大発生して、ホップの根をくいあらしたので、一九五五年の春、大規模な防虫が行われ、専門家や殺虫剤会社に相談してヘプタクロールを使った。ところが一年もたたないうちに、ホップのつるが弱りはじめ、やがてすっかり枯れてしまった。何もしなかった畑では何ともなかった。ヘプタクロールを使った畑と使わなかった畑との境は、ホップの木の被害の差にそのままはっきりあらわれたのだった。莫大（ばくだい）な費用をかけて、新しくホップを植えつけたが、年が明けてみると、みな根がやられていた。それから四年たったが、土壌はあいかわらず汚染していて、いつまたもとどおりにきれいになるのか、いったいどういう処置をとったらいいのか、専門家にもわからない。合衆国農務省は、奇妙なことに一九五九年の三月になってもまだ、ホップの土壌にヘプタクロールを使っても大丈夫だと言っていたのだった。その後あわてて、使用登録を取り消したが、ホップ栽培業者はできるだけたくさんの補償をとろうと裁判にもちこんだ。

それでも、殺虫剤は使われている。そして一度殺虫剤が使われれば、そのおそろしいかすはいつまでも土壌のなかに残るから、これから先ますます面倒になるのは、ほとんど確実と言っていい。一九六〇年土壌生態学の会議にシラキュース大学に集まった専門家たちは、みな口をそろえてこう言っている。化学薬品とか放射線など《どのようにおそろしい作用があるのかよくわかっていない道具》をもてあそぶおそろしさを数えあげて、かれらは言う――《人間のほうでちょっとした間違いをしたために、実り豊かな土壌がだいなしになり、節足動物がこの大地をのっとることになるかもしれない》。

六　みどりの地表

水、土、それをおおう植物のみどりのマント——こうしたものがなければ、地上から動物の姿は消えてしまうだろう。現代に生きる私たちはほとんど考えてもみないが、植物がなければ人間も死滅してしまうのだ。植物は太陽エネルギーを使って、私たちの食糧をつくっている。そのくせ、人間は植物について勝手きわまる考えしかもっていない。何か直接自分の役に立つとなると、一生懸命世話をするが、気にくわないと、そしてまたときにはべつに理由もなく、すぐにいためつけたり、ひっこぬいたりする。もちろん、人間や家畜に有毒な植物もあれば、作物を押しのけてはびこるものもある。だが、それ以外のものでもたまたまいらないときによけいなところに生えているという、勝手な理由だけで目のかたきにされる。無用な植物の仲間というだけで、ひっこぬかれることもある。

植物は、錯綜(さくそう)した生命の網の目の一つで、草木と土、草木同士、草木と動物とのあいだには、それぞれ切っても切りはなせないつながりがある。もちろん私たち人間が、この世界をふみにじらなければならないようなことはある。だけど、よく考えたうえで、手を下さなければ……。忘れたころ、思わぬところで、いつどういう禍いをもたらさないともかぎらない。だが、いまこのような謙虚さなど、どこをさがしても見あたらない。いたるところ、《除草剤》《殺草剤》のブームだ。除草化学薬品の生産高、使用量は、大きくのびるばかりである。

私たちがどんなに勝手気儘に自然をいためつけているか、その悲劇は、セージブラッシュとよばれるヨモギ属の自生するアメリカ西部の不毛地の風景を力ずくで変えようとした企てにみられる。この雑草を根絶して、牧草地にしようと、大がかりな運動がくりひろげられた。人間が何かしようと企てる場合、歴史や風土をどんなに深く考えなければならないものか、これはその一つのいい例と言っていい。なぜならば、風土をつくったさまざまな力の相互作用が、この風土にそのままあらわれている。なぜここの自然はこういう姿をしているのか、なぜこのままにしておかなければならないのか、それは風土そのものに書き記されているのだ。ちょうど、こういうことすべてを書いた本が、目のまえに開いておいてあるように……。だが、本をよむ人はだれもいなかった。

セージブラッシュが一面に生えているここは、高原で、高い山の裾になっている。いまから何百万年もまえ、ロッキー山脈が隆起してできた西部の高原だ。気候の変化のはげしいここは、冬は吹雪が山をかけおり、あたりは深い雪にうずまる。夏は焼けつくように日が照りつける。雨はほとんど降らず、土のなか奥深くまで乾ききっていて、はげしく吹きまくる風は、木から湿気という湿気を奪い去ってしまう。

いままで、いろんな植物がここにすみつこうとしては失敗したにちがいない。そして、とうとう、この吹きさらしの高地でも生き残れる性質をそなえた植物だけが、繁茂していったのだ。セージブラッシュは、背が低く、山の斜面や、高原に育ち、いくら風に吹かれても、小さな灰色の葉のなかに、たっぷり水分をためている。こうして、合衆国西部の広大な高原にこの植物がひろがったのは偶然ではなく、自然そのものが長い年月をかけて実験を重ねてきた、その結果であった。

植物だけではない。動物もまた、同じだ。結局セージブラッシュのように適応力のある二種類の動物だけが残った——あしが速く優雅なプロングホーン（エダヅノレイヨウというカモシカ）と、ルーイスとクラークの探検隊が《高原の雄鶏（おんどり）》と呼んだキジオライチョウ。

セージブラッシュとキジオライチョウは、たがいにもちつもたれつの関係にあるらしい。キジオライチョウの棲息（せいそく）区域は、セージブラッシュの分布範囲と一致していたし、その分布範囲が人間の手でけずられていくと、キジオライチョウの個体数も減った。セージブラッシュがなければ、キジオライチョウは生きられないのだ。巣をつくって雛鳥（ひなどり）を育てるのは、高原のふもとの背の低いセージブラッシュのかげで、しげみのなかをほっつき歩いたり、ねぐらとしたりしている。また、セージブラッシュは四季をとわずキジオライイチョウの主な餌なのだ。だが、また逆にキジオライイチョウは、植物の生長を助けている。セージブラッシュのまわりの土壌をやわらかくするから、そこに草が育つのである。

そしてまたここの高原の主、カモシカも、セージブラッシュがあればこそ棲息できる。カモシカはもともと高原にすむ動物だが、夏は山ですごし冬が近づき初雪がくると、山を下って、ふもとの高原へとやってくる。冬のあいだ、セージブラッシュが餌となるのだ。ほかの植物の葉は、ぜんぶ落ちてしまうが、セージブラッシュだけは、いつも緑——灰緑の葉をつけている。にがい、芳香のある葉、蛋白質、脂肪、有用な鉱物質を豊かに含有している葉……。いくら雪がつもっても、セージブラッシュだけは頭を出しているし、雪に埋もれるようなことがあれば、カモシカが鋭いひづめでかき出す。風に吹きさらしの岩棚に生えているセージブラッシュ、カモシカがかき出したあとのセージブラッシュ——キジオライイチョウもそれを食べて冬を越す。

そして、セージブラッシュはまたそのほかの動物の食糧ともなる。耳の大きいミュールジカというシカとか……。セージブラッシュは、冬でも戸外に餌を求める家畜たちには、なくてはならない。羊が冬集まるのは、大きなセージブラッシュばかりが群生するところだ。半年間、羊はセージブラッシュを主に食べるわけで、それはムラサキウマゴヤシの秣よりもエネルギー価がある。

きびしい高原、セージブラッシュの群生がうち続く紫色の荒地、キジオライチョウ、身のこなしの速いカモシカ——みんな自然そのままの完全な均衡（バランス）を保っている。保っている？　現在形はもう通じない。少なくとも、この自然の均衡を人間が「改良しよう」としている広大な地帯では……。土地開発の名のもとに、政府は牧場をつくる。だが、もともと牧畜業者の底知らずの欲望をみたすためなのだ。みどりはみどりでも、セージブラッシュのみどりはご免だという。セージブラッシュのかげに守られてはじめて草が生えるように自然が工夫していたのに、いまやセージブラッシュを撲滅してあくまで一色の草原をつくる。草がはたしてここに育つだろうか、そしてまた牧草地の必要があるだろうか。自然そのものに口があるとすれば、もちろんそんなことはむだだと言ったにちがいない。この地方の年間降雨量は少なく（雨はほとんど降らない）、秣になるほどの良質の草は育たない。育つものといえば、セージブラッシュのかげの多年生バンチグラス（イネ科の草）ぐらいなのである。

だが、セージブラッシュ根絶の計画は、何年も何年も執拗（しつよう）に押し進められてきた。とくに熱心な官庁もあり、種子販売会社ばかりでなく草刈り機や鋤（すき）や種まき機械製造会社も熱心にこの計画に参加した。そして、最近新たに加わったのは化学薬品スプレーの使用である。何百万エーカー（訳注　一エーカー＝四〇四七平方メートル）というセージブラッシュのしげみが、毎年撒布（スプレー）の対象となる。

その結果は？　セージブラッシュを駆除してそのあとに草の種をまいて成功することなど、ほとんど夢物語に近い。この地方の事情をよく知っている人たちの考えによれば、水分をたくわえているセージブラッシュがなくなれば、草は、生えなくなってしまうだろう。セージブラッシュがあってこそ、草はそのかげ、そのあいだによく育つのだから。

だが、計画がうまく進んで目指す結果が得られるにしても、生命の織りなしてきた糸が、ずたずたにひきさかれるのは明らかである。セージブラッシュが消滅するとともに、カモシカや、キジオライチョウは姿を消すだろう。シカも追いたてられ、野生の動物がいなくなった土地は、やせほそっていくばかりだろう。そして、牧草地がいるのだ、家畜のためには牧草地が必要なのだ、と騒ぎたてている、その家畜そのものも、結局被害をうけるだろう。夏には青々とした草がいくらでもあるかもしれない。でも、風のつよい冬になって、セージブラッシュやバラ科の低木ビターブラッシュの群生などの高原植物がないとなれば、餓死するよりほかない。

以上が、目に見えるはっきりとした第一の結果。第二は、自然にいきなりスプレーの筒先を向ける、その被害。もともと標的ではない植物までも、犠牲にしてしまう。裁判官ウィリアム・O・ダグラス氏は、最近の著書、『わが荒野、カターディンの東』で、ワイオミング州の生態破壊について書いているが、すさまじい――牧畜業者の陳情にまけて、ブリッジャー山国有林林野局は、牧草地を開拓しようと、一万エーカーあまりのセージブラッシュ地帯に薬品を撒布（スプレー）した。うまくセージブラッシュは枯れた。だが、その高原をうねりくねって流れている小川という小川の両岸にしげっていたヤナギの木も、見るも無残に枯れてしまった。ヤナギのしげみには、アメリカヘラジカがすんでいた（ちょうど、セージブラッシュのかげにキジオライチョウがすむように）。また、ビーバーも。ヤナギを食べるビーバーは、木を倒して小川をせきとめる。池ができる。すると、マスが集まってくる。山の急流のマスは、六インチ（訳注　一インチ＝二・五センチ）より大きくなることは、珍しい。でも池では五ポンド（訳注　一ポンド＝〇・四五キログラム）以上にもなる。水鳥も池へやってくる。ただヤナギの木があって、そこにビーバーがいるというだけで、あたりは狩猟や釣（つ）りの名所となっていたのである。

だが、林野局が勝手に土地を《改良》しようとしたために、ヤナギもセージブラッシュと同じ運命をたどった。除草剤は、何でもみな殺しにしてしまう。一九五九年、この地方を訪ねたダグラス氏は、思わず息をのんだ。ちょうど薬品を撒布した年で、ヤナギはもう勢いがなく枯れはじめていた。《信じられないくらい大きな損失》だ。ビーバーやアメリカヘラジカの運命は？　かれらがつくりあげてきた小さな世界は、いったいどうなるのだろう？　それから一年たってまたここを訪れたとき、すべては明らかになった。アメリカヘラジカやビーバーはどこへ行ってしまったのか、姿を消していた。ビーバーたちのおかげでできていた池はなくなり、大きなマスもいなくなった。木陰が消えうせて、じりじりと太陽の照りつける裸の土地。細々と流れるちっぽけな川——かつて生命に溢(あふ)れていた世界は無残にも壊滅していた。

四十万エーカーをこえる放牧地が毎年撒布(スプレー)されるだけではない。そのほか広大な土地に除草剤を撒布する計画があり、またすでに実施されているところもある。たとえば、ニューイングランド全体よりもひろい土地、五百万エーカーあまりの土地が開発公団の手中にあって、《やぶ退治》といっては定期的に化学薬品がまかれている。アメリカ南西部では、七百五十万エーカーにのぼる、マメ科の低木メスキートの繁茂する地帯を開発しようと、化学薬品をしきりに撒布している。あまり人の知らない広大な材木産地では、スプレーに抵抗性のある針葉樹林から落葉樹を《とりのぞく》ために、空から薬品をまいている。除草剤が使われる農地は、一九四九年からここ十年のあいだに倍加し、一九五九年には総計五百三十万エーカーあまりになる。公園、ゴルフ場、個人の住宅の芝生なども加えれば、その面積はまさに天文学的な数字になるだろう。

化学薬品は、いまや現代の花形なのだ。すばらしく効く。一度使ってみれば、だれでも、その威力に魅せられてしまうおもちゃに似ている。いまは大丈夫でもあとがこわいと言おうものなら、弱虫の思いすごしと、ののしられるのがおちだ。《農業工学》というものができて、《化学耕作》などと得意になっている。鋤とか、くわをやめて、スプレー・ガン――撒布銃にかえようというのだ。村という村のおえら方は、化学薬品のセールスマンにとってはいいカモだ。いろんな業者がつめかける、道ばたの《やぶ》をとってあげます、おとくです、草刈り人夫をやとうより安あがりです……セールスマンの言うとおり村役場の帳簿のうえでは、支出費が減るかもしれない。だが、本当の費用を記載するとしたら――ドルでいくらというだけではなく、これから問題にするような、ドルと同じように高くつく支出を帳簿に記載するとしたら、化学薬品スプレーは、結局高いし、また健康な風土、そこに関連するいろんなものが長期にわたって犠牲になることを考えれば、決定的な損失となるだろう。

たとえば、州内いたるところの商工会議所が大切にしている財源――休暇にやってくる観光客のことを考えてみよう。道ばたには、まえには、シダ類とか、野生の花とか、実をつけた灌木(かんぼく)が生えていたのに、いまは茶色の枯れた草木がどこまでも続いている。美しいむかしの道が失われたとの非難の声は、ますます高くなる、《私たちは道ばたに、きたならしい、茶色に枯れたごみを植えつけている》。――ニューイングランドのある婦人が新聞に投書している。《観光客が望むものは、こんなものではないのです。美しい自然へと招く広告に多額の金をつぎこんでいながら、観光客の目にするものといったら……》。

一九六〇年の夏、多くの州の自然保護運動家が、メイン州の島に集まり、この島の所有者ミリスント・トッド・ビンガム氏が島を国立オードゥボン協会に寄贈するのに立ち会った。この島の自然、微生物から人間にいたるまですべてを一つに織りこんでいる生命の織物をきずつけないためにはどうしたらよいか、を相談することになっていた。でも、みんなは、ここへくるまでの道筋が荒れているのに、一様に憤慨していた。針葉樹の森をぬう道の両側には、むかしは、ヤマモモ科の低木スイートファーン、ハンノキ、ハックルベリーなどがしげっていたのに、いまは褐色の荒涼とした風景。メイン島旅行に参加した自然保護運動家のひとりは、書いている――《メインの道ばたの美しさが破壊されているのを見て憤懣やる方なく家へ帰った。しばらくまえまでは、野生の花や灌木にふちどられていた自動車道路は、何マイル、何十マイル行っても枯れはてた植物の残骸ばかり……財政という面を考えた場合、このために観光客の信用を失ったその損失に州ははたして平気でいられようか》。

メイン州の道ばたの自然の美しさは本当にすばらしかった。だから、こんなになって、とてもさびしい。でも、これはほんの一例にすぎず、合衆国中いたるところで、道ばたの除草という名のもとに、このようなことが行われている。

コネティカット樹木園の植物学者たちによれば、美しい野生の灌木、野生の花が姿を消して、道ばたはいまや《危機》に瀕しているという。ツツジ、カルミア、ブルーベリー、ハックルベリー、また、ガマズミ、ミズキ、ヤマモモ科の低木、背の低い、ザイフリボク、チョークチェリー、モチノキ、ヤマスモモは、化学薬品の砲撃をうけて死滅していく。咲きみだれていたデージー、オオハンゴンソウ、アキノキリンソウ、シオン、エゾギクも同じ運命をたどっていく。

　薬品スプレーは計画そのものが間違っているだけではなく、ずいぶんひどいことも平然と行われる。ニューイングランド南部の町では、ある業者が仕事を終って、タンクに化学薬品が少し残っていたので、森の道ばたに捨てた。やがて秋がきたが、青や黄色に咲きみだれるシオン、エゾギクやアキノキリンソウは、もう二度と姿を見せなかった（むかしはそこへの長い旅をいとわぬほど美しかったのに）。また、ほかの町では（やはりニューイングランド）、最高四フィート（訳注　一フィート＝三〇・五センチ）までときめられているのに、道路交通局に相談なく八フィートの高さまで道ばたの植物に撒布してしまい、あとに残ったのは、どこまでも続く無残な褐色の残骸ばかり。また、マサチューセッツ州のある町では、市役所がセールスマンに除草剤を買わされ、砒素が入っているとは知らないで、道路ぎわの除草に使った。そして、何頭もの牛が砒素中毒で死んだ。

　一九五七年、ウォータフォードの町の道路ばたに除草剤をまいたときに、コネティカット樹木園の自然保護エリアもひどい被害をうけた。じかには薬品にふれなかったのに、大きな木までも被害をうけた。春だというのに、カシの木の葉は丸まりだし、茶色になった。そして新芽が異常な勢いでのびだし、まるでシダレヤナギのよう。秋には、大きな枝はすっかり枯れてしまい、ほかの枝にも葉がつかず、枝がたれさがって、みんな、ヤナギのように不格好な姿を見せていた。

ハンノキ、ガマズミ、スイートファーン、ビャクシンなどが、むかしはどこまでもうち続いていた……、季節がめぐってくれば色あざやかな花が咲きみだれ、秋になるとふさふさとした実をつけていた草木の群れ……私自身よく知っているのだ。たくさん自動車が通るわけでもない。急カーブや交差点もほとんどなく、ドライバーの視界の邪魔になるようなしげみも少ない。それなのに、スプレー業者がのりこんだために、何マイルにもわたる道の両側は荒廃し、こんなところはなるたけ早くすぎてしまえばよい、と思うようなきたなさ。技術文明がつくり出す不毛な、身の毛もよだつ世界は、私たちと同じ人間仲間の技術者のせいなのだと考えると、とても我慢できない。だが、どういうわけか、きびしい当局の目にも見のがしがあり、砂漠のなかにところどころ美しいオアシスが残った。そのために広範囲にわたる道のきたなさはますます耐えがたいものとなる。でも、真っ白なクローバーの花じゅうたんや、紫色に一面に咲きみだれるスイートピー、そして、ところどころに真っ赤に燃えあがるヤマユリを見ると、やはりほっとするのだった。

しかし、化学薬品を売ったり、スプレーを商売にしている人たちには、この美しい花もみな《雑草》なのだ。いまでは除草協会のようなものができているが、その大会の報告書をめくると、おどろくべきことが書いてある。まさに除草・殺草の哲学ともいうべきものが。たとえば、よい草木が犠牲になっても、《たまたま悪者たちといあわせたのだから止むを得ない》。道ばたの野生の花が殺されてしまう、などといって騒ぎたてるのは、動物生体解剖反対論者のたぐいだ。《かれらのやっていることを見ると、どうも野良犬の命のほうが人間の子供の命より大切らしい》。

こんなことを書く人から見れば、私たちはみな変人で、およそ理解のできぬ存在なのだろう。スイートピー、クローバー、ヤマユリのはかなく、つつましい美しさと、硝煙弾雨をあびた道ばた、褐色に枯れてぼろぼろになった低木、すばらしいレース編みの首をもたげていたワラビやシダのしげみもいまはしおれ、うなだれている……いったいどちらが好きかときかれて、もとのままの自然を、と言う私たちは、弱虫なのだ。このような《雑草》を平気で眺めていられるとは、雑草をひっこぬくたのしみや喜びがないとは、できそこないの自然をやっつけた、あのよろこびをもはや感じなくなっているとは……。

この章のはじめに書いた例のセージブラッシュ撲滅騒ぎのときもそうだった。この計画をつたえきいた市民たちが反対運動を起し、州の代表が集まって対策を論議したことがある。野草や花がだめになるからと、ある年寄りが申しています……これをきいて、みんな笑った。だが、ちょうどその席には、例の人間的でかつ洞察力のある裁判官ダグラス氏がいて、こう言った――《だが、牧畜業者が草をさがしたり、材木業者が立木をほしいと言う権利と同じように、この年寄りにも、キキョウの花やオニユリを求める権利があるのではないだろうか。自然の美的価値は、銅や金の鉱脈、また山の森林資源と同じように、私たち人間にあたえられている財産といえよう》。

ただ野生の花は美しい、という理由だけで、道ばたの草木を守れ、と言っているのではない。秩序ある自然界では、草木はそれぞれ大切な、かけがえのない役目を果している。道ばたの生垣になっている低木や、畑と畑との境に植えてある草木は、小動物のすみかとなったり、また鳥が巣をかけたり、餌をあさるところなのである。合衆国東部の州だけでも、道ばたには低木やツル類が七十種類ばかり生えていて、その六十五種類は野生動物のかけがえのない餌になっている。

このような植物は、また野生のハチや、そのほかの授粉昆虫の棲息場所となる。そして、私たちは、ふつう考えているよりもはるかに多く授粉昆虫のおかげをこうむっている。農夫さえも、野生のハチがどんなに大きな働きをしているのかよく知らずに、みずから自分の味方を滅ぼすような愚かなことをしている。野生の植物はもちろん、農作物でも、授粉昆虫のおかげをある程度、あるいは全面的にこうむっているものがある。作物の授粉を可能にする野生のハチの種類は四、五百もあり、ムラサキウマゴヤシの花に集まる種類だけでも百ばかりある。荒地や野原に生えている草木は土壌を豊かにしている。でも、昆虫がいなくなって授粉が行われなくなれば、ほとんど枯れてしまうだろう。そして、あたり一面の生態にも大きな変化が起るにちがいない。牧草、低木、森の木が繁茂していくのは、たいてい昆虫があたりを活躍してまわるからなのだ。もしもこうした木や草が枯れてしまえば、野生動物はもちろん、牧場の家畜も餌がほとんどなくなってしまう。人工栽培一点ばりで化学薬品をまき、垣根や草をとりはらってしまえば、授粉昆虫はもはや逃げかくれるところもなく、生命と生命を結びつけている糸がたち切られてしまうだろう。

こうした昆虫たちは、私たちの農業、私たちのなじんでいる自然環境に欠くことができず、どれほど人間の役に立っているか知れないのに、私たちは、ただやみくもにその棲息地をうちこわして平気な顔をしている。ミツバチや野生のハチは、もっぱら人間が《雑草》と呼んでいるアキノキリンソウ、アブラナ、タンポポの花粉を集めて、幼虫に食べさせている。ムラサキウマゴヤシの花が咲くまえは、スイートピーがつなぎとなってハチの餌になる。秋がきて何も餌がなくなると、アキノキリンソウに集まって冬ごもりの用意をする。自然は、寸分も狂わず正確に動いているのだ。ヤナギの花が開くちょうどその日にある種の野生のハチはあらわれる。こうした自然の神秘を見つめてきた人が十分いないことはない。しかし、自然を化学薬品の洪水のなかにひたす命令を下す人間はまたべつの人間なのだ。

でも、自然を守ろう、野生動物のすみかをきずつけないようにしよう、などと言っている人たちは、どこに姿をかくしてしまったのか。かれらの多くは、自然保護は大切だと言いながら、結局は除草剤は《無害》だ、殺虫剤にくらべれば、そんなに有毒ではない、などと言う。しかし、除草剤が雨あられと森や畑に、湿原や放牧地に降りそそぐとすれば、野生動物の棲息地には大きな変化が起り、すべてが永久に破壊されないともかぎらない。動物のすみかをこわしたり食糧を奪うほうが、長い先のことを考えれば、じかに殺すよりはるかにたちが悪いとも言えよう。

薬品をまいての道ばたや鉄道用地や公道などに対する総攻撃は、二重の皮肉な結果に終る。問題を解決しようとしながら、結局いつまでも目指す成果は得られない。たとえば、除草剤をいくらまいても、道ばたの《やぶ》は根こそぎなくなるわけではなく、スプレーは毎年くりかえさなければならない。さらに皮肉なのは、本当はこんなことをするまでもなく、ほかに**選択性スプレー**という完全に健全な方法があることがわかっているくせに、いままでのやり方にしがみついている。選択性スプレーにきりかえれば、恒久的な植物防除もできるし、たいていの植物にはくりかえし撒布(スプレー)することもなくなるというのに……。

道ばたや鉄道用地のやぶをコントロールする目的は何なのか。芝生のほかはいっさいまかりならぬというのではない。むしろ、やぶがしげりすぎて車を運転する人たちの視界の邪魔になったり、鉄道用地の電線の邪魔になってはいけない、ということなのである。言葉をかえれば、問題になるのは木で、やぶは、どんなにしげっても、それほど大きくなるはずはなく、まして、シダ類や野生の花は問題にならない。

選択性スプレーとは、フランク・エグラー博士がアメリカ自然博物館で、鉄道用地やぶ対策勧告委員会委員長をしていたころ数年をかけて考え出したものだ。自然そのものにそなわる力を利用する。つまり、草地はすぐに木の実生に押されてしまうのに、低木の群落ならたいてい樹木の侵入をくいとめる事実を巧みに応用するのだ。この選択性スプレーは、道ばたや鉄道用地を草だけにするのではなく、ただ背の高い木だけをはらって、ほかの植物は保護しようとするものなのである。一度スプレーすれば、とくに抵抗力の強い木はべつとして、ほとんどの木は駆除されてしまう。あとは低木を植えておけばよい。そうすれば木は自然にコントロールされて生えてこない。最上でしかもいちばん安あがりの防除方法は、化学薬品ではなくて、ほかの種類の植物なのである。

この方法は、実際に合衆国東部の州各所で実験された。その結果は、一度きちんと処置をしさえすれば、**少なくとも二十年間はスプレーしなくてもいい**、という。そして、はじめにスプレーするときも、ナップザック・スプレヤーを背負って撒布していけばよい。コンプレッサー・ポンプとか、材料をトラックで運搬するようなことがあっても、スプレーによるみな殺しというようなことはない。スプレーの対象は、木やまた邪魔になる背の高い灌木だけで、それも直接近くから撒布する。だから、まわりは安全で、野生動物の棲息地は傷がつかず、低木、シダ類、野花の美しさも、そこなわれることがない。

この新しい方法は、いろんなところで使われているとはいえ、たいていは旧態依然で、一斉スプレーを執拗にくりかえし、市民に多額の費用をはらわせたあげく、自然のいとなみを破壊している。こんなことをするのも、事実を知らないからなのだ。——本当は、薬品スプレーの費用を毎年はらうことなどなく、二十年か三十年に一度でいい、ということをみんなが知ったら、そんなばからしいことはもうやめて、ほかの方法にきりかえよう、との声があがるにちがいない。

選択性スプレーにはさまざまな長所があるが、とにかく化学薬品の使用をできるだけ押えようとする。薬品をむやみとばらまくことなどない。むしろ、木の根もとに集中的に撒布するから、自然がいためつけられるとしても、それは最小限なのである。

いちばんよく使われる除草剤は、2・4D、2・4・5T、ならびにそれに似た化合物である。こうした薬品が本当に有毒かどうかは、意見のわかれるところだ。庭の芝生にまくときうっかり2・4Dにふれると、はげしい神経炎にかかったり、麻痺におそわれることさえある。このようなことは滅多に起らないかもしれない。だが、この種の除草剤を使うときには注意することが望ましいと、医者も言う。このほかいろんなおそろしいことがあるかもしれない。でも、はっきり正体をつかめない。実験の結果では細胞内部の呼吸作用という基本的な生理作用が攪乱(かくらん)されるという。染色体を攪乱するX線と同じなのだ。また最近の研究によれば、この薬品やまたほかの除草剤は、致死量はるか以下でも鳥の生殖作用をきずつけるという。

じかに有毒でなくとも、ある種の除草剤を使うと、間接的に奇妙な現象があらわれる。たとえば、野生の草食動物でも家畜でも、薬品をふりかけた植物をしきりに食べたがる、ふだんはそんな草には見向きもしないのに——。砒素のように毒性の強い除草剤を使用したため枯れた葉を家畜がむさぼり食うことになれば、おそろしい結末は避けられない。それほど有毒ではない除草剤を使っても、薬品をふりかけた草そのものに毒があったり、とげやいががあったら、やはりとりかえしのつかないことになる。たとえば、放牧地に生えている有毒な草に撒布(スプレー)する。家畜は突然それが好きになり、むさぼり食ってあげくのはては死んでしまう。獣医学の文献を見れば、このような報告はたくさんある。たとえば撒布されたオナモミを食べて重病になった豚、薬品のついたアザミを食べた羊、花が開いたあと撒布された、アブラナの花に集まって毒にあたったミツバチなど……。野生のセイヨウミザクラの葉は、猛毒だが、2・4Dがかかったものを牛がむさぼり食って大騒ぎになった。撒布したために（あるいはそのあと刈ったために）葉がしぼみ、それで牛が食べたのだろうか。オグルマの例もある。冬も深まって食物がなくなったときとか、早春まだ葉がのびないときでないと、ふつうこの草には見向きもしないのに、2・4Dをかけると、動物はむさぼり食う。

なぜまたこういう奇妙なことになるのか。化学薬品によって、植物そのものの物質代謝に変化が起るのではないか、とも考えられる。一時的に糖分がふえて、動物の食欲をそそるのである。

2・4Dには、このほか不思議な作用がある。家畜、野生の動物、そしてまたおそらく人間も無関係ではない。いまから十年ばかりまえの実験によれば、この薬品を使うと、トウモロコシやサトウダイコンの硝酸塩含有量がぐっとふえる。モロコシ属、ヒマワリ属、ムラサキツユクサ属、アカザ属、シロザ、タデ属などにも同じ現象があらわれると推測できる。いま名前をあげた植物のうちには、牛などがふつう少しも見向きもしないものがいくつかあるが、2・4Dを撒布すると、むさぼり食べる。専門家の調査によれば、たくさんの牛が死んだのは、撒布された草が原因だという。硝酸塩がふえると、反芻動物独特の生理がたちまち危機に瀕する。このような反芻動物の消化器官はきわめて複雑で、胃は四室に分れている。セルロースは、その胃の一つで微生物（瘤胃バクテリア）が働いて、消化される。多量の硝酸塩を含有した植物がここに入ると、瘤胃のなかの微生物が働き硝酸塩は有毒な亜硝酸塩に変る。そして、あとは定石どおり。亜硝酸塩のために血液色素にチョコレート色の物質ができ、そこに酸素がたまって動かない。呼吸をしても新しい酸素が肺から組織へと動いていかない。こうなれば、無酸素症が起って、二、三時間のうちに死におそわれる。2・4Dを撒布した草を食べたために家畜が死んだのは、このようなわけだと思われる。野生の動物でも反芻動物――たとえばシカ、カモシカ、羊、ヤギなどは、みな同じ危険にさらされている。

あたえられた条件しだいで（たとえば雨量がきわめて少ないとか）、硝酸塩の含有率は高くなるが、2・4Dをやたらと売りこんだり、野ばなしに使うことも無視できない。事態を重要視したウィスコンシン大学農事試験所は、一九五七年に警告した――《2・4Dのために枯れた植物は大量の硝酸塩を含有している可能性がある》。動物ばかりではない。人間にまで危険は及ぶ。最近見られる原因不明の「サイロ死」の増加は、一つにはこれと関係があるとも考えられる。硝酸塩を多量に含有する、トウモロコシ、エンバク、カラスムギ、オートムギ、モロコシをサイロに貯蔵すると、有毒な窒素酸化物が発生し、サイロに入るものを死の淵（ふち）へとおとしこむ。このガスをほんのわずかでも吸いこめば肺全体に炎症が起る。このような事故はたくさんあって、ミネソタの医科大学が研究しているが、どの患者も一件をのぞいて死亡している。

《瀬戸物屋に闖入（ちんにゅう）した象のようにまたも自然をふみにじる私たち人間》――聡明（そうめい）なオランダの科学者C・J・ブリーイエによれば、除草剤をふりまく私たちの姿はこんなところだという。《私の考えによれば、当然のことと考えてあやしまないことが多すぎる。畑の雑草すべてが有害なのか、そのうち有用な草もいくらかあるのか、少しもわかっていない》。

「雑草と土壌との関係はどうなのか」——これを問題にした人は、どれだけいるだろうか。人間の狭いエゴイズムの立場からいっても、雑草と土壌との関係は私たちにはプラスといえよう。まえにも書いたように、土壌のなかや表面にすむ生物と土壌とは、もちつもたれつで、たがいに利益を及ぼしあっている。雑草は、たぶん何かを土壌から摂取し、また逆に土壌に何かをあたえていると思われる。最近オランダのある町の公園での出来事は、そのいい例といえよう。バラの木が、しおれていった。土壌を分析してみると、(一ミリ前後の)ちっぽけな線虫(ネマトーダ)の幼虫がいっぱいうごめいていた。オランダ植物保護局は、化学薬品スプレーとか、土壌の消毒にとびつくことをしないで、バラの木のあいだに、キンセンカ、センジュギクを植える対策を進めた。まるで、バラのそばに雑草を植えるようなものではないか、と殺虫剤狂はいきまくかもしれない。でも、キンセンカ、センジュギクの根からでる(排泄(はいせつ))物は、土壌の線虫類を殺す。そして、キンセンカ、センジュギクは、事実すばらしい威力を発揮した。バラの木は、また勢いをもりかえし、試験的にそのままにしておいた部分では、バラは病気になり、しおれてしまった。いまは、線虫類を駆除するのに、各地で、キンセンカ、センジュギクが使われている。

これと似たようなことは、ほかにもある。私たちがふだんかまわずまったく無知のままひっこぬいている雑草のなかにも、土壌を健康に保つのに、なくてはならないものが、いろいろある。また、いま《雑草》と一言のもとに片づけられているものも、土壌の状態を的確に示すバロメーターとなっている。一度化学薬品が使われれば、もちろんこのバロメーターは狂ってしまう。

何でも化学薬品スプレーで解決しようとする人たちは、科学的に重要な事柄――つまり植物の群落をそのまま残しておくのがほかならず科学的にどれほど大切であるか、を見落している。それは、私たち人間の活動がひき起す変化を知る物差なのだ。また、それは野生の生物たちのすみかでもある。それがあればこそ、昆虫、そのほかの生物は、もとのままの正しい個体数を保ってすんでいられるのだ。十六章を読めばわかるように、昆虫は殺虫剤に耐性をみせるようになり、昆虫ばかりか、おそらくほかの生物の遺伝因子がかわりつつある。ある科学者は、昆虫、ダニなどの《動物園》をつくったらいいとさえ言う。そのうち、いまいる昆虫たちの姿が変ってしまうかもしれないから……。

除草剤をはてしなく使っていったら、どうなるだろう。いますぐ目に見えなくても植物界にはおそろしい影響があとまで残るだろう、とは、専門家の警告である。2・4D除草剤のために葉の大きな植物は枯れて、競争にまけ、反対に草が勝利を占めてはびこってしまう。牧草のうちのあるものは、いますでに《雑草》になって、また除草という厄介(やっかい)な問題のむしかえしがはじまっている。最近でたある雑誌の作物問題特集号に、この奇妙な現象が書いてある、《葉のひろい雑草を駆除しようと2・4Dをひろく撒布(スプレー)するにつれて、とくに雑草がむやみとふえ、作物やダイズ畑は脅威にさらされている》。

花粉症の原因となる、ブタクサ属の植物をコントロールしようとしたことがある。それを見れば、押えつけようとする私たちの努力もやぶへびに終りかねないのがわかる。何千ガロン（訳注　一ガロン＝三・七八リットル）という化学薬品を道ばた一面にまいた。もともと、ブタクサを駆除しようとしたのに、逆に、ブタクサ属がまえよりもふえてしまった。これは一年生の植物で、何も生えていない土壌でないと、毎年種が定着できない。だから、この植物をとりのぞこうと思えば、低木やシダ類など多年生の植物を密集させるのが、いちばんいい。化学薬品を何度もまくと、まさにこうした多年生の植物がやられ、そのかわり広々とした荒地にはブタクサ属がほしいままにはびこるようになる。しかも大気中の花粉の量は道ばたのブタクサではなく、町の空地とか休閑地に生えているブタクサ属と関係があると思われる。

メヒシバ属用の除草剤である化学薬品がしきりに売り出されているが、これこそ不健全な方法がいかに魅力的であるかのよい例といえよう。一方、毎年毎年化学薬品をばらまくよりも、もっといい方法——しかも安あがりな方法がある。というのは、この草が太刀打できないようなほかの草を植えて押えてしまうのである。メヒシバ属は、弱った芝生のあいだに生える。それは病気そのものなのではなく、病気の徴候にすぎない。肥えた土壌を与えて芝生に元気をつければ、メヒシバ属など生える余地はなくなる。この草は、ほかの草の生えていない土壌でないと毎年種が定着できないから。

根本的な対策を講ずるかわりに、郊外に住んでいる人たちは、植木屋の言いなりになって（植木屋はまた薬品製造会社にあやつられている）、毎年庭の芝生におどろくほどたくさんのメヒシバ属用の除草剤をまく。売り出されている薬品の名前だけを見ると少しもわからないが、これらの薬品には水銀、砒素（ひそ）、クロールデンなどの毒が入っている。使用法どおりに使っていたら、おびただしい量の化学薬品が芝生に蓄積される。たとえば、ある薬品を使用法どおりに使えば、一エーカーに六十ポンドの工業用クロールデンが加わることになる。ほかのメーカー品を使ってみよう。すると、一エーカーあたり百七十五ポンドの金属砒素化合物を撒布（スプレー）することになる。いたましいことに、たくさんの鳥が犠牲になって死ぬ（八章を見よ）。この毒の芝生が人間にどういう影響を及ぼすのかもわからない。

道ばたや鉄道用地の植物に選択性スプレーがすばらしい成功をおさめたが、同じように健全な生態学的方法が、畑や、森や、放牧地にも使えないものか、私たちは希望をいだける。それは、ある特定の種類を絶滅するのではなく、植物全体を生きた社会としてとりあつかおうとする方法なのである。

またこのほかさまざまなすばらしい堅実な成果は、私たちがどういう方向に進むべきかを教えてくれる。生物学的コントロールという方法も、不用な植物を押える、すばらしい威力をみせてきている。自然そのものも、いま私たちが悩んでいる問題に何度もぶつかってきたが、巧みに自分自身で処理してきた。人間も、自然をよく観察し、自然にまけないように努力したときには、うまく解決できたことが多い。

無用な植物を駆除するのにすばらしい成果をおさめたのは、カリフォルニア州のクラマスソウ防除の例である。クラマスソウは、goatweed とも呼ばれ、もともとヨーロッパの雑草だった（ヨーロッパでは、St. John's wort と言われるオトギリソウ属の雑草）。移住民について、合衆国に入ってきたが、最初姿をあらわしたのは一七九三年ペンシルヴェニア州のランカスターの近く。一九〇〇年には、カリフォルニア州のクラマス川の付近までひろがった（クラマスソウという名前は、このためについた）。一九二九年には、放牧地十万エーカーが、びっしりとこの草で埋まり、一九五二年には、二十五万エーカーというひろい地域にひろがった。

この草は、セージブラッシュのような土着の植物とは違って、生態分野の面では完全な「よそもの」で、動物やそのほかの植物とのもちつもたれつの関係もない。むしろ、その逆で、この草を食べた家畜は、《皮膚病や壊死（えし）桿菌（かんきん）症にかかって使いものにならなくなってしまう》有毒な草なのだ。土地の価値は下がってしまう。というのは、クラマスソウが生えている土地は抵当権のある土地と同じことになってしまうからである。

この草は、ヨーロッパでは、問題になることがない。というのは、この草が生えているところには、いろんな昆虫がすんでいてそれを餌にしているから、むやみにひろがらないのである。とくに南フランスには、エンドウマメぐらいの大きさで、金属のような光沢のある甲虫類が二種類いて、この草がなければ、飢え死ぬし、また繁殖もできない。

一九四四年、これらの甲虫をヨーロッパから合衆国に移入した。まさに記念すべき歴史的な事件といってよい。植物を食べる昆虫を使って植物をコントロールする、合衆国最初の試みだった。その後四年間のうちに、これらの甲虫は完全に定着し、一九四八年にはもう移入する必要もなくなり、最初のコロニーからこれらの甲虫を集めて、ほかへ移してやればよかった。毎年何百万というこれらの甲虫が新しい地域に放たれた。遠くでなければ、それらは自分の力でひろがっていった。クラマスソウを食べつくしてしまうと、新しい猟場を正確にさがし出しては、移っていく。そして、クラマスソウがくいあらされたあとからは、それまで姿を消していた牧草がまたあらわれるのだった。

一九五九年までの十年間の統計を見れば、よくわかる——《熱心な当事者自身の予想よりも、はるかによい成績をおさめた》のだ。クラマスソウはそれまでの一パーセントに減った。完全になくなったわけではない。でも、ほんのわずか残っていても、そのくらいなら害はなく、むしろすっかり姿を消してしまったら、これらの甲虫が飢え死んで、またクラマスソウがぶりかえして繁茂してくるだろう。

もう一つ経済的ですばらしい成績をおさめた例が、オーストラリアにある。移住民は植木・動物を新しい国にもっていきたがるもので、アーサー・フィリップというある船長が、一七八七年、いろんな種類のサボテンをオーストラリアにもっていった。サボテンに寄生するコチニールカイガラムシを養殖して、染料をとろうと思ったのである。ところが、その庭に生えていたウチワサボテンなどが、どういう風の吹きまわしか、庭から逃げ出して、一九二五年には、二十種類あまりが野生のまま自生するようになった。オーストラリアには敵もいず、サボテンはのび放題で、とうとう六百万エーカーものひろい地帯がサボテンでびっしりとおおわれてしまい、国の半分が不毛の地となった。

一九二〇年、オーストラリアの昆虫学者は、サボテンの故郷、北米、南米へ行って、サボテンの天敵にあたる昆虫を研究した。そして、一九三〇年に、アルゼンチン蛾の卵を十億個あまり、オーストラリア国内に放してみた。それから七年目に、サボテンの密集地帯はあとかたもなく姿を消し、不毛の地は開拓したり、放牧できるようになった。そして、その費用は、一エーカーあたりわずか一ペニーにもならなかった。化学薬品スプレーをくりかえしていたころは、一エーカーあたり十ポンドもかかっていた。

いま書いた、この二つの例を見ればよくわかるように、雑草になやまされたら、植物を食べる昆虫の働きを、もっとよく注意してみるのだ。牧草地を管理していく科学は、こうした可能性をいままであまりにも無視してきた。このような昆虫こそ、草を食べる虫のなかでも、とくにすぐれて選択的であって、あるきまりきったものしか食べない、という事実をうまく利用すれば、私たち人間は労少なくしてどんなに得をするかわからない。

七　何のための大破壊？

自然を征服するのだ、としゃにむに進んできた私たち人間、進んできたあとをふりかえってみれば、見るも無残な破壊のあとばかり。自分たちが住んでいるこの大地をこわしているだけではない。私たちの仲間——いっしょに暮しているほかの生命にも、破壊の鋒先(ほこさき)を向けてきた。過去二、三百年の歴史は、暗黒の数章そのもの。合衆国西部の高原では野牛の殺戮(さつりく)、鳥を撃って市場に売り出す商売人がサギやチドリを根絶に近いまで大虐殺(だいぎゃくさつ)し、シラサギをとりまくって羽をはぎとった、など。そしていままた、新しいやり口を考え出しては、大破壊、大虐殺の新しい章を歴史に書き加えていく。あたり一面殺虫剤をばらまいて鳥を殺す、哺乳類(ほにゅうるい)を殺す、魚を殺す。そして野生の生命という生命を殺している。

私たち現代の世界観では、スプレー・ガンを手にした人間は絶対なのだ。邪魔することは許されない。昆虫(こんちゅう)駆除大運動のまきぞえをくうものは、コマツグミ、コウライキジ、アライグマ、猫(ねこ)、家畜でも差別なく、雨あられと殺虫剤の毒はふりそそぐ。だれも反対することはまかりならぬ。

いま、野生の生物の損失という問題に公正な判断を下そうと思っても、素人(しろうと)はジレンマにおちいるばかりだ。自然の損失ははかりがたく、場合によってはもはや救いがたい、と自然保護主義者や野生生物学者たちは言う。一方、薬剤を撒布(スプレー)する側は、そんな損失などないと頭から否定し、たとえ少しぐらい自然がきずついてもたいしたことはない、と言う。いったい、どちらの言い分を信じたらよいのか。

結局、事実を報告する人の信頼度ということが、きめ手になろう。いちばん的確に野生生物の損失を発見し解釈できるものはだれかといったら、言うまでもなく野生生物を専門に研究している生物学者たちである。昆虫学者は、こういう方面の研究を十分に積んでいず不適任で、防除計画のこのましくない反面に目をつぶるくせがある（昆虫学者の心理としては当然だ）。でも、いちばん手におえないのは中央政府や州政府関係の防除専門家で、生物学者の報告する事実を頭から否定し、野生生物がいためつけられている証拠などない、と言い張る（化学薬品製造会社にいたっては、あらためて言うまでもない）。聖書に出てくる司祭とレビ人と同じで、わざと反対側ばかり通って、何も見ようとしない。自分の専門に夢中でほかのものが見えないのだ、と善意に解釈してもいい。でも、そうだからといって、かれらの言うことを正しいとしてそのまま鵜(う)のみにしていいはずはない。

自分自身で判断できるようになるのにいちばんいい方法は、いままでに行われた主な防除をいくつか見て、化学薬品に対する偏見にとらわれることなく野生生物の世界をよく観察している人たちの説明をきくことである。毒の雨が降りそそいだあと、野生生物の世界はどうなるのか。

愛鳥家、そうでなくとも、庭に飛んでくる小鳥の姿を眺めてたのしんでいる人たち、ハンター、釣りの好きな人、山や野を歩く人——こういう人たちにしてみれば、たった一年だけでも野や山の自然がいためつけられれば、なんともさびしい。自然をたのしむ権利を奪われてはならないとは、もっともな考え方である。スプレーが一度行われたあと、すぐ、鳥、哺乳動物、魚の一部がまた姿をあらわしうるとしても、事実、失われる部分は大きいのである。

しかも、そのような再棲息の可能性は少ない。撒布しはじめると、一度だけで終ることは滅多にない。たいてい環境が毒に汚染されおそろしい死の淵となる。そこにすんでいる個体群がやられるばかりではなく、渡り鳥など移り歩く動物もその淵へ足をふみ入れて倒れることがある。スプレーの範囲がひろければひろいほど、害は大きい。安全なオアシスというようなものは、一つも残らないからだ。何千、何百万エーカー（訳注　一エーカー＝四〇四七平方メートル）という単位でスプレーが行われ、また個人の庭とか、町とか村でも、スプレーの度数がうなぎのぼりにふえている、昆虫防除のさかんなこの十年間——そのあいだにアメリカの野生の世界は、つぎからつぎへと容赦なくたたきこわされ、死の記録はうずたかくつみかさなってきた。たとえば——
一九五九年の秋のあいだ、ミシガン州の東南部（デトロイトの郊外も含めて）では、二万七千エーカーあまりの土地に、空から執拗（しつよう）に殺虫剤をまいた。粒剤状のアルドリンだった。塩化炭化水素のうちでも、いちばんおそろしい薬品の一つだ。合衆国の農務省ならびにミシガン州農務省が計画し指揮をした。マメコガネ Japanese beetle 駆除が目的だった。

こんなに大仕掛けな、危険なことをする必要があったのだろうか。合衆国では有名なナチュラリスト、ウォルター・P・ニッケル氏にきいてみよう。氏はミシガン州南部で、いつも夏をすごすし、こまめに外を歩きまわっているが、はっきりと言っている——《自分がじかに知っているところによれば、ここ三十年あまり、デトロイトの町にいるマメコガネの数は少ない。この期間にとくに数がふえたようなことはまったくない。〔一九五九年に〕マメコガネといえば、デトロイトに政府が仕掛けたわなにかかった二、三匹のほかは、まだ一匹も目にしていない……いっさい秘密で、数がふえたという具体的な報告は全然入手できなかった》。

マメコガネが《あらわれた》からこそ、空から殺虫剤をまいた、と政府は発表しただけだ。本当にそのとおりなのか、はっきりしないままに、計画は実行され、州は必要な人員をととのえ、監督をし、中央政府は器具を提供し、また作業員をやとい、市町村は殺虫剤の費用をはらった。

　マメコガネ――それは、偶然のことからアメリカ合衆国に入ってきた。最初に発見されたのは、ニュージャージー州で一九一六年のことだ。リヴァートンの近くの苗床に、金属性の緑色の光沢をもつコガネムシが、二、三匹あらわれたのだった。はじめは正体不明だったが、そのうち、これは日本にたくさん棲息しているマメコガネであることがわかった。一九一二年輸入に制限が加えられるまえに、日本から苗木について入ってきたらしい。

　このはじめて発見されたところを起点として、マメコガネは、ミシシッピから東の各州にかなりひろくひろまっていった。気温とか、雨量など、虫の成長にぴったりだったからだ。年ごとに、分布区域がひろがっていったが、その当初から定着しつづけた東部の地方では、天敵による防除が行われ、マメコガネの棲息個体数は比較的低く押えられたと記録に残っている。

　こうした天敵による防除の記録があるのに、合衆国中西部の州にマメコガネが入りはじめたというだけで、あわてておそろしい化学薬品に手をのばした。こんなにおそろしい薬品は、もっと危険な相手にこそ使うべきで、マメコガネなどには使うべきではない。しかもたくさんの人間、家畜、野生生物が、まきぞえをくらう方法をとったのである。マメコガネ駆除という名のもとに、ミシガン、ケンタッキー、アイオワ、インディアナ、イリノイ、ミズーリの各州では化学薬品のおそるべき雨が降りそそいだ。動物、そして人間までが、どんなにひどい目にあったか、あらためて述べるまでもない。

空から化学薬品をまいてマメコガネ大攻撃を最初に行なったのは、ミシガン州である。このときの薬品はアルドリンだった。なぜまたこんな劇薬を使ったのか。とくにマメコガネにきくからだろうか。そうではなく、ただ、安いからだった。手に入る薬品のなかで、いちばん安いという理由だけなのだ。公式の発表を新聞にのせた政府は、アルドリンが「毒薬」であることを認めておきながら、人口が密集しているところでも、人間には害にならないだろう、とほのめかしている（《いったいどういう注意をしたらよろしいのでしょう》という質問に、政府は、《あなたは、べつに注意しなくてもよい》と答えている）。中央政府航空局出張所の役人が、《これは安全です》と言ったことは、その後地方新聞にのり、デトロイトの公園観光課の代表者がそのしり馬にのって、《殺虫剤は人間には無害であり、植木をいためたり、犬や猫に害をあたえることもないだろう》と言っている。こんな勝手なことを言うところをみれば、自分の国の公衆衛生局、魚類野生生物局が出している報告書など、簡単に手に入るのに、一つも読んでいないとしか思えない。そして、アルドリンがどんなに有毒か、そのほか証拠はいろいろあるのに……。

ミシガン州には防虫法があって、田畑の地主に相談なく、あたり一面自由にスプレーできる。こうして、デトロイト地方を飛行機が低空で飛びはじめた。ところが、それからしばらくすると、市役所、政府航空局出張所のデスクの電話は鳴りづめ。市民からの苦情だった。たった一時間のうちに、八百回も電話がかかってくる。そこで、警察は、ラジオ、テレビ、新聞を通じて、いまマメコガネ駆除のスプレーが行われてるので心配はいらない、と呼びかけた(「デトロイト・ニューズ」による)。航空局出張所では、《飛行は十分な注意のもとに行われ、かつ低空飛行の許可があたえられている》と、発表した。それでも、みんな心配するので、飛行機には非常コックがついていて、つんでいるものをいつでもすぐ捨てられる、と言い加えた。幸いに、こうしたことにはならなかったが、飛行機がせっせと飛びまわるにつれて、殺虫剤の弾丸が、マメコガネの上にも、そしてまた人間の頭上にも落ちてきた。買物に行く人たち、仕事に出かける人たち、おひるを食べに学校から帰ってくる子供たち、みんなの頭上に、《無害な》毒が降ってきた。家庭の主婦たちは、《雪のような》細かい殺虫剤の粒を玄関先や歩道からほうきで掃いた。ミシガン州のオードゥボン協会があとから述べているところによれば、《屋根板のあいだ、ひさしの雨どい、樹皮の裂け目、小枝の傷のなかに、泥とかたまりあったアルドリンの小さな白い玉が、何百万と見つかった。ピンの頭くらいの小さな玉……雪や雨が降れば、水たまりという水たまりは、毒池となってしまうだろう》。

殺虫剤をまいてから二、三日もたたないうちに、デトロイトのオードゥボン協会には、電話がひっきりなしにかかってきた。みな鳥についての電話だった。協会秘書アン・ボイズ夫人の説明によると、《私が最初にうけた電話は、日曜日の朝ある女性からかかってきたもので、その女性は教会から家へ帰ってみると、びっくりするほどたくさんの死んだ鳥、また死にかけている鳥の姿が見られたというのです。殺虫剤スプレーがあったのは、木曜日でした。空を見上げても、鳥はどこにも飛んでいず、その女性が言いますのには、自分の家の裏庭では少なくとも十二羽の小鳥が死んでいて、近所ではリスまで死んでいたそうです》。その日かかってきた電話は、みんな《たくさんの小鳥が死んで、生きているのは一羽もいない。……餌箱をかけていた人たちは、全然小鳥が姿をあらわさない、というのでした》。死にかけている鳥を手にとってみると、明らかに殺虫剤中毒の症状があらわれていた。からだをふるわせ、飛ぶ力を失い、麻痺、痙攣などを起していた。

殺虫剤に直接やられたのは、鳥だけではなかった。この地方の獣医の報告によれば、犬猫病院は、急に病気になった犬や猫でいっぱいになってしまったという。からだや手足をなめるくせのある猫が、いちばん被害がひどかった。はげしい下痢を起し、吐いたり、痙攣を起したり。獣医もどうしていいのかわからず、なるべく犬や猫を外へ出さないように、もしも、外へ出たときには、足をよく洗ってやるといい、と言うのがせいぜいだった（でもおよそ無意味なことなのだ。塩化炭化水素は、果物や野菜についていてもなかなか洗いとれない)。

市郡保健委員会では、鳥が死んだのは《何かほかの薬品スプレーのため》、アルドリンにさらされたあとみんなののどがはれたり、咳(せき)がでたのも《何かほかに原因がある》と言い張ったが、苦情はあとをたつことなくもちこまれた。デトロイトの有名な内科医は、一時間のうちに四人の患者に往診を頼まれた。飛行機がアルドリンを撒布(スプレー)するのを見ていた。そのうちに、気分が悪くなったという。どの患者にも、吐き気、吐瀉(としゃ)、悪寒(おかん)、発熱、極度の疲労感、咳などの症状が見られた。

でも、デトロイトの町だけではない。ほかの町や村でも、マメコガネを退治せよと、むりやりに同じことが行われた。イリノイ州のブルー・アイランドでは、何百羽という鳥が死んだり、死にかけたりしていた。ここの鳥類調査員が集めたデータによると、鳴き鳥の八〇パーセントが犠牲になったという。イリノイ州のジョリエットでは、一九五九年に三千エーカーあまりの土地にヘプタクロールを撒布している。この地方のスポーツマン・クラブからの報告によれば、薬品を撒布した地帯では、《鳥たちはほとんど一掃されてしまったといっていい》。ウサギ、マスクラット、オポッサム(フクロネズミ)、魚もたくさん死んだ。ある学校では、科学の授業の課外活動に殺虫剤の毒に倒れた鳥を集めた。

コガネムシのいない世界をうちたてるためにいちばん犠牲をこうむったのは、イリノイ州東部のシェルダンの町とその近辺のイロクォイ地方である。一九五四年、アメリカ合衆国農務省とイリノイ州農務省は、イリノイ州まで押し寄せてきたその道筋にそってマメコガネを退治する計画をたて、大量の殺虫剤をふりまけばよい、そうすれば甲虫類を根絶できると、断定した。まず、千四百エーカーの範囲にディルドリンを空から撒布し、その翌年一九五五年にさらに二千六百エーカーをスプレーした。これで仕事は終ったと思ったのだろう。だが、その後、化学薬品スプレーの必要はふえるばかりで、一九六一年の終りまでには、十三万二千エーカーというひろい土地に殺虫剤のいきわたらないところはなくなってしまった。野生生物や家畜がいためつけられた。最初のうちから、こうしたことがはっきりわかっていたのに、合衆国魚類野生生物局や、イリノイ州の狩猟課に何の連絡もとらず、スプレーを続けていった。

化学薬品による害虫防除にはつぎからつぎへと莫大な金がつぎこまれる。それなのに、野生生物がいったいどのくらい被害をうけているのか、それを調査する費用ときたら、ほんのわずか。イリノイ州の自然調査局では、野外観察助手をやとう費用が、一九五四年度にわずか千百ドル、そして一九五五年には、特別な財源は少しもなかった。それにもめげず、イリノイ州自然調査局の生物学者たちはデータを集め、前代未聞とも言うべき自然の破壊の跡を明らかにした。スプレーが行われるやいなや、たちまちはじまる大破壊の一部始終が浮きぼりになった。

昆虫を常食とする鳥が中毒死するのには、おあつらえむきの条件がそなわっている。殺虫剤の毒そのものが、じかに鳥に作用することもあるし、まかれた殺虫剤の作用のために、間接的に害をこうむる場合もある。シェルダンの計画の初期のころでは、一エーカーあたり三ポンド（訳注 一ポンド＝〇・四五キログラム）の割合で、ディルドリンを撒布していた。鳥がどんな目にあうかを知るには、ウズラを使って実験した結果を見さえすればよい。ディルドリンは、ＤＤＴの五十倍も毒性がある。だから、シェルダン地方にばらまかれた毒は、大ざっぱに換算すれば、一エーカーにつき百五十ポンドのＤＤＴにあたる！と言っても、畔道（あぜみち）やすみの部分など、二重に撒布されるから、これはぎりぎりに見つもってのことである。

化学薬品が土壌（どじょう）にしみこんでいく。その毒にあたったコガネムシの幼虫はすぐに死なないで、土の上へ這（は）い出してきて苦しむ。鳥は、いい餌だとばかりとびつく。撒布してから二週間あまり、いろんな虫が死にかけたり、死んだりしていた。鳥がどういう目にあうか、当然予測できたはずだ。チャイロツグミモドキ、ホシムクドリ、マキバドリ、オオクロムクドリモドキ、コウライキジは、絶滅したも同様だった。生物学者の報告によれば、コマツグミは、《ほとんど全滅した》。ぬか雨が降ったあと、ミミズがたくさん死んだが、コマツグミは、このミミズを食べたらしい。殺虫剤のためにめぐみの雨もたちまち毒の雨と化し、撒布後二、三日して雨があがってできた水たまりの水を飲んだり、そこで水浴びした鳥は、死んだ。

　生き残った鳥もいる。でも、もう雛は孵らなかった。巣が、いくつか見つかり、卵も二、三なかに入っていたが、雛の姿は一羽も見えなかった。

　哺乳類では、リスが絶滅も同然だった。その死体を見れば、中毒で変死したことは疑うまでもなかった。マスクラットも死に、野原にはウサギの死体がころがっていた。まえには、町のなかで、キツネリスが見られたりしたが、いまはそれも姿を消した。

　シェルダンでは猫のいる農家が珍しくなった。スプレーがはじまってからしばらくするうちに、九〇パーセントをこえる猫がディルドリンの犠牲になったのだ。ディルドリンのおそろしさはもうほかの地方で経験ずみだったから、どうなるかはじめからわかりそうなものだった。猫は、殺虫剤と名のつくものにはきわめて弱く、とくにディルドリンには敏感に反応するらしい。ジャワ西部でＷＨＯ（世界保健機関）がマラリアを撲滅しようとしたときに、おびただしい猫が死んだ記録がある。ジャワ中央部では、あまりにもたくさんの猫が死に、猫の値段が倍になった、という。ヴェネズエラでも同じようなスプレーを行なったため（やはりＷＨＯ）、猫は、珍しい動物になってしまった。

　シェルダンの殺虫剤スプレーの犠牲になったのは、野生の動物や、飼犬、飼猫だけではない。羊や食肉用の牛も同じような目にあっている。たとえば、自然調査局の報告をつぎに記せば——

《五月六日ディルドリン・スプレーがあった。砂利道をよこぎって羊たちは、そこから、イチゴツナギソウが生えている、殺虫剤のまいてない、そうひろくはない牧草地へ移された。おそらく風にのった殺虫剤がその牧草地に道をこえて飛んでいったにちがいない。羊たちのあいだにすぐに中毒症状があらわれはじめたからである。……牧草に見向きもせず、せかせかと柵の内側を歩きまわり、出口をさがしているようだった……追いたてても言うことをきかず、ただ鳴きつづけ、頭をたれてじっと立っていた。とうとう牧草地からほかへ移した……しきりに水を飲みたがったのだ。牧草地のなかを流れている川で二匹が溺れ死んだ。ほかの羊たちもみんな川に押し寄せ、追いもどすのに骨を折った。水のなかからひっぱりあげなければならなかった羊も四、五匹いた。結局三匹死に、生き残ったほかの羊もただなおったように見えただけだった》。

これは一九五五年の終りのことだった。その翌年も、そのまた翌年も化学薬品が撒布されたが、ほそぼそと続いていた研究費のほうは支給されなくなった。野生生物にあたえる殺虫剤の影響を調査する研究費用は、自然調査局からイリノイ州議会に提出する年予算の要求に含まれていたが、いつもまず最初にけずられてしまう。一九六〇年になってはじめて、野外観察助手ひとりをやとうだけの予算がでた。が、その助手は四人分の仕事をしなければならなかった。

生物学者たちが一九五五年以来中断していた研究をまたはじめたときも、野生生物破壊の見るもおそるべき光景は少しも変らず、そればかりか、いまやはるかにおそろしい薬品——アルドリンが使われるようになっていた。ウズラを使って試験したところによれば**DDTの百倍から三百倍も毒性の強いアルドリンが!!**　一九六〇年までには、あたりにすむありとあらゆる野生哺乳動物が大打撃をうけた。鳥にいたっては、被害はもっとひどかった。ドノヴァンという小さな町では、コマツグミが絶滅した。オオクロムクドリモドキや、ホシムクドリ、チャイロツグミモドキの姿も、見られなくなった。ほかでも、いま名前をあげた鳥だけではなく、ほかの鳥も、ひどく数が減った。コウライキジを撃つハンターたちもコガネムシ退治のまきぞえをくった。雛は半分に減り、一孵りの雛のうちで育つものの数も減った。コウライキジの豊富だったこれらの地方では、キジ撃ちはもうできなくなったも同然であった。

日本から渡ってきたマメコガネを退治しようと、たとえばイロクォイ郡では八年計画で十万エーカーをこえる地帯に殺虫剤をまいたが、高価な代償をはらいながら、結局わずかのあいだ一時的にコガネムシを押えつけただけで、マメコガネは西へ西へと進んでいく。大きなむだな犠牲がはらわれたが、被害の全貌(ぜんぼう)はもはや永久にうかがうべくもない。そのころ、イリノイ州の生物学者たちは十分研究費がもらえず、最低の被害しか調べられなかったのだ。徹底的に調査が行われていたならば、さらにおそるべき破壊の跡が明らかになったであろう。八年間に支給された野外調査研究費は、わずか六千ドル。同じ期間に防除に州から支払われた金額は三十七万五千ドル、さらに中央政府から何千ドルかが追加されている。化学的防除予算から研究費にさかれた費用は、全体の一パーセントにすぎない。

マメコガネの進出は危険このうえもない、それを押えつけるにはどんな方法も許されている――。こんな危機感のもとに、合衆国中西部の防除計画は行われたのだ。もちろん、これは事実をゆがめるもので、もしも町や村の人たちが、合衆国にマメコガネがひろまったころの事情をいくらかでも知っていたら、おとなしく黙ってはいなかっただろう。

はじめにマメコガネがひろがったのは合衆国東部で、そのころは、幸いなことにまだ合成殺虫剤が発明されていなかった。デトロイトやシェルダンのようなことは行われず、マメコガネの侵入を切り抜けただけでなく、ほかの生命をきずつけることなく、防除する方法が考え出された。すなわち、自然そのものの防除力をうまく利用し、永続きもするし、また環境の安全も守られる方法をとったのである。

マメコガネが合衆国に入ってきたころ、最初の十年間あまりは日本とは違って天敵もいないので、ものすごい勢いでひろがっていった。だが、一九四五年までには、その被害はごく小さく押えられてしまった。極東から寄生昆虫を輸入したり、マメコガネに病原を巣食わせて死なせたのである。

マメコガネの本来の分布地をこまめに歩いて研究をしたあげく、三十四種類の捕食昆虫、または寄生昆虫をアジアから輸入し、自然防除の対策をたてた（一九二〇年から一九三三年にかけて）。そのうち、合衆国東部にうまく定着したのは、五種類だった。なかでも朝鮮と中国から輸入した寄生バチ *Tiphia vernalis* は、すばらしい効果をあげ、またひろく分布した。地中のコガネムシの幼虫を見つけると、雌は幼虫をしびれさす分泌液を出して、幼虫の下側に卵を一つうみつける。卵は、やがて孵って幼虫となり、動けなくなっているコガネムシの幼虫を食べながら大きくなっていき、そしてついに食べつくしてしまう。二十五年あまりのあいだに、中央政府と州共同で *Tiphia* のコロニーが東部の十四州につくられ、このハチはひろくこの地方に定着し、コガネムシ防除という大切な役目を果している（これは昆虫学者が確認しているところである）。

でも、もっと大切な役目を果しているのは、バクテリアによる病気——マメコガネが属するコガネムシ科の昆虫をおそうものである。きわめて特殊な細菌で、ほかの昆虫にはつかず、また、ミミズ、温血動物、植物にも害をあたえない。この病原の胞子は、土壌のなかにできる。餌をあさるコガネムシの幼虫のからだのなかに入ると、血液のなかでおびただしく数がふえ、幼虫は不気味な白色に変る（だから、ふつう《乳化病》ともいう）。

この病気が発見されたのは、一九三三年で、場所はニュージャージー州だった。一九三八年まではべつにこの病原の人工媒介の方法はとられなかったが、その翌年になってこの病気の蔓延（まんえん）を早める防除計画がはじまる。この細菌を人工培養するかわりにほかのすばらしい方法を用いた。つまり、この病気にかかった幼虫を掘り出し、粉にひき、乾燥させ、カルキとまぜる。こうしてできた粉末一グラム中にはふつう一億の胞子が入っている。一九三九年から一九五三年にかけて、東部十四州の九万四千エーカーあまりの地域（これは中央政府と州との共同計画）、そしてそのほかの国有地にも、この方法が適用され、このほか個人、私設団体なども、さかんにこの方法を使った。一九四五年には、コネティカット、ニューヨーク、ニュージャージー、デラウェア、メリーランド各州のコガネムシのあいだで、乳化病は猛威をふるった。試験区域では、幼虫の罹患（りかん）率が九四パーセントにものぼり、政府は一九五三年に防除計画をうち切り、あとは私立研究所にまかせ、コガネムシを防除したい希望のある個人や園芸協会や市民団体の要求にあたらせた。

この防除計画の行われた合衆国東部の州は、いまでもこの自然防除というすばらしい方法のおかげをこうむっている。バクテリアは何年も土壌のなかで生きつづけ、事実上そこに永久に定着するようになる。しかも効果は年とともにあがり、自然の力でバクテリアはいよいよひろがっていく。

なぜまた、この方法をイリノイ州や中西部の州ではとらなかったのか。東部ですばらしい効果をあげた、この方法には見向きもせず、しゃにむにおそろしい化学戦に突入していったのは、なぜであろうか？

乳化病の胞子を接種するのは《費用がかかりすぎる》という。でも、東部の十四州では、そんなことは一九四〇年代には少しも問題にならなかった。また、どういうことから割り出して《高すぎる》というのだろうか。シェルダンのスプレーによる大損害からみれば、《高すぎる》などと言えるわけはない。また、胞子を接種するのは一回だけでいい、という事実を忘れてはいけない。はじめに一度金を出せば、それですむ。

また、べつの反対の声もある――コガネムシ分布地域の周辺で、乳化病の胞子を接種するのは不可能だ、幼虫が土壌中にすでにたくさんいなければ、胞子はひろがっていかないから、と。スプレーを支持する意見は、みな疑問の余地があるが、この言葉もまた、その一つである。乳化病の胞子をうけつける甲虫類は少なくとも四十種類はあり、これらの甲虫類はひろく分布するから、マメコガネの数が少なかったり、全然いないところでも、この病気がひろがる可能性は十分ある。そしてまた、この胞子は土壌中での寿命が長いから、甲虫類の幼虫がいなくても大丈夫で、いまマメコガネが分布していなくても、これからひろがっていきそうなところに接種しておけば、マメコガネが移動してくるのを待ちかまえていられるのである。

でも、いくら金がかかってもいい、いますぐマメコガネを駆除したい、というならば、化学薬品を使いつづけるよりほかはない。化学薬品は、無限に先へ進まざるをえないもので、金をかけて何度もまかないかぎり、永続きしないものだから。回転をよくするために、なるべく長もちしないものをつくる。現代の傾向にかぶれているものには、ぴったりだろう。

反対に、一シーズンでも二シーズンでも完全な効果があがるまで待とうとするものは、乳化病の方法を選ぶ。そうすれば、時とともに効果がうすれていくのではなく、逆に効果の高まる、永続的な防除ができるだろう。

アメリカ合衆国農務省付属のピオーリアの研究所（イリノイ州）では、人工的に乳化病のバクテリアを培養しようと、大がかりな研究を進めている。この研究が成功すれば、費用の面でも胞子の接種はらくになり、もっとひろく実用されるようになるだろう。もう何年か研究は続けられ、いくつかの成果が発表されている。この《新機軸》が完全に成功すれば、憑《つ》かれたようにマメコガネを追いはらっている私たちの心にも、正気がもどり希望の光がまたともるだろう。中西部での自然の大破壊——、それは、悪夢にも似た、残虐行為であって、たとえマメコガネによる被害がどんなに大きくても、二度と許されるべきことではない。

イリノイ州東部のスプレーのような出来事は、自然科学だけではなく、また道徳の問題を提起している。文明国といわれながら、生命ある、自然に向って残忍な戦いをいどむ。でも自分自身はきずつかずにすむだろうか。文明国と呼ばれる権利を失わずにすむだろうか。

イリノイ州で使った殺虫剤は、相手かまわずみな殺しにする。ある一種類だけを殺したいと思っても、不可能なのである。だが、なぜまたこうした殺虫剤を使うのかといえば、よくきくから、劇薬だからなのである。これにふれる生物は、ことごとく中毒してしまう。飼猫、牛、野原のウサギ、空高くまいあがり、さえずるハマヒバリ、などみんな。でも、いったいこの動物のうちどれが私たちに害をあたえるというのだろうか。むしろ、こうした動物たちがいればこそ、私たちの生活は豊かになる。だが、人間がかれらにむくいるものは死だ。苦しみぬかせたあげく殺す。シェルダンの町で専門家が、死に瀕しているマキバドリを観察しているが、それは——《筋肉の調整ができず、飛ぶことも立つこともできず、横倒れになりながらも、羽をしきりにばたつかせ、足指は、しっかりとにぎられていた。嘴をあけたまま苦しそうに息をしていた》。もっとあわれだったのは、ジリスだった。どんなに苦しんだか、その死体はその跡を無言のうちに語っていた。《背中を丸め、指をかたくにぎったまま前足は胸のあたりをかきむしり……頭と首をのけぞらせ口はあいたままで、泥(どろ)がつまっていた。苦しみのあまり土をかみまわったと考えられる》。

生命あるものをこんなにひどい目にあわす行為を黙認しておきながら、人間として胸の張れるものはどこにいるであろう?

八　そして、鳥は鳴かず

鳥がまた帰ってくると、ああ春がきたな、と思う。でも、朝早く起きても、鳥の鳴き声がしない。それでいて、春だけがやってくる――合衆国では、こんなことが珍しくなくなってきた。いままではいろんな鳥が鳴いていたのに、急に鳴き声が消え、目をたのしませた色とりどりの鳥も姿を消した。突然、知らぬ間に、そうなってしまった。こうした目にまだあっていない町や村の人たちは、まさかこんなことがあろうとは夢にも思わない。

イリノイ州のヒンスデイルの町に住む主婦が、鳥類学の世界的権威ロバート・クシュマン・マーフィ（アメリカ合衆国自然博物館名誉館長）に手紙を書いている。絶望した調子で書かれたその手紙は――

《私たちの村では、何年もニレの木に薬品を撒布（スプレー）していたのです（この手紙は一九五八年に書かれている）。ここへ引っ越してきたのは、いまから六年まえ、そのころは鳥がたくさんいました。餌箱（えさばこ）をかけると、つぎからつぎへとショウジョウコウカンチヨウ、アメリカコガラ、セジロコゲラ、ムネアカゴジュウカラなど冬に押しかけ、ショウジョウコウカンチョウやアメリカコガラは夏に子供をつれてきました。

毎年毎年DDTが撒布（さんぷ）されるようになると、町からはコマツグミ、ホシムクドリが姿を消したのです。アメリカコガラはここ二年間姿を見せず、今年はショウジョウコウカンチョウも来なくなりました。近所に巣をかけているものといえば、ハトが一つがいとネコマネドリの一家のほかには何もいないようでした。

鳥は殺されてしまったのよ、と子供たちに説明するのに骨を折りました。鳥を殺したり、とらえたりするのは法律で禁じられている——みんな学校でならって知っているからなのです。〈また鳥たちは帰ってくるの？〉ときかれると、本当に困ってしまうのです。ニレの木は、あいかわらず枯れていくばかり、そしておまけに鳥も死んでいく。何か対策がこうじられているのでしょうか。もっともう手おくれではないのでしょうか。私に何かできることがあるでしょうか》。

ヒアリ（訳注　アリの一種。熱帯アメリカ原産の害虫として名高い。日本でも沖縄に侵入して一時的に繁殖した）に対して大規模なスプレーを政府が行なったその翌年、アラバマの一婦人が投書してきた。それは——《私どもが住んでいるところは、五十年以上も、本当の意味での鳥類保護区域でした。いつもよりたくさん鳥がいるのに気づいたのはこの七月でした。ところが、八月に入ってから二週間目だったでしょうか、突然みんな姿を消してしまったのです。いつも朝早く起きて、大切にしている雌馬と子馬の世話をしていました。ところが、鳥の鳴き声がぜんぜんしないのです。何だか不気味でおそろしくなりました。あんなにすばらしかった自然はどうなったのでしょうか。アオカケスとミソサザイが姿をまたあらわしたのは五カ月たってからのことでした》。

この同じ年の秋には、最南部からも、かなしい報告がとどいている。国立オードゥボン協会、合衆国魚類野生生物局で出している季刊誌 Field Notes には、ミシシッピ、ルイジアナ、アラバマ州で《不気味にも鳥という鳥がいなくなってしまった空白地帯》という衝撃的な異変が述べられている。この雑誌に寄稿しているのは、いずれも練達の観察者たちで、それぞれ受持ちの観察区域に長く住んで、そこの鳥の生態についてはだれよりもよく知っている。そのひとりのある女性の報告によれば、ミシシッピ州南部をドライブしても、その秋には《ひろい範囲にわたってその土地の鳥の姿は少しも見られなかった》。

バトン・ルージュからの報告では、仕掛けた餌箱は《何週間もそのまま、また庭の灌木(かんぼく)も実をいっぱいつけたまま食べる鳥もいなかった》。また――《家の見はらし窓のまえには、真っ赤なショウジョウコウカンチョウが四十羽も五十羽も集まってきましたし、またそのほかいろんな鳥がやってきて、すばらしかったのですが、いまはごくたまに一羽か二羽くるだけです》。

ウェスト・ヴァージニア大学教授モーリス・ブルックス氏は、アパラチア地方の鳥の権威であるが、ヴァージニア州の鳥の個体数は、《信じられぬくらい減少した》という。

こうして、ある種類の鳥は絶滅の憂目にあい、いまに鳥という鳥が同じ運命におそわれるだろう。どんな悲劇が演じられているのか、つぎのものがたりでよくわかると思う。だれでも知っている鳥――コマツグミを例にあげてみよう。合衆国の春は、コマツグミといっしょにくる。コマツグミのおとずれは、新聞紙面をかざり、家庭の朝ご飯の話題にもなる。春になって渡り鳥の数がふえ、森の木の芽が緑のかすみのようにひろがるころ、明け方の空気をふるわせてきこえてくるコマツグミの初音にみんな耳をすます。でも、いまは、すべてがかわった。春になるとコマツグミが帰ってくるというのは、むかしがたりとなろうとしている。

コマツグミや、そのほかいろんな鳥の未来は、アメリカのニレの木の運命と結びついている。大西洋岸からロッキー山脈にいたる各地の町や村には、ニレの木がしげり、街路、村の広場、大学の庭など、こんもりとしたニレの木のアーチが続いて優雅な美しさをそえていた。ニレの木は、合衆国の町や村の歴史を、ともに歩んできたのだ。でも、いまは、ニレの木の生えているところはどこでも、病気がひろがっている。おそろしい病気で、さまざまな対策がたてられているが、はたしてうまくいくかどうか、専門家は悲観的である。ニレの木が枯れていくのを見るのは、何とさびしいことだろう。でも、ニレの木も救えず、おまけに鳥たちを死の淵におとしいれるようなことになれば、二重の不幸になると言えよう。しかし、実際にそのとおりのことになろうとしている。

オランダエルム病という病気がヨーロッパから合衆国に入ってきたのは、一九三〇年ごろで、ベニヤ板をつくるために、ニレの木の丸太を輸入したとき、ついてきたのだった。菌類がひき起す病気で、水を通している木の導管に菌が入りこみ、胞子は樹液の流れに運ばれてひろがっていき、毒を排泄し、樹液を止めて枝を枯らせ、しまいに木全体を死に追いやる。この病気を運ぶものは、ニレキクイムシだ。枯れたニレの木の樹皮の下に、キクイムシがトンネルを掘る。そこは、菌類の胞子の巣となる。胞子はたちまちキクイムシにくっつき、キクイムシの飛ぶところへ運ばれていく。そこで、伝播昆虫を退治するのがいちばんだと、町から町、村から村へと、くりかえしくりかえし、殺虫剤を撒布していったのだった（とくにニレの木の多い合衆国の中西部とニューイングランド、すなわち北東部）。

いったい鳥たちはどうなるのか。とくにコマツグミの運命は？　これに答えたのは、ミシガン州立大学の鳥類学者ジョージ・ウォレス教授と、同大学院学生ジョン・メーナーだった。メーナー氏がドクター論文にとりかかったのが、一九五四年。テーマは、コマツグミの個体群に関係のあるものだった。まったくの偶然だった。しばらくあとで、コマツグミが生存の危機にさらされるなど、そのころはだれにもわからなかった。研究をはじめるうちに、容易ならぬことになり、材料を集めようにも集められなくなってしまった。

オランダエルム病防除のスプレーは、一九五四年、大学の構内からはじまった。はじめは、一部分だけ、規模も小さかった。その翌年、この大学のあるイースト・ランシング市も合同し、大学内のスプレー区域もひろがった。マイマイガや蚊の防除もいっしょに行われ、化学薬品は、雨あられと降りそそいだ。

最初に小規模なスプレーがあった一九五四年は、べつに変ったこともなくすぎた。そのあくる春も、渡り鳥のコマツグミは大学に帰ってきた。トムリンソンのすばらしい随筆『失われた森』のホタルブクロのように、古巣に《不幸が待ちかまえていようとは、夢にも思わなかった》のだ。でも、やがて何か狂っていることがわかりだした。大学の構内には、死んだコマツグミ、死にそうなコマツグミの姿が見られだしたのだ。いつものように元気に餌をあさったり、いつものねぐらに集まるのは、ごくわずか。巣の数も、孵(かえ)った雛鳥(ひなどり)の数も、ごく少なく、あくる年の春も、またそのつぎの春も、同じことがものうくくりかえされていく。薬品を撒布した個所は毒のおとし穴で、そこにおちたコマツグミは一週間とたたないうちに死んでしまう。いくら鳥がやってきても、やがてみな同じ運命におそわれ、苦しみもだえて死んでいく。

《春になるとやってくる大部分のコマツグミにとって、大学の構内は墓場だ》とウォレス博士は言う。だが、いったいどうしてこういうことになったのか？　最初は、何か神経系統の病気ではないか、と博士は考えた。しかし、そのうち、《殺虫剤を撒布する側では、スプレーは「鳥には無害だ」と言う。しかし、コマツグミは本当に殺虫剤の毒にあたって死ぬのだ。平衡感覚の喪失という周知の症状がまずあらわれ、ふるえ、痙攣(けいれん)、死と進んでいく》——こうしたことが、はっきりわかってきた。

いろんなことから推測してみると、コマツグミはじかに殺虫剤にあたって中毒するよりも、むしろ間接的に、ミミズを食べて中毒するらしい。大学構内のミミズをうっかり実験用のザリガニにあたえたことがあったが、あっというまにザリガニ全部が死んだ。やはり実験用のヘビに、同じミミズを食べさせると、はげしい震顫(しんせん)症状があらわれた。コマツグミが春食べるものといえば、主にミミズなのである。

　こうして、コマツグミの死の原因がはめ絵のように一つ一つ埋まって明らかになってきたが、最後のきめ手になったのは、ロイ・バーカー博士の論文だった。イリノイ自然調査局（アーバナ）につとめている博士は、一九五八年にこの論文を発表し、コマツグミの死—ニレの木—ミミズという複雑な関係をあざやかに分析してみせた。ニレの木に撒布(スプレー)するのが春（五十フィート（訳注　一フィート＝三〇・五センチ）の木に対しふつう二ないし五ポンド（訳注　一ポンド＝〇・四五キログラム））のDDT、ということは、ニレの木が密集している地帯では一エーカーあたり二十三ポンドになる)、その後七月にまた撒布することが多い(このときの濃度は前回の約半分)。どんなに高い木でも、すみからすみまで毒はいきわたる。目指す害虫が死ぬだけではなく、そのほかの昆虫――授粉昆虫とか、捕食性のクモや甲虫類も殺されてしまう。毒は、葉や樹皮に膜となって、こびりつき、雨が降っても、とれない。秋になると葉が落ちる。落葉は幾重にも重なりあい、やがて少しずつ土壌に変化するその緩慢な過程がはじまる。このとき、落葉のくずをあさりまわるのはミミズで、ニレの葉はその大好物なのだ。葉といっしょに殺虫剤もミミズの体内に入り、蓄積され、濃縮されていく。解剖してみると、ミミズの消化管、血管、神経、体壁にDDTが残留していたという(バーカー博士)。もちろん毒にあたって死んだミミズもいる。が、あるものは生きのびて、毒の《生物学的増幅器》となる。そして、春になると、コマツグミがきて、ニレの木―キクイムシ―殺虫剤―ミミズ―コマツグミ、という連鎖の輪が完全につながる。大きなミミズ十一匹には、コマツグミ一羽を殺すだけの分量が含有されている。そして、コマツグミの一日の餌の量からみれば十一匹というのはごく少量で、十分か十二分のうちに十四から十二匹のミミズをコマツグミはたいらげてしまう。

もちろん毒にあわないコマツグミもいるが、確実にかれら一族を死に追いやる原因がほかにある。それは不妊ということで、鳥の未来に暗い影をなげかけ、鳥ばかりでなく薬品のとどく範囲内のありとあらゆる生物に及ぼうとしている。薬品を撒布するまえには、ひかえ目に見つもっても三百七十羽のコマツグミが大学構内にいた（雛鳥はのぞいて）。百八十五エーカー（訳注 一エーカー＝四〇四七平方メートル）ある同じ構内をいますみからすみまでさがしまわっても、二、三十羽あまりのコマツグミしか見つからない。メーナーが一九五四年に観察したときには、どの巣でも雛が孵った。一九五七年六月の末、いつもならば少なくとも三百七十羽の雛が見られるはずなのに（殺虫剤を撒布するまえには、だいたいこれだけの雛がやがて親鳥になった）、**たった一羽**雛鳥がいただけだった。その翌年は、どういうことになっただろうか。ウォレス博士は書いている。

《〔一九五八年の〕春と夏のあいだ中、構内には雛鳥の姿が一つも見えなかった。そして人にきいても、見かけた者はいままでにだれもいなかったのである》。

なぜ雛が育たなかったのか――巣ごもりの週間が完全に終らないうちに、コマツグミのつがいのうちのどちらか、または両方とも死んだこともあったろう。だが、ウォレス氏のデータによれば、もっと深刻なことにはコマツグミの生殖能力そのものが破壊されている――。

《たとえば、コマツグミでもまたほかの鳥でも、巣をかけるが、卵を産まないことがある。また卵を産んで卵を抱きながら、孵さないことがある。コマツグミが二十一日間も一生懸命卵の上にすわっても孵らなかったことがある。ふつう抱卵期間は十三日だが……。解剖してみると、睾丸や卵巣に強度のＤＤＴ濃縮がみられた》。一九六〇年、ウォレス氏は議会の委員会で述べている――《十羽の雄を調べると、睾丸中に三〇ないし一〇九ppmの蓄積が見られ、二羽の雌の場合は、卵巣の卵胞中にそれぞれ一五一ないし二一一ppmが検出された》。

　ほかの地方でも調査がはじめられ、同じようにおそろしい事実が発見された。ウィスコンシン大学のジョゼフ・ヒッキー教授は学生たちと、撒布（スプレー）した地域と撒布していない地域を克明に比較調査し、コマツグミの死亡率が少なくとも八六パーセントから八八パーセントに達していると報告している。ミシガン州ブルームフィールド・ヒルズのクランブルック研究所は、ニレの木スプレーによる鳥の大量死を解明するため、一九五六年、DDTの毒の犠牲になったと思われる鳥全部を検査するから協力を乞（こ）う、と発表した。思いがけず反響は大きく、二、三週間のうちに研究所の大きな冷凍室もいっぱいになり、標本を断わるのに一苦労した。一九五九年までに、このたった一つの町からだけで、毒死した鳥の報告は一千件をこえ、死骸（しがい）をわざわざもってきた人もいた。主に犠牲になったのは、コマツグミだったが（ある婦人が電話をかけてきたが、電話で話しているうちに、庭の芝生では十二羽もコマツグミが死んだ、という）、研究所で検査した鳥の種類は六十三にもなった。

　考えてみればコマツグミの死は、ニレの木スプレーがひき起した禍（わざわ）いのくさりの一つの輪にすぎない。いや、そればかりか、ニレの木スプレーそのものが、合衆国全土をおおう毒のスプレー計画の、ごく一部にすぎないのである。郊外に住んでいる人たち、鳥の好きな人たちが知っている鳥なども含めて、九十種類ばかりの鳥がいためつけられた。町によっては、薬品を撒布したために、巣をかける鳥の個体数が九〇パーセントも減った。いろんな習性の鳥がいためつけられた——地面で餌をあさる鳥、高い梢で餌をあさる鳥、樹皮から餌をあさる鳥、捕食性の鳥など、すべて。

ミミズとか、そのほか土壌中の生物を主に餌としている鳥や哺乳動物が、コマツグミと同じ目にあうことは、とうぜん考えられる。ミミズを餌にしている鳥は、四十五種類ばかりある。たとえば、アメリカヤマシギもそうで、これは南の地方で越冬するが、最近ヘプタクロール撒布の憂目にあっている。アメリカヤマシギについて、二つのことが明らかになった。つまりニューブランズウィックでは雛鳥の数がぐっと減り、また成長したアメリカヤマシギを解剖してみると、ＤＤＴとヘプタクロールの残留物が多量に検出された。

ミミズ、アリ、甲虫の幼虫、そのほか土壌中の生物を食べる鳥二十種類あまりが、薬品スプレーのために、これらの餌が毒を含み、そのためたくさん死んだ憂慮すべき記録がすでにある。そのなかには、ツグミ科の鳥が三種類もいる。鳴き鳥のうちでもいちばん美しい声で鳴くオリーブチャツグミ、モリツグミ、チャイロコツグミだ。そして、森の木の下のしげみを飛びまわって、がさがさと落葉をかきわけて餌をあさっている鳥たち——ウタスズメも、ノドジロシトドも、ニレの木スプレーの犠牲になった。

哺乳動物も、直接、間接的に禍いにまきこまれた。たとえば、アライグマはいろんなものを食べるが、ミミズもその大切な食糧の一つなのだ。また、春と秋には、オポッサム（フクロネズミ）が、ミミズを食べる。トガリネズミ、モグラなど地下に穴をあけてすんでいる動物も、かなりたくさんミミズをとり、そのためその毒が捕食者であるアメリカオオコノハズクやメンフクロウにつたわっていくものと思われる。春、大雨が降ったあと、ウィスコンシン州でアメリカオオコノハズクが何羽も死んだ。ミミズを食べて中毒したらしい。タカやフクロウも、痙攣を起していた。アメリカワシミミズク、アメリカオオコノハズク、カタアカノスリ、アメリカチョウゲンボウ、ハイイロチュウヒなど。肝臓やそのほかの器官に殺虫剤の蓄積した小鳥やネズミを食べて、間接的に毒に倒れたものと考えられる。

ニレの木のスプレーに生命をおびやかされているのは、地上で餌をあさる生物、またその生物を捕食する動物ばかりではない。木の葉についている虫をつかまえる鳥——梢にとまる鳥も、大量に殺虫剤をまいた地域から姿を消した。森林の妖精（ようせい）といわれる頭頂にルビー色の帯があるルビーキクイタダキ、頭頂に黄色の帯があるアメリカキクイタダキ、ブユムシクイ、春になると渡ってきて、色とりどりに木のあいだを飛びかうアメリカムシクイなどの姿は、いまはもう見られない。一九五六年の春がくるのがおそかったため、薬品スプレーをおくらせ、そのため、一度にどっと渡り鳥が帰ってくるのと薬品スプレーとがかちあった。鳴き鳥という鳴き鳥のおびただしい死体が、あたりを埋めた。ウィスコンシン州のホワイトフィッシュ湾では、そのまえの年に千羽のノドジロアメリカムシクイが渡ってきた。が、ニレの木に薬品を撒布（スプレー）してからは、一九五八年にたった二羽姿を見せただけだった。ほかの町や村の記録を加えれば、薬品にやられた鳥のリストは長くなっていくだろう。そして、そのうちには、見たら二度と忘れられないすばらしいさまざまなアメリカムシクイがいる。シロクロアメリカムシクイ、キイロアメリカムシクイ、シロオビアメリカムシクイ、ホオアカアメリカムシクイ。五月の森にひびき渡るカマドムシクイの声もしない。炎のような色の羽をしたキマユアメリカムシクイ、ワキチャアメリカムシクイも、クロボシアメリカムシクイ、ノドグロミドリアメリカムシクイも姿を消した。木の上で餌をあさるこうした鳥は、毒のある虫を食べてじかに死んだり、また餌の不足のために死んだりした。

　ツバメたちも、深刻な食糧難に見舞われた。ニシンが海のプランクトンをこしてとるように、ツバメは空を流し飛んでは空中の虫をつかまえる。ウィスコンシン州の博物学者の報告によると、《ツバメは、大打撃をうけた。四、五年まえにくらべて何と数が少なくなったことか、嘆かぬものはない。たった四年まえには、空はツバメでいっぱいだった。いまでは、ほとんどツバメの姿に出会えない。……薬品を撒布（さんぷ）したために虫たちがいなくなったためか、また毒にやられた虫たちのためか、どちらかである》。

ほかの鳥について、かれがさらに観察しているところをつぎに写せば、――《このほかひどい目にあったのは、ツキヒメハエトリだ。ヒタキ類はたまにいないこともないが、早春おとずれるツキヒメハエトリときたら全然いない。この春一羽見ただけで、去年の春も一羽見ただけだった。ウィスコンシンのほかの野鳥観察者も同じような不平をこぼしている。まえには五、ないし六つがいのショウジョウコウカンチョウがいたが、いまは一羽もいない。ミソサザイ、コマツグミ、ネコマネドリ、アメリカオオコノハズクは、私の庭に毎年巣をつくっていた。でも、いまは何もいない。夏の夜が明けても、鳥の鳴き声一つしない。いまでもいるのは、害鳥、ハト、ホシムクドリ、イエスズメだけだ。何と悲しいことか。我慢できない》。

秋に、ニレの木に残効性のある殺虫剤を撒布したとき、毒は樹皮のわずかの裂け目にも入りこんだ。それが原因で、アメリカコガラ、ムネアカゴジュウカラ、エボシガラ、キツツキ、キバシリなどの数がひどく減ったのだと思われる。一九五七年から一九五八年にかけての冬のあいだ、ウォレス博士の庭には、アメリカコガラも、ムネアカゴジュウカラも姿を見せなかった。もう何年も餌をやっているのにはじめてのことだった。その後しばらくしてムネアカゴジュウカラが三羽あらわれたが、どうしてこんな悲劇が起ったのか、その悲しい顚末をそれぞれ示していた。一羽は、ニレの木にとまって餌をあさっていた。二羽目は、典型的なDDT中毒症状を示して死ぬばかり。三羽目は、すでにこときれていた。二羽目もやがて死んだが、その組織から二二六ppmというDDTが検出できた。

このように昆虫を食べる鳥たちは、殺虫剤のために大打撃をうけているが、それだけではなくて、さらに経済的、またそのほか有形無形な嘆かわしい損害がある。たとえば、ムナジロゴジュウカラ、キバシリは、木に有害な昆虫の卵、幼虫、成虫などを夏にたくさん食べる。アメリカコガラの食糧の四分の三は動物で、いろんな昆虫の生活環の各段階が含まれている。アメリカコガラの摂食行動については、ベントの不朽の名作、『生物誌（北米産鳥類）』にこのように書いてある――《群れをなして飛んでくると、それぞれこの上なく正確に樹皮、小枝、大枝を調べあげ、食物のちっぽけなかけらまで見つけ出す（クモの卵、蛹、そのほか休眠中の昆虫など）》。

研究がいろいろと行われ、さまざまな場合に鳥が昆虫防除という大切な役目を果していることがわかってきた。たとえば、キツツキは、トウヒにたかる甲虫を防除する第一人者で、この害虫を四五パーセントから九八パーセント減少させ、またリンゴ園ではコドリンガの天敵としても重要である。アメリカコガラや、そのほか冬合衆国に棲息する鳥は、シャクガ科の幼虫の害から果樹園を守る。

だが、自然界のいとなみは、化学薬品洪水の現代の世界では禁じられている。薬品スプレーは昆虫ばかりでなく、昆虫の第一の敵、鳥をいためつける。あとになって昆虫が再発生するようなことになれば（そしてまたたいていこういう羽目になる）、それを押えるべき鳥たちは、もはやどこにもいない。ミルウォーキー公立博物館の鳥類部門の主事、オーウェン・J・グロム氏は『ミルウォーキー・ジャーナル』に寄稿している――《昆虫の最大の敵は、捕食性の昆虫や鳥、小哺乳類などである。しかし、DDTは自然自身の番人や警官までも何もかもみな殺しにしてしまう……進歩という名のもとに私たちは、悪魔のように昆虫を駆除しながら、結局自分たち自身その犠牲になろうとしているのではないのか。ただその場かぎりのことを考えるから、あとで虫たちがまた出てきたときには手のほどこしようもない。ニレの木が枯れてしまったら、ほかの木に害虫がおそいかかるだろう。そのとき、私たちはどうしたらよいのか。自然の番人（鳥）が毒で殺されてしまっていたら……》。

ウィスコンシン州でスプレーがはじまってから、グロム氏のもとには、鳥が死んだ、死にそうだ、という電話や手紙が殺到した。スプレーが続いているあいだ年とともにこの声はふえてきたという。調べてみると、鳥の被害があった地方では、そのしばらくまえにスプレーないし燻蒸（くんじょう）がかならず行われている。

合衆国中西部にある研究所、たとえばイリノイ自然調査局、ウィスコンシン大学、ミシガンのクランブルック研究所の鳥類学者や自然保護管理者も同じようなことを観察している。スプレーがあった地方の新聞の読者欄を見てみよう。市民は、ことの意外さに憤慨しているだけではない。スプレーを命じた役人よりも、むしろはるかに鋭くスプレーのおそろしさと無意味を感じとっている。《うちの裏庭できれいな鳥がたくさん死ぬ日が、そのうち来るでしょう。何とも心のいたむ、かわいそうなことです。……そして、それはまた何ともいらだたしく、腹の立つことです。というのも殺戮者(さつりくしゃ)がもともと目指した目的はぜんぜん達せられていないのです。長い目で見て、木も救えれば鳥も救えるようなことはできないのでしょうか。自然のなかで木と鳥とは、たがいにもちつもたれつの関係にあるのではないでしょうか。自然を破壊することなく、自然の均衡(バランス)を保ってやることはできないでしょうか》(ミルウォーキーのある女性からの投書)。

　こんもりとしげったニレの木がどんなにすばらしくても、インドの《聖なる牛》とは違うのだ、ニレの木のためにはほかの生命などかえりみなくてもよい、などとは言えない――こうした考えを述べた人もいた。《ニレの木は、いつも大好きでした。それは私たちの地方の登録商標(トレード・マーク)のようなものだったんです。だが、ほかにもいろんな木がありま す……鳥の命を救うことも考えなければなりません。コマツグミの鳴き声のしない春ほど、わびしく興ざめなことがあるでしょうか》(ウィスコンシンのある女性からの投書)。

　白か黒か、どちらか、とみんなは簡単に考えるかもしれない。鳥を生かしておくか、それともニレの木を救うか、どちらか。でも、現実はそんなものではない。化学薬品スプレーという、猫(ねこ)も杓子(しゃくし)もとびつくはやりの方法のいきつく先は、AもBもだめ。化学薬品には、こういう皮肉な結果がつきまとう。スプレーのために鳥が死ぬ。だが、ニレの木も救えない。薬品をどんどん撒布(スプレー)していけば、最後にはニレの木が救える、と考えるのは、人を迷わす、幻のようなものなのである。町から町へと、金を使わせ、結局その場しのぎで、長くは何も残らない。コネティカット州のグリニッジでは、十年間たてつづけに薬品を撒布(スプレー)した。ところが、その後かんばつ続きの年があって、ニレキクイムシはわがもの顔に発生し、いつもの十倍ものニレの木が枯れてしまった。イリノイ大学のあるアーバナに、オランダエルム病がはじめてあらわれたのは、一九五一年だった。スプレーは一九五三年にはじまり、六年間スプレーを続けた一九五九年まで、大学構内のニレの木は、八六パーセントも枯れている（その半数はオランダエルム病の犠牲）。

　オハイオ州のトリードでも、同じようなことがあり、林野局の監察官ジョウゼフ・A・スウィーニー氏が、スプレーの結果を追跡調査した。この町でスプレーをはじめたのは一九五三年で、一九五九年の終りまで続けられた。だが、スウィーニー氏が見たのは、町いっぱいひろがっているcottony maple scaleというカイガラムシの一種だった。《書物や専門家》の言うとおりに薬品を撒布したら、まえよりもひどいことになったのである。彼は自分自身で、オランダエルム病防止のスプレーがどういう事態をひき起しているのかよく調べてみようと決心した。その結果、思いもかけぬことが明らかになり、愕然とした。トリードの町では、《防除が成功したところは、病気になった木、病原の巣食う木をすばやくとりはらったところだけだった。薬品スプレーにたよったところでは、病気がわがもの顔に蔓延している。何もしなかった田舎でも、町より被害が少ない。ということは、薬品スプレーによって、ありとあらゆる天敵が滅んでしまうことを示している》。《私たちは、オランダエルム病のスプレーをやめつつある。そのため、合衆国農務省の側に立つ人たちと摩擦をひき起す羽目になったが、私ははっきりとした事実をにぎっている。あくまでこの事実に立つつもりだ》。

合衆国中西部の町にニレの木の病気がひろまったのは、ごく最近で、なぜまた、いきなり金のかかる薬品スプレーという方法に思いきりよくとびついたのか、なぜまたすでに経験をつんでいるほかの地方のことを調べなかったのか、理解に苦しむ。たとえば、ニューヨーク州などは、この疾病との長い闘争の歴史をもっている（合衆国にこの疾病が入ってきたのは、一九三〇年ごろ、ニューヨークの港に病原菌をもったニレ材を輸入したためだと思われている）。そして、いまやかがやかしい勝利がおさめられている。薬品を撒布したのではない。農業開拓局は、農民に薬品スプレーという方法をすすめたのではなかった。

なぜまたニューヨーク州では、このようにすばらしい成果があがったのだろうか。衛生環境をきびしく改善したり、病気にかかった材木があると、すぐにほかへ移したり、焼却してしまう――こういう方法にもっぱらたよってきたのである。もっとも、はじめのうちははかばかしくなかった。だが、それはすでに病気になった材木だけをとりのぞき、ニレキクイムシが卵を産みつけた木までは伐り倒さなかったからである。また、伐り倒しても、春がくるまえに焼いてしまわないと効果はない。薪にしてつんでおくと、ニレキクイムシが発生し、菌類を伝播する。越冬した成虫は、四月の末から五月にかけて餌をあさり、オランダエルム病を伝播する。いったい何がニレキクイムシ発生の素地となり、病原伝播の原因となるのだろうか。ニューヨークの昆虫学者は、経験からそれが何であるかを学んだのだった。ほかは無視して、ひたすらこの危険な原因をとりのぞこうと努力しているうちに、すばらしい成果が得られたばかりではなく、衛生環境改善に使った費用も、適当な幅におさめることができた。一九五〇年までに、ニューヨーク市のニレの木の罹病率は、五万五千本のうちの〇・二パーセントに減った。ウェストチェスター地方では、一九四二年に衛生環境改善による防除をはじめ、その後十四年間のニレの木の平均被害率は、一年について〇・二パーセントにすぎない。バッファローには、十八万五千本ばかりのニレの木があるが、衛生環境改善によって、わずか〇・三パーセントという年間被害率に押えている。この割でいけば、たとえば、バッファローからニレの木が全部姿を消すにしても、三百年あまりもかかるというわけである。

シラキュース（これもニューヨーク州の町）が思いきってとった措置は、とくに記憶になまなましい。一九五一年から一九五六年にかけて、三千本近くのニレの木が枯れた。ところが一九五七年、ニューヨーク州立林産大学のハワード・C・ミラー氏監督のもとに、疾病にかかった木、ニレキクイムシが巣食ったと思われる木材を片端から焼却した。そのため、いまでは年間の損失が一パーセントにすぎない。

環境改善による防除がどんなに経済的か、オランダエルム病防除のニューヨークの専門家たちは強調している。《どれほどあとで得をするか、それにくらべれば、いま出す費用など、わずかのことが多い》と、ニューヨーク州立農科大学のJ・G・マチュスは言う――《枝が枯れてしまったり折れたときには、家や、人間をきずつけないともかぎらないから結局とりのぞかなければならない。薪材だったら、春がくるまえに使ったり、樹（き）の皮をはいだり、また乾燥したところにつんでおいたりできよう。病気にかかったニレの木だったら、少しぐらい費用がかかっても、すぐにとりのぞかなければ、あとで高くつく。町のなかで枯れた木は結局とりのぞかなければならないから》。

知識の裏づけのある、賢明な方法をとるならば、オランダエルム病の問題も匙（さじ）を投げるに及ばない。一度この疾病が侵入したら、どんな方法でも駆除できない、というからには、衛生環境を改善し、これくらいなら何とか我慢できるという線で押えつけておくのがよい。あわてて薬品にとびつけば、失敗するばかりか、鳥の生命をも奪う悲劇におちいる。もっとも、森林遺伝学の分野では、オランダエルム病に耐性のあるニレの雑種をつくる実験が行われている。ヨーロッパのニレの木は、耐性がきわめて強く、ワシントンDCに何本も植えてある。同じワシントンのほかのニレの木がひどくやられたときでも、このヨーロッパ産の木は何ともなかった。

ニレの木がたくさん枯れた地方では早急に苗木をつくり、また植林計画をたて、失った木のうめあわせをしようと努力している。これは大切なことで、このような計画のなかに耐性のあるヨーロッパのニレの木を入れるのもいいが、もっといろんな種類の木を植えるべきで、伝染病のために町や村から木がなくなるような目には二度とあいたくない。健全な植物、動物社会が成立つ鍵は、《多様性の維持》ということなのだ（イギリスの生態学者チャールズ・エルトンが言いだした概念）。いま私たちをなやませている、大部分の禍いのもとは、いままでの生物学的無知のむくいといえる。一世代前には、広大な地域に一種類だけの木を植えると害があることなど、ぜんぜんわからなかったのである。だから町の通りという通り、公園という公園にはニレの木を植えたのだった。だが、いまやニレの木は枯れ、鳥も死んでしまう。

コマツグミと同じように、まさに絶滅しようとしているほかの鳥がいる。それは、合衆国の国の象徴である《ワシ》だ。この十年間のうちに、ワシの個体数はおそろしく減少した。調査してみると、ワシの環境に何か原因があって、生殖能力を大きく破壊しているのではないかと思われる。もっともまだ最終的な結論は下せないが、殺虫剤のためと思われる明白な証拠がいくつかある。

北アメリカのワシのなかでも最もよく研究されているのは、タンパからフォート・マイヤーズにかけてフロリダ西海岸地帯に巣をつくるワシである。というのは、ウィニペッグの銀行経営者チャールズ・ブローリー氏が、一九三九年から一九四九年のあいだに、ハクトウワシの幼鳥の千羽以上に標識をつけたのであった。まさに特記すべき鳥類学上の仕事といっていい（いままでの記録では、ワシについては百六十六羽が最高だった）。フロリダで生れたワシは、その後海岸沿いに北へのぼってプリンス・エドワード島あたりまで行っていることがわかった。渡り鳥ではないと考えられていたが、秋になるとまた南へと渡ってくる。ペンシルヴェニア州東部のたか山（ホーク・マウンテン）のような有名な観察地点では、帰ってくるワシの姿がよく見られる。

ブローリー氏がワシの巣を探してはワシの幼鳥にリングをつけたはじめのころは、海岸地帯に毎年いつも百二十五の巣（卵のある巣）があった。リングをつけた雛（ひな）ワシの数は百五十羽ばかりだった。ところが、一九四七年に雛ワシの数は減りはじめた。卵の入っていない巣も出てきた。卵があっても孵(かえ)らない。一九五二年から一九五七年にかけて、巣の八〇パーセントがからのままだった。一九五七年に、ワシが入った巣は、四十三しかなかった。そのうち雛が孵ったのは七つの巣で（雛は八羽）、二十三の巣の卵は孵らず、残りの十三は、親ワシが餌を集めたりするときの足場にすぎず、卵は一つも入っていなかった。一九五八年、ブローリー氏は海岸を百マイル（訳注　一マイル＝一・六キロメートル）以上も探し歩いたが、リングをつけられたのは、たった一羽のワシの幼鳥だけだった。一九五七年にはとにかく四十三個の巣があり、親鳥が入っていたが、五八年にはわずか十個の巣にワシが見られただけだった。

　ブローリー氏は、その翌年一九五九年に死んだ。長い期間にわたってたゆみなく行われたすばらしい観察も終りをつげる。でも、フロリダ、ニュージャージー、ペンシルヴェニア各州のオードゥボン協会から、同じような報告がとどいてくる。私たちアメリカ人は、国の新しいシンボルを見つけなくてはならないのではないだろうか……。

　たか山(ホーク・マウンテン)野鳥保護区域の主任モーリス・ブラウン氏の報告は、きわめて重要である。たか山(ホーク・マウンテン)は、ペンシルヴェニア州の東南部にある、絵のように美しい山である。アパラチア山脈の最東部にあたり、西から吹いてきた風はここにつきあたっては、海岸の平地へと吹きおろしていく。山にぶつかった風は上昇するため、秋になるとたえず風が吹きあげ、ハネビロノスリやワシは、その風にのって、やすやすと山をこえ、一日に何マイルも南へ向って旅を続ける。たくさんの尾根はたか山（ホーク・マウンテン）で一つになり、そのためここはいわば空中のハイウェイの交差点になっている。だから、北にひろくひろがるテリトリーから、いろんな鳥がこの隘路（あいろ）を通っていく。

この野鳥保護区域の管理人として、モーリス・ブラウン氏は二十年以上も、タカやワシを観察しつづけ、そのリストをつくった。合衆国ではだれにも追随を許さない仕事だ。ハクトウワシの渡りのピークは、八月の末から九月のはじめにかけてで、北で夏をすごしてまた自分のテリトリーに帰るフロリダのワシなのである（その後秋から初冬にかけても、数羽の大型のワシが通過する。北方系のものと思われ、どこで越冬するか明らかでない）。野鳥保護区域となってからしばらくは（一九三五年から一九三九年にかけて）、観察されたワシの四〇パーセントは、一年児だった。羽毛が黒ずんでいるので、すぐにそれとわかるのである。だが、ここ数年のあいだにこの一年児のワシの数は少なくなり、一九五五年から一九五九年にかけては、全体の二〇パーセントにすぎず、ある年（一九五七年）には、成長したワシと幼鳥のワシの割合が、三二対一に落ちている。

たか山（ホーク・マウンテン）で観察されたのは、他の観察結果とも軌を一にしていた。たとえば、イリノイ州の自然資源協会に勤務しているエルトン・フォークス氏も、同じような報告をしている。北方に巣をもつと思われるワシは、ミシシッピ川やイリノイ川の流域で冬をすごす。一九五八年にフォークス氏が報告しているところによれば、五十九羽のうち幼鳥のワシはわずか一羽にすぎなかった。世界で、唯一のワシだけの保護区域サスケハナ川のマウント・ジョンソン島からも、ワシが絶滅しそうだという報告がとどいている。この島は、コノウィンゴー・ダムの上流わずか、八マイルのところにあり、ランカスター地方の川岸までは〇・五マイル。それなのに、原始の自然の姿そのままを保っている。ランカスターの鳥類学者であり野鳥保護区域の保護官であるハーバート・H・ベック教授は、一九三四年以来、その地方にあるただ一個のワシの巣を観察してきた。一九三五年から一九四七年までは巣はときがくれば使われ、いつも雛鳥が孵っていた。ところが、一九四七年以来、巣には卵を産むが、雛が孵ることはなかったという。

フロリダでも状況はおなじであった。巣にはワシがやってくる。卵もいくつか産む。だが、雛の姿はほとんど——ときによっては一羽も見られない。いったいどういうわけなのか。いずれの場合にも共通な点はただ一つ、ワシの生殖能力が落ちて、年々自分たちの種族を維持していくだけの若鳥がほとんどいない、そして、それは何か環境に原因がある、ということだった。

人工的にこれに似た状態はつくり出せる。とくにアメリカ合衆国魚類野生生物局のジェイムズ・ディウィット博士は、ほかの鳥を使って実験した。ウズラやコウライキジに殺虫剤がどんな影響を及ぼすか、いろんな殺虫剤について実験し、DDT、またはDDTに似た化学薬品にふれると、親鳥は外見は何でもないように見えても、生殖能力におそろしい変化があらわれることを明らかにしている。その道順はさまざまでも、結果はどれも同じである。たとえば、餌にＤＤＴをまぜて、産卵期間中ウズラに食べさせる。ウズラは卵をふつうに産んだが、卵はほとんど孵らなかった。《たくさんの胚は、抱卵期の初期段階では正常に成長していくように思われたが、いよいよ孵化する時期に死んでしまった》と、ディウィット博士は言う。孵化したものも、孵化後五日間のうちに、半数以上が死んだ。このほか、コウライキジとウズラと同時に試験してみたが、殺虫剤をまぜた餌を一年中あたえると、卵を一つも産まない。カリフォルニア大学のロバート・ラッド博士とリチャード・ジェネリー博士も、同じような実験結果を報告している。餌にディルドリンをまぜると、コウライキジが産む《卵の数はいちじるしく減少し、雛となって育つものも発育不良である》。両博士によれば、卵黄中にディルドリンが蓄積され、それが抱卵期のあいだや、孵化のあとでゆっくりと吸収されていくために、じわじわと死がしのびよるのだという。

この考えは、ミシガン州立大学のウォレス教授と大学院学生リチャード・Ｆ・バーナードの最近の研究成果と一致する。両氏は、同大学構内のコマツグミの体内からきわめて濃度の高いＤＤＴを検出し、最近その研究結果を発表した。コマツグミの雄のすべての精巣、成長していく卵の濾胞、雌の卵巣、孵化しない卵、完全だが産みおとされない卵、輸卵管、見捨てられた巣の孵化しない卵、卵のなかの胚、孵りたてのまま死んでしまった雛――すべてから、毒が検出できたという。

殺虫剤の害は、それにふれた世代のつぎの世代になってあらわれる――こうした事実が、この貴重な研究で明らかになった。卵のなかや、胚の成長を助ける卵黄のなかにたまる毒は、まさに死刑宣告書であり、ディウィット氏の鳥がたくさん卵の状態のまま死んだり、孵化してからまもなく死んだのは、このためであった。

ワシについて、こういう研究を実験室で行うのは、とてもむずかしい。だが、野外研究がいまフロリダ州やニュージャージー州で進められている。ワシの数が目に見えて減っていく原因は何か、明らかにしようとするものである。とにかく、いまわかっていることから間接的に類推すると、殺虫剤が原因らしい。魚の多い地方では、ワシは主に魚を食べる（アラスカでは、ワシの餌のなかで魚が占める割合は六五パーセント、チェサピーク湾近辺では約五二パーセント）。また、ブローリー氏が長いあいだ観察してきたワシが、主に魚を捕食していたのは、ほとんど疑う余地がない。一九四五年以降、とくにこの海岸地帯に、燃料油にとかしたＤＤＴを何回も空中から撒布（スプレー）している。海岸の沼地の蚊を退治するためである。だが、あたりは、ワシが餌をあさるところだ。おびただしい魚やカニが死んだ。その組織を調べてみると、濃縮度の高いＤＤＴが検出された（四六ｐｐｍ）。クリア湖のカイツブリが湖の魚を食べ、濃縮した殺虫剤残留物を体内に蓄積したように、ワシのからだの組織にもＤＤＴが蓄積されていったにちがいない。そして、カイツブリ、コウライキジ、ウズラ、コマツグミと同じ運命に見舞われ、雛の数は年ごとに減り、ワシもまた、やがては絶滅しないともかぎらない。

世界いたるところから、鳥が危機に瀕(ひん)している、との声がとどく。そのところどころで、事情はさまざまだ。だが、どの報告にもくりかえされているテーマがある――殺虫剤が登場したために、野生生物に死がしのびよる、というテーマ。フランスでは――ブドウの木の根もとに、砒素(ひそ)を含有する除草剤をまいた。すると、何百羽という小鳥や、ヨーロッパヤマウズラが死んだ。ベルギーでは――ヨーロッパヤマウズラの子が……かつては数が多いので有名なこの鳥も、近くの農場に薬品をまいてからベルギーから姿を消した。

また特殊な事情があるのは、イギリスである。イギリスでは、種子をまくまえに、種子を殺虫剤で処理する方法がひろく行われている。このようなやり方は、まえからあったが、むかしは、主に殺菌剤が使われていたから、鳥に害が及ぶようなことはなかったといっていい。ところが、一九五六年ごろから、二重消毒ということが行われだした。殺菌剤に、ディルドリン、アルドリン、そのほかヘプタクロールを加えて、土壌(どじょう)中の昆(こん)虫(ちゅう)を駆除しようとしたのだ。とたんに、情況は悪化した。

一九六〇年の春だった。イギリス鳥類学協会、王立鳥類保護協会、狩猟鳥協会などに、鳥が死んだという報告が殺到した。ノーフォーク州のある地主は――《まるで戦場さながら。私の管理人は数えきれないほどたくさんの死骸を見つけた。たくさんの小鳥――ズアオアトリ、アオカワラヒワ、ムネアカヒワ、ヨーロッパカヤクグリ、イエスズメ……などの死骸を。自然がいためつけられたさまは見るもいたいたしい》。ある猟場の番人は――《殺虫剤で加工した穀粒を食べたために、私の大切なヨーロッパヤマウズラが一羽残らずやられてしまった。またコウライキジとかそのほかいろんな鳥が何百羽も死んだ……いままで猟場の番人をしていろんなことを経験してきたが、今度の事件は何ともいたましい。つがいのヨーロッパヤマウズラが頭をならべて死んでいるのを見たときほど、胸がいたんだことはない》。

イギリス鳥類学協会と王立鳥類保護協会は、共同の報告書を出し、鳥の被害六十七件について述べている。しかし、一九六〇年の春起った破壊の全貌を明らかにするにはほど遠い。とまれ、この六十七件のうち、五十九件は種子を殺虫剤で処理したのが原因であり、八件が有毒のスプレーのためだった。

その翌年、新しい中毒の波がおそった。ノーフォークのわずか一つの料地内で六百羽の鳥が死んだ――という報告がイギリスの上院にとどいている。ノース・エセックスのある農場では、キジが百羽死んだ。被害は、一九六〇年よりも、さらにひろい範囲に及んだことが、すぐに明らかとなった（一九六〇年は二十三州だったが、一九六一年は三十四州）。なかでも農業のさかんなリンカーンシャー州が、被害がいちばん大きかったように思われる。一万羽の鳥が死んだという。しかし、農地のあるところならどこでも、北はアンガス州（訳注 現テイサイド州）から南はコーンウォール州にいたるまで、東はノーフォーク州から西はアングルシー州（訳注 現グウィネズ州）まで、被害のないところはなかったのである。一九六一年の春の被害はとくに憂慮されたため、下院に特別委員会が設けられ、事態の調査にのりだし、農民、地主、農務省関係、その他公私さまざまな団体の関係者から証言を求めている。

その一つ――《死んだハトが突然空からばらばらと降ってきました》。また、《百マイル、二百マイルとロンドンから郊外へドライブしても、チョウゲンボウは一羽も見られません》。あるいはまた、自然保護局につとめている職員は証言する――《私の知っているかぎり、そしてまた二十世紀になってから、このようなことがかつてあったとは思われません。野生生物、狩猟の獲物がこれほどいためつけられたことは、わが国はじまって以来のことです》。

薬品スプレーの犠牲となった鳥を化学分析しようにも、どうしようもなかった。試験のできる化学者は、国内に二人しかいなかった（ひとりは、政府関係の化学者、もうひとりは王立鳥類保護協会嘱託）。証人によれば、鳥の死骸を焼く大きなかがり火がそこかしこに見られたという。だが、とにかく鳥の死骸を集めて、解剖してみると、一羽をのぞくどの鳥からも殺虫剤の残留物が検出された。そのただ一つの例外とは、タシギで、タシギはもともと種子を食べない鳥なのである。

鳥だけではなかった。キツネもやられたようだ。中毒を起して死んだネズミや鳥を食べたためらしい。ウサギの被害の多いイギリスでは、ウサギの捕食者であるキツネはなくてはならない動物なのだ。ところが、一九五九年の十一月から一九六〇年の四月にかけて、少なくとも千三百匹のキツネが死んだ。いちばん被害のひどかった地方では、ハイタカ、チョウゲンボウ、そのほか捕食性の鳥がほとんど完全に姿を消してしまっている。毒は、餌を通じてひろまったと考えられる。種子を食べた鳥から、毛でおおわれた肉食動物、猛禽へと。瀕死のキツネには、どれも塩化炭化水素中毒の特徴がはっきりとあらわれていた。ぐるぐると弧を描いて歩きまわり、目がくらみ、半盲の状態。そして、やがて痙攣を起して死ぬ。

いろいろな証言をきくうちに、下院の委員会も、野生生物がいま《このうえない危険》にさらされていることがわかってきた。そこで、下院に対して、《ディルドリン、アルドリン、ヘプタクロール、そのほかそれに類似の劇薬を含有する化合物をもって種子に処理することを、農務長官、ならびにスコットランド国務長官はすみやかに禁止すべきである》と勧告した。さらに、化学薬品を市販するまえに、実験室ばかりでなく野外でも十分テストするよう、その管理が十分行われるよう勧告している。この点はいくら強調しても強調しすぎることはない。なぜならば、これこそ殺虫剤研究の盲点なのだ。会社でも、もちろん動物実験は行われている。だが、ネズミとか、犬とか、テンジクネズミばかりで、野生の動物、鳥とか、魚を使わず、それもいろいろ制約のある人工的な条件で行なっている。だから、こうした実験の結果をそのまま野外の自然にあてはめるのは、非科学的以外の何ものでもない。

化学薬品で種子を加工する。そのため鳥が死ぬ——これは、イギリスだけでなく、私たちアメリカ合衆国でも、カリフォルニア州とか、南部のコメの産地では、やはり手をやいた問題なのである。カリフォルニア州では、何年間も、種モミにＤＤＴを処理し、ザリガニ類や、ケシガムシなどの害虫類を防除してきた（両方とも、イネの苗にときとして大損害をあたえる）。もともとイネの植えてあるところには、水鳥やコウライキジが集まっているから、狩りをするにはすばらしかった。だが、鳥が少なくなった、とくにコウライキジ、カモ類、ムクドリモドキが姿を消した、という報告がここ十年のあいだ、たえずコメの産地から入ってくる。《キジ病》という病気は、いまでは珍しくなくなった。鳥は《しきりに水を求め、麻痺状態になり、水路の土手や稲田の畔の上でふるえている》。《病気》があらわれるのは春で、田にイネの種子がまかれるころだ。使われるＤＤＴの濃度は、成長したキジを殺す量の何倍もある。

その後何年かたつうちに、さらに毒性の強い殺虫剤があらわれ、それにつれて、処理した種子はもっと危険になった。コウライキジに対してＤＤＴの百倍も毒の強いアルドリンが、いまでは種子にひろく加工されている。テキサス東部の稲田では、そのためメキシコ湾岸産の黄褐色の、ガンに似たアカリュウキュウガモの個体数が減少した。また稲作者はクロドリモドキの数をも減らす方法を見つけたのだから、殺虫剤ははからずも二重の目的で使われているといっていい。だが、ここに集まるいろんな種類の鳥たちは大打撃をうける。

　私たち人間に不都合なもの、うるさいものがあると、すぐに《みな殺し》という手段に訴える――こういう風潮がふえるにつれて、鳥たちはただまきぞえを食うだけでなく、しだいに毒の攻撃の矢面に立ちだした。鳥が集まるのをうるさがった農夫たちは、パラチオンのような危険このうえもない薬品を空からまくようにまでなってきた。だが、《空からパラチオンをまくようなことをすれば、人間、ならびに家畜や、野生生物にあとあとまで危険を残す》――魚類野生生物局は、なりゆきを憂えて注意している。たとえば、インディアナ州南部では、一九五九年の夏、農夫がグループでスプレー用の飛行機をチャーターし、川沿いの低地にパラチオンをまかせた。あたりには、クロドリモドキが何千羽も巣食っていて、近くのトウモロコシ畑があらされるという。でも、ほかの方法はあった。作づけのほうを少しばかり変えればよかったのだ。穂の低い種類のトウモロコシなどを植えて輪作すれば、鳥もよりつかない。だが、みんなは薬品のすばらしさに目を奪われて、死の使者、スプレー飛行機をやとった。

でも、それだけのことはあった、と農民は、喜んだにちがいない。六万五千羽あまりのハゴロモガラス、ホシムクドリが死んだ。だが、そのほかどれほどたくさんの野生の生物が死んだか、知るよしもない。パラチオンは、とくにクロドリモドキによくきくというわけではない。何でも、みな殺しにしてしまうのだから。この川沿いの低地にも、ウサギとか、アライグマとか、オポッサム（フクロネズミ）がいたにちがいない。かれらは、農夫のトウモロコシ畑になど、一度も足をふみ入れなかったにちがいない。だが、かれらの存在も知らなければ、気にもしない裁判官や陪審員に、破滅させられてしまった。

だが、人間自身は？　カリフォルニア州の果樹園でも、このパラチオンをまいた。パラチオンをまいてから一カ月以上もたっていたのに葉の手入れをしていた男が、突然、ショックを起し、虚脱状態におちいった。ちょうどよい医者がいて、死だけはまぬかれた。森や野原をさまよい、川岸までも探検しようと思う子供や、青年が、インディアナ州でもあいかわらずいることだろう。そうだとすれば、毒に汚染した地域を管理し、人の手によごれていない自然があると思って迷いこんでくる者たちが入らないようにだれが警告するのだろうか。人跡まれな自然を求めて、山や谷を歩くハイカーや猟師に、《ここは毒をまいたところですよ。草木には毒の膜がかかっていますよ》と教えてまわることなど、できるはずがない。こうした危険な事態をまねくのに、それでも農夫たちは、クロドリモドキを退治しようと無益な戦いをした。だれも止めるものはなかった。

静かに水をたたえる池に石を投げこんだときのように輪を描いてひろがっていく毒の波――石を投げこんだ者はだれか。死の連鎖をひき起した者はだれなのか。天秤の一つの皿には、キクイムシがくいあらしたことになっている葉をのせ、片一方の皿には色とりどりの鳥の羽の山のあわれな残骸――殺虫剤の毒の一斉射撃に倒れた鳥の残骸をのせて、ことをきめてしまったのはだれか。空飛ぶ鳥の姿が消えてしまってもよい、たとえ不毛の世界となっても、虫のいない世界こそいちばんいいと、みんなに相談もなく殺虫剤スプレーをきめた者はだれか。そうきめる権利がだれにあるのか。いま一時的にみんなの権利を代行している官庁の決定なのだ。何百万、何千万という人が、何も気づかぬうちに、ことは運ばれてしまった。自然の美しさ、自然の秩序ある世界――こうしたものが、まだまだ大勢の人間に深い、厳然たる意味をもっているにもかかわらず、一にぎりの人間がことをきめてしまったとは……。

九死の川

大西洋の沖合の緑の淵（ふち）から、海岸へと向う道がいくつもある。魚が通う道だ。人の目にははっきり見えないが、陸から海にそそぎこむ川とつながっている。どこまでもたち切れることなく続いている淡水の流れは、サケだけにわかっていて、何千年ものむかしから、この道をたどっては、生れ故郷の川床へと帰ってくる。カナダのニューブランズウィック州にミラミッチという名前の川がある。一九五三年の夏から秋にかけて、サケは、遠く大西洋の沖合に餌を求めて出ていったあと、また自分の生れたミラミッチ川をさかのぼってきた。上流になると、川も細くなって、網の目のように入り乱れた小川が木陰を流れている。流れが急で水が冷たいところを選んで川底の小砂利の上に、その秋、サケは卵を産んだ。ツガやマツ、トウヒやバルサムの木のしげる針葉樹の森におおわれたここは、すばらしいサケの産卵場だった。

　これは、太古のむかしからくりかえされてきたいとなみなのだ。そして、このために、ミラミッチ川は、北アメリカでも有名なサケの産地となっていた。だが、突然あの年を境に、むかしから続いてきた自然のいとなみが狂いだした。

秋から冬にかけて、大きなサケの卵は、厚い殻につつまれて、小石のつまった浅い穴や、親魚の雌が川底に掘った穴のなかでじっとしている。寒い冬のうちは、ほとんど大きくならない習性だが、やがて待ち焦がれた春がきて、森の雪がとけ大地がゆるむと、孵化がはじまる。はじめは、川底の小石のかげにかくれている――まだ半インチ（訳注 一インチ＝二・五センチ）あるかないかの、ちっぽけな魚だ。餌を食べずに、大きな卵黄嚢のおかげで生命を保っている。小さな虫を求めて流れに泳ぎだすのは、卵黄嚢をすっかり吸いつくしてからのことだ。

こうして一九五四年の春小さなサケの子が孵った。あざやかな赤の斑点の目もあやな縞模様の衣裳を身につけた一、二歳のサケも群れをなして泳いでいた。みんな流れのなかの珍しい虫をさがしまわっていた。

だが、夏が近づくにつれて、自然はがらりと姿を変えた。その一年まえに、トウヒノムシ駆除（トウヒノムシ――ハマキガ科の蛾の幼虫）のためにひろい地域に殺虫剤を撒布する計画がたてられていたのだ。そして、このカナダ政府の計画には、ミラミッチ川の北西部上流域も入っていた。トウヒノムシは、数種類の針葉樹をむしばむ土着の害虫だ。東部カナダでは、だいたい三十五年ごとにその大きな被害があらわれ、一九五〇年代のはじめはとくにひどかった。ＤＤＴのスプレーがはじまる。はじめは規模も小さかったが、一九五三年には大がかりな駆虫が行われ、それまで千エーカー（訳注 一エーカー＝四〇四七平方メートル）単位だったのが、何百万エーカーという森林に殺虫剤が撒布された。バルサム樹を守るためだった。バルサム樹は、パルプ、――製紙工業の大切な原料だったのだ。

やがて、一九五四年の六月が近づいた。ミラミッチ川北西部支流の森林上空に飛行機が何機もあらわれ、真っ白なけむりを吐き出しながらあたりを十文字に飛びかった。このとき撒布したのは、油でといたＤＤＴ（一エーカーあたり〇・五ポンド（訳注　一ポンド＝〇・四五キログラム））。雲のように上空にひろがった殺虫剤は、やがてトウヒの森めがけて下っていき、しまいに地面や川にしみこんだ。パイロットは、自分の役目を果せばそれでいい、川の上を飛ぶとき水が汚染しないように殺虫剤噴射口をしめることなど考えようともしなかった。だが、たとえ良心的なパイロットがいても、もともと殺虫剤は風が少しでもあるとあたり一面に飛びちるから、川の汚染は避けられなかっただろう。

それからしばらくたった。やはりまごうかたなく不吉な徴候が出てきた。二日とたたぬうちに、川岸に死んだ魚、死にかけの魚がうち上げられた。まだ年のいかぬおびただしいサケもいた。カワマスも死んだ。森の小道を行けば、鳥の死骸がころがっていた。川からは生命という生命は姿を消して、ただ水が流れていくだけだった。まえは、サケやマスの餌になるような小さな虫がいっぱいいた。泡をふき出しては小石や茎や葉っぱをくっつけあわせてミノムシのような巣をつくっていたトビケラの幼虫、渦を巻いて流れる川のなかの岩に付着していたカワゲラの若虫、溝の石や、傾斜した岩の上を水が勢いよく流れているあたりの石の角にくっついていた蛆虫のような、ブユの幼虫――みんなDDTの犠牲となり、サケの餌はすっかり失われた。

こうして、自然は死と破滅に瀕したが、サケの子もまた死の淵からのがれることはできなかった。その春小砂利の川床から孵ったばかりのサケの子は、八月になると一匹残らず死んだ。その前年の産卵は、ことごとくむなしかったのだ。一年まえ、またそのまえに生れたサケの運命も似たようなものだった。一九五三年生れのサケは、飛行機が飛んできたとき、ちょうど餌をあさっていた。六匹のうち一匹が何とか生き残った。一九五二年生れは、海へと旅立つところだった。三匹のうち一匹の割で仲間を失った。

こうした事実は、カナダ漁業研究委員会の調査で明らかになったのである。この委員会は、一九五〇年から、ミラミッチ川北西部流域のサケの状態を調査している。産卵しに川をさかのぼってくるサケの数、幼鮭の孵化年次ごとの数、またこの川にすんでいるほかの魚の平均個体数などの統計をとってきた。殺虫剤スプレー以前の棲息状態がこのように完全に記録されていたからこそ、他に類を見ぬほどひどい被害の実態があかるみに出たのだ。

この調査は、幼鮭の被害を明らかにしているだけではない。川そのものに大きな変化があらわれたという。何度もくりかえしくりかえしスプレーしたために、川の生物環境がすっかり変った。サケやマスの餌だった水棲昆虫が死んだ。もちろん虫たちは、また新しく生れ出したが、たった一回撒布(スプレー)しただけでも、サケの餌になるくらい十分数がふえるには、長い月日――いや、月日というよりも年月と言わなければならないほど長い時がかかるのだ。

いちはやくまた姿を見せはじめたのは、ユスリカやブユなどの小虫だ。これは、孵って二、三カ月たったサケの子にはよい餌だ。だが、二、三歳のサケは、もっと大きな水棲昆虫を食べる。こうした大きな昆虫――毛翅目(もうしもく)、積翅目(せきしもく)、蜉蝣目(ふゆうもく)などの幼虫は、なかなかもとどおりにならず、ＤＤＴが撒布されてから二年たっても、運がよければたまに小さな積翅目が手に入るくらいだ。大きな積翅目、蜉蝣目、毛翅目など影も形も見せない。ミラミッチ川一帯は不毛の地と化した。そこでサケの餌となる水棲昆虫の輸送がはじまる。だが、殺虫剤スプレーがまた行われれば、すべてはむだとなるだろう。

トウヒノムシはどうなっただろう。思いがけないことに、数が減るどころか、化学薬品に抵抗力をつけだした。一九五五年から一九五七年にかけて、ニューブランズウィック州とケベック州の各地では、スプレーが執拗(しつよう)に続けられ、ある地方では三回もスプレーが行われた。一九五七年までにＤＤＴをまいた面積は、約百五十万エーカーにものぼる。その後しばらく撒布を中止してみたこともあったが、突然また、トウヒノムシが猛威をふるいだしたので、一九六〇年と一九六一年に、ＤＤＴスプレーが再開された。だが、化学薬品スプレーが一時しのぎではなく、恒久的な対策だという保証は少しもない

(何年かたつうちに葉が落ちて枯れる病気のトウヒを救おうとしている)。スプレーを続ければ、これからもマイナスの面ばかりが、目立つだろう。カナダの林野局は、魚の被害を少なくしようと、一エーカーあたり二分の一ポンドのDDTを四分の一ポンドに減らした。漁業研究委員会からの勧告もあった(合衆国で一般にきめられているエーカーあたり一ポンドというのはきわめて危険で、いまなお少しも改善されていない)。カナダでは数年間スプレーを続けた結果があらわれて、きわめて困難な情況に直面していたのだ。さらにスプレーを続けるならば、サケをとるたのしみはほとんど失われてしまうだろう。

とまれ、ミラミッチ川北西部流域の被害は、思いがけず軽くすんだ。百年に一度という不思議な偶然が重なったのだ。いったいどんなことが起ったのか、またその理由は何かを理解するのは重要である。

一九五四年、ミラミッチ川支流の上流区域に化学薬品がたくさん撒布(スプレー)されたことはすでに書いた。その後、ミラミッチ川北西部支流の上流区域は、スプレー計画から除外されていた(ごく一部の地域だけ一九五六年に撒布されたことがある)。そこへ、一九五四年の秋、熱帯性低気圧ハリケーン〝エドナ〟が北上し、はげしい雨を、ニューイングランドとカナダの海岸沿いに降らせた。サケにとっては、めぐみの雨だった。大水が出て、淡水がどっと遠く海の沖合まで押し出され、いままでになくおびただしいサケが川を上ってきて、川床の小石に卵を無数に産みつけた。そしてその翌年の春孵ったサケの子は、ミラミッチ川北西部支流ですばらしい年を迎えたのだ。そのまえの年、DDTのために川の水棲昆虫は死んでしまったが、ユスリカやブユなどの小さな昆虫は、春になるとまたいっぱい姿を見せて、サケの子の餌食になった。そしてまたその年は、ほかに餌を奪いあう競争相手もほとんどいなかった。無残なことに、年上のサケの子が、一九五四年に化学薬品スプレーで死滅していたためだった。こうして一九五五年生れのサケの子は、めきめきと大きくなり、またいままでになくたくさん生き残った。いつもより も早く成長したサケの子は、いつもよりも早く遠く海へと出ていき、一九五九年には生れた川へ帰ってきたが、そのとき産みつけた卵もいっぱいだった。

ミラミッチ川北西部上流の被害が比較的小さくすんだのは、たった一年しかスプレーが行われなかったためである。何回も化学薬品を撒布したほかの源流区域では、サケの個体数が目立って減少した。

そこでは、どの年次のサケの子も、ほとんど姿を消してしまっている。生れたてのサケは、《事実上全滅した》と生物学者が報告している。ミラミッチ川南西の主な支流では、一九五六年と一九五七年にスプレーが行われたため、一九五九年の捕獲量はここ十年間で最低だった。川に帰ってくるサケのうちでいちばん年のいかない組——若サケがとくに少ないと漁師は言っている。また、ミラミッチ川の河口に、サケの動態を調査するための捕獲の網があるが、一九五九年、若サケの数は、前年にくらべてわずか四分の一。一九五九年、ミラミッチ川全流域の、海へ下っていくサケの二歳魚の数は、六十万匹にもみたなかった。過去三年間の平均の三分の一になるかならないかである。

このような状況を考えると、ニューブランズウィック州のサケ漁業の将来は、ＤＤＴの大量撒布にかわる新しい方法を見つけられるかどうかにかかっているといえよう。

東カナダと似た状態は他にも多く見られるが、ただ森林撒布の広さ、そしてまた集められた観察データの量の多さの点でみるべきものとなっている。メイン地方にもトウヒとバルサム樹の森があり、森林害虫駆除の問題になやまされた。ここにもサケのいる川があり、むかしは群れをなしてサケが泳いでいたが、いまは、川は工場からの廃棄物でよごれ、丸太がところ狭しと浮んでいる。それでもなおいまでもサケがのぼってくるのは生物学者、自然保護官の人知れぬ骨折りに負うところが多い。かれらのおかげで、サケの棲息できる環境条件が何とか維持されている。トウヒノムシの被害をくいとめようと薬品を撒布（スプレー）したが、汚染区域は比較的狭くてすみ、サケの産卵に大切な河川は、いまのところ汚染していない。しかし、メイン淡水魚漁業釣り局の観察区域では、やがてきたるべき事態を不吉に暗示する現象があらわれている。

このような報告がある――《一九五八年のスプレーにすぐひきつづいて、ビッグ・ゴツダード川にはたくさんのサッカーが死にかけているのが見られた。これらの魚は、明らかにDDTの毒性に冒された状態を示し、突飛な泳ぎ方を見せるかと思うと、水面にあがってきては喘ぎ、ふるえと痙攣を見せた。スプレー後五日間に、六百六十八匹の魚が、二枚のさし網にかかったが、みんな死んでいた。リトル・ゴッダード、キャリー、オールダー、ブレーク川でもヒメハヤやサッカーが大量に死んだ。また、元気なく半死半生のまま川を流されていく魚の姿もよく見られた。スプレー後一週間以上たっても、目の見えなくなった死にかけのマスが、ただ川を流されていくのが観察されたのも、まれではない》。

（DDTが一種の盲目状態を魚にひき起す事実は、すでに明らかになっている。カナダのある生物学者が、一九五七年ヴァンクーヴァー島の北部で殺虫剤スプレーを観察しているが、cut-throat troutと呼ばれるニジマスの幼魚がのろのろと泳いで逃げようともせず、手で簡単につかまえられた、という。よく調べると、眼球に白い不透明の膜がかかっていて、視力が減退したか、または喪失したと考えられた。またカナダ漁業研究委員会の実験報告によると、DDTの稀薄溶液三ppmにふれた魚（ギンマス）はほとんどすべて、死ななくても、盲目状態におちいり、眼球の水晶体が曇っていた、という）。

ひろい森林地帯ではどこでも、最近の化学的昆虫防除のため、魚の生命がおびやかされている。樹海の下では、川が流れ、魚がすんでいるのだ。アメリカ合衆国でもっともよく知られているのは、イエローストーン国立公園とその近くで起った被害だった。化学薬品を撒布したため、一九五五年の秋、イエローストーン川でおびただしい魚が死に、釣人やモンタナ漁業狩猟調査局はあわてた。この川の流域約九十マイル（訳注　一マイル＝一・六キロメートル）が汚染されたのだ。三百ヤード（訳注　一ヤード＝九一・四センチ）のあいだで、六百匹の魚が死んでいた。ブラウントラウト、シロマス、サッカーなど。マスが食べる水棲昆虫は、すっかり姿を消していた。

説明を求められた林野局は答えた――一エーカーあたりＤＤＴ一ポンドは《安全》という指示どおり殺虫剤を撒布しただけだ、と。だが、スプレーの結果を見れば、この《安全》が、およそ安全とほど遠いことは、だれの目にも明らかなはずである。とにかく、一九五六年になって、モンタナ漁業狩猟調査局ならびに中央政府直轄の魚類野生生物局と林野局が、合同調査をはじめることになった。モンタナ州では、一九五六年には九十万エーカーに撒布が行われ、一九五七年にはひきつづき八十万エーカーがスプレーの対象となった。生物学者は、研究材料にこと欠くことはなかった。

魚の死ぬ順序は、いつもきまっていた。森林いっぱいにＤＤＴの匂いがたちこめる。川の水面に油の膜ができ、両岸にそってマスの死体が浮び上がる。解剖してみると、死んだ魚からも、まだ何とか生きている魚からも、その組織中にＤＤＴが検出できる。東部カナダの例を見ればわかるように、魚の餌である水棲昆虫が極端に減少することが大打撃となる。調査区域では、水棲昆虫やそのほかの川底動物相が平均個体数の十分の一に減少していることが多い。こうした昆虫は、マスの生命に欠くことのできない食糧で、一度いためつけられると、昆虫の個体数はなかなかもとどおりにならない。スプレーが行われてから二度目の夏も終りに近づいたが、また姿をあらわした水棲昆虫は、数えるばかり。川底動物相の豊かだったある川でも、昆虫はほとんど姿を消し、むかしの二〇パーセントぐらいしか釣魚がいない。

魚は、すぐ死ぬとはかぎらない。むしろ、しばらくしてから死ぬことが多いようである。モンタナ州の生物学者によれば、漁期が終ってから死んだ魚がむしろ多かったので、実態は正確につかめていないという。調査流域でとくにたくさん死んでいたのは、秋に産卵するブラウントラウト、シロマスなどだった。魚でも人間でも、生理上の負担がかかるときには、それまでに蓄積された脂肪分が組織のエネルギーの源泉になる。こうしたことを考えれば、産卵期の魚がとくにやられたのは不思議ではない。組織中に蓄積されていた致死量のＤＤＴがそのとき猛威をふるったのだ。

一エーカーあたり一ポンド量のＤＤＴスプレーが、森林のなかを流れる川の魚の生命をおびやかしたことは、もはや疑うべくもない。おまけに、トウヒノムシ防除という本来の目的は十分達せられず、またもひろい範囲にわたってくりかえしＤＤＴスプレーが行われることになった。はたして十分効果をあげたかどうかも疑わしいのに、また化学薬品を撒布することがあろうか——釣魚の生命に累を及ぼすのは許されないとモンタナ漁業狩猟調査局は一度は強く反対したが、《副作用を最低限にとどめる方法を見いだすべく》とにかく林野局に今後も協力する、という。

だが、協力といっても、はたして実際に魚を救うことができるのだろうか。ブリティッシュ・コロンビア州の例を見よう——ここにきわめて雄弁な答えがある。突然、黒い頭をしたトウヒノムシが大発生し、四、五年にわたって猛威をふるった。害虫のために次のシーズンに木が丸坊主になると森林の深刻な喪失を心配した営林署では、一九五七年に防除対策を実施することにした。サケを心配した狩猟局とのあいだに何回も打ち合せが行われ、ついに森林生物課は、魚の危険を減らすために、殺虫剤使用を効力のぎりぎりの線までおとすように計画をかえた。だが、あらかじめこうした注意をはらい、誠意をもっていろいろ骨を折ったと思われる**にもかかわらず、少なくとも主な四つの河川のサケは文字どおり全滅した**。

そのうちの一つの川では、川をのぼってきたギンマスの稚魚四万匹が、ほとんど死滅した。大型のニジマスの一種 steelhead trout やそのほかのマス類の幼魚も、同じ運命をたどった。ギンマスには、三年のライフ・サイクルがあり、一集団はほとんど同年次の魚で構成されている。ほかのサケと同じようにギンマスにも強い帰巣本能があって、生れた川へと帰ってくるが、ほかの川で生れたのが、間違って入ってくることなどない。

したがってこの川からは三年ごとにサケの姿が消えてしまう。もっともその後、そういう年には、人工生殖などで、サケを養殖した。サケは、大事な商品だった。

解決の道はないのだろうか。森林を守るとともに、魚を保護する方法はある。川という川が死の川となるのを手をこまねいて眺めているのは、絶望と敗北主義に身をゆだねることにほかならない。これにかわるものとして、今日すでに人類の知っている方法をもっとひろく活用し、さらに工夫をこらし、もっとほかの方法も発展させなければならない。化学薬品を撒布するよりも、自然の寄生虫を利用したほうがトウヒノムシ防除に効果があることが、記録にも残っている。こうした自然そのものにそなわっている防除力こそ、十分に活用されなければならない。毒性の少ない薬品を撒布することも考えられるし、それよりも微生物を利用して、トウヒノムシのあいだに一種の病気を起すことも可能なのだ。そうすれば、森林そのものはいたむことがない。こうしたほかの方法とはどんなものであり、またどんなに期待がもてるかは、あとで説明しよう。とまれ、化学薬品スプレーが森林害虫防除の唯一の方法でもなければ、また最上の方法でもないことを、はっきり認識しなければならない。

魚の生命をおびやかす殺虫剤の問題は、三つに分けられる。第一は、いま書いたように、北部森林の河川に棲息する魚類のうける被害で、森林スプレーという問題だけである。それも、DDTの害にかぎられるといっていい。第二の害は、これにくらべればはるかに範囲もひろく複雑である。つまり、多くの地方を流れている水（川）や静止している水（池）にすんでいる種々様々な魚――バス、サンフィッシュ科のレポミス属の魚とかクラッピー（サンフィッシュ科）とかサッカーなどが被害をうける。そしてまた、それにはいま農薬として使われている殺虫剤のほとんどすべてが原因となっている（もっとも、エンドリン、トクサフェン、ディルドリン、ヘプタクロールのようなものは、害をあたえることがすぐにわかるが、そのほか複雑な化学薬品が無数にあると思われる）。そして最後に、これから必然的にどういう事態が予測されるのかという問題。事実を明らかにする研究は、現在まだいと口についたばかりなのである。塩性湿地、江湾、河口の魚などが問題となるだろう。

　新しく有機殺虫剤が発見され、ひろく撒布（スプレー）されるようになると、魚が大きな被害をうけるのは避けられない。今日使われる殺虫剤は、塩素系のものが多いが、それに対して魚はとても敏感なのである。そして、何百万トンという毒薬が地表にまかれれば、陸地と海とのあいだを休みなく動いている水は、汚染せざるをえない。

　魚の虐殺（ぎゃくさつ）という悲惨な規模の出来事が各地から報告されてくるので、アメリカ合衆国公衆衛生局は、新しい課を設け、州別に河川汚染の統計をつくることにした。

　これは、非常に多くの人たちにかかわる問題である。合衆国で釣りというスポーツをたのしんでいる人は二千五百万もあり、またそのほか千五百万の人は、少なくともときどきは釣りをたのしむ。釣券、釣道具、釣船、キャンプ用品、ガソリン、宿泊などに毎年三十億ドルもの金が使われている。こうした人々のたのしみがなくなるだけではなく、化学薬品スプレーは、また産業に打撃をあたえる。釣りを職業としている漁師がいる。そして、さらに憂慮すべきはほかならぬ私たちの大切な食糧源が失われるかもしれないのだ。河川、湖沼(こしょう)、沿岸漁獲量は(海洋漁獲はのぞく)年間三十億ポンドと推定されているが、いまや殺虫剤による河川、池、江湾の汚染で、釣りというスポーツ、また漁業という産業は危機に瀕(ひん)しているといえよう。

農薬スプレー、汚染による魚の被害の例は、いたるところで見られる。たとえば、カリフォルニア州では、イネの葉の害虫を駆除しようとディルドリンを撒布(さんぷ)したため、ブルーギルやサンフィッシュ科の釣魚など六万匹あまりが死滅した。ルイジアナ州では、サトウキビ畑でエンドリンを使用したら、わずか一年のうちに、魚の大量死滅という事態が三十件以上もたてつづけに起った(一九六〇年)。ペンシルヴェニア州では、ハツカネズミを果樹園から駆逐するのにエンドリンを使い、魚をたくさん殺してしまった。また西部高地の川でもおびただしい魚が死んだが、それは、バッタの被害をくいとめようと、クロールデンを使用したためだった。

アメリカ合衆国南部ではヒアリというアリを絶滅するために農薬が撒布されたが、これほど大規模なスプレーはほかに例を見ない。何百万エーカーというひろい土地に主にヘプタクロールがまきちらされた。ヘプタクロールは、ＤＤＴに劣らず魚に害を及ぼす劇薬である。また、ヒアリにきくものにはディルドリンがあるが、これもまた水棲生物にきわめて有害なことは、過去の実例で十分知られている。さらに、エンドリン、トクサフェンも、魚にもっとひどい害をあたえる。

ヒアリを防除するためヘプタクロールやディルドリンを使用した地域では、かならず水棲生物が悲惨な目にあっている。こうした被害を調査した生物学者の報告を引用してみよう。テキサスから――《運河を守ろうと努力したにもかかわらず、水棲生物はきわめて大きな損失をこうむった》《化学薬品が撒布された川という川では、死んだ魚の姿が見られた……》《魚の被害は大きく、三週間後もなお死ぬ魚がいた》。アラバマからの報告――《ウイルコックス地方では、スプレー数日後に、成長した魚がほとんど死んでしまった》《雨が降ってできた池や小さな支流にいた魚は、完全に死滅したように思われる》。

ルイジアナ州では、農夫が池で飼っていた魚が死んだ。ある運河では、川をさかのぼって四分の一マイルも行かないうちに、五百匹をこえるおびただしい魚が浮び上がったり、浅瀬にうちあげられたりしていた。またほかのある地方では、おびただしいサンフイッシュ科の魚が死に、生き残った四匹に対して百五十四匹が死んだ。そのほか五種類の魚が、完全に死滅したと思われた。

化学薬品スプレーが行われた、フロリダ州の池の魚を調べると、ヘプタクロールとか、ヘプタクロールからの誘導体ヘプタクロール・エポキシドの残留物が組織のなかに認められた。サンフィッシュ科の魚、バスなどの人気のある釣魚がこのとき犠牲となったが、みんなふつう夕食の食卓をにぎわす魚なのだ。その組織から検出された化学物質は、少量でも人体に危険であると食品薬品管理局が禁止しているものである。

魚、カエル、そのほかの水棲生物の被害の報告がつぎからつぎへと集まってきた。魚類・爬虫類・両棲類研究で権威のあるアメリカ魚類学・爬虫類学学会は一九五八年決議をし、農務省、ならびに関係州省庁に対し、《とりかえしのつかぬ事態が起るまえに、ヘプタクロール、ディルドリンなどの毒薬の空中スプレー》を中止するよう申し入れている。同学会は、合衆国南東部に棲息するいろいろな種類の魚、またこの地方以外には世界中どこにもいないような種類の生物も含めて、生物の生命がおびやかされている事実を訴え、《これらの生物の多くは、ごく限られた地域に棲息するにすぎないため、やがては、地上から完全に姿を消してしまうことも考えられよう》と警告している。

合衆国南部の州でも、殺虫剤のためにおびただしい魚が死んだ。綿花の害虫駆除が行われたためだった。北部アラバマの綿栽培地帯では、一九五〇年の夏は、とくに深刻であった。その前年、ワタミハナゾウムシを防除するために、有機殺虫剤がごくわずか使用されたが、一九五〇年は暖冬だったため、たくさんのワタミハナゾウムシが発生し、州の勧告にもとづいて、八〇ないし九五パーセントにのぼる農業経営者が、殺虫剤を使用したと思われる。いちばん人気があったのはトクサフェンだが、これこそ魚にもっともひどい害をあたえる。

その夏は雨がよく降り、また豪雨が多かった。雨に洗われた化学薬品は、川へと流れこんだが、それを見た農民は、効果が失われたとばかりさらに多量の薬品を撒布(スプレー)した。綿畑平均一エーカーあたり、六十三ポンドのトクサフェンが使われたのだ。なかには、一エーカーあたり二百ポンドも使用した農家もあった。また、ある人は防除に熱心のあまり一エーカーに四分の一トン以上も撒布した。

どういうことになるか、だれでも簡単に予測できたはずだ。アラバマ州の綿畑のあいだをフリント・クリーク川が流れているが、ウィーラー貯水池に注ぎこむ手前五十マイルのあいだでは、殺虫剤スプレーにともなう典型的な被害があらわれた。八月一日、豪雨がフリント・クリーク上流をおそった。溝(みぞ)という溝、小川という小川には水が溢(あふ)れ、溢れ出た水はやがて畑を洗い流して川へ押し出していった。フリント・クリークの水位は、六インチも上がった。一夜明けてみてはっきりしたが、川に流れこんだのは雨だけではなかった。魚が、水面近くにあがってきて、狂ったようにぐるぐる輪を描いていた。なかには、水から岸辺にとび出す魚もいた。また、魚は、手でらくらくつかまえられるのだった。ある農夫が何匹かつかまえて、湧水(ゆうすい)のきれいな池に放してやると、魚はまた元気になった。だが、川では、死んだ魚が、明けても暮れても流れを下っていった。でも、これはまだほんの序曲だったのだ。雨が降るたびに、さらに多量の殺虫剤が川に流れこみ、さらに多くの魚を殺した。とくに八月十日の雨はひどく、川中の魚の生命をほとんど奪った。そのため、八月十五日にも雨が降ったが、毒の犠牲になる魚は、数えるほどしか残っていなかった。それでもなお川の水に毒があることは、籠(かご)に金魚を入れ水中につけてみると、よくわかった。一日のうちに、金魚はみんな死んでしまった。フリント・クリークで悲惨な死をとげた魚には、サンフィッシュ科のホワイトクラッピーという釣り仲間のあいだで珍重されている魚もまじっていた。フリント・クリークがそそぎこむウィーラー貯水池でも、おびただしいサンフィッシュ科の魚やスズキ科の魚が死んでいた。それほど上等でない魚――コイ、バッファローというコイに似た魚、ニベ科のボゴニアス、コノシロ亜科のギザードシャード、ナマズ目の各種の魚も死んだ。病気にかかった跡は少しも見えず、変ったことといえば、死ぬ直前はげしくあばれまわり、またえらが奇妙な暗赤色をしていたことだけだった。

川とつながっていない、水のあたたかい魚の養殖池でも、近くで殺虫剤が撒布(スプレー)されると、魚の生命がおびやかされる。近くの畑からの雨水が毒を運んでくるのだ。またこんなこともある。殺虫剤を撒布する飛行機のパイロットが噴霧口をしめ忘れたまま池の上を飛び、毒がじかに池に降りそそぐ。だが、こんな珍事がなくとも、ふつう畑で使う程度の殺虫剤でも、魚の生命を奪ってあまりある。言葉を変えれば、スプレー量を大幅に減らしてみても、魚の致死状況を変えることはほとんど不可能に近い。なぜならば、一エーカーにつき十分の一ポンドをこえる量を池に入れれば、ふつうそれで十分危険なのだ。そして一度混入した毒を抜くのは、きわめてむずかしい。合衆国でシャイナーと呼ばれる淡水産の銀色の小魚を殺そうとＤＤＴをある池にまき、その後、何度も水をかえては洗ってみたが、毒はいつまでも残り、あとからその池に放したサンフィッシュ科の魚の九四パーセントが死んだことがある。おそらく化学薬品が池の底の泥(どろ)に残っていたと思われる。

新しい殺虫剤が使われだしたときとくらべて、いまは事態が改善されているとは思えない。オクラホマ野生動物保護局が一九六一年明らかにしたところによれば、貯水池や小さな湖の魚が被害をうけたとの届けが一週間に少なくとも一度はあり、それもふえる傾向にあるという。オクラホマ州では、このようなことが、何年もまえからくりかえされているのだ——作物に殺虫剤をまく、豪雨がおそう、毒が池のなかに流れこむ……。

池で養殖した魚を主に食べている民族がある。そのような国で、魚にかまわず殺虫剤を使用するならば、たちまち大問題になるにちがいない。その実例がローデシア（訳注 現ジンバブエ）である。kafue bream というタイに似た重要な食用魚を飼っている浅い池から蚊が発生するが、ＤＤＴ〇・〇四ｐｐｍを撒布すればたちまちその幼魚は死ぬであろう

（もっと少量でも致死量に達する殺虫剤はDDT以外にまだたくさんある）。蚊を駆除すると同時に、中央アフリカ人の大切な食糧である魚を保護する、この問題はまだ完全に解決されていない。

フィリッピン、中国、ヴェトナム、タイ、インドネシア、インドでも同じようなことがある。こうした国の海岸沿いには、浅い池が散在していて、サバヒーが養殖されている。サバヒーの幼魚がどこで生れるのかは明らかでなく、突然どこからともなく幼魚の群れが沿岸海域にあらわれる。網にかかった群れはすぐに池に放され養殖される。東南アジア人、またインド人などの米食民族にとってサバヒーは動物性蛋白質の大切な補給源なので、太平洋科学会議は国際的に学者の協力を求めて、神秘につつまれたこの魚の発生地を探り、大規模な養殖をはじめようとしていた。だが、化学薬品スプレーのため、いまある池がすでに大きな被害をうけ、フィリッピンでは、蚊防除のため養魚場経営者がひどい損害をうけた。一つの池に約十二万匹のサバヒーが飼われていたが、たった一度飛行機が上空を飛んで撒布しただけで、半数以上が死んだ。あわてて、すぐに池の水を入れかえて毒をうすめようとしたが、手おくれだった。

最近でもっとも劇的な魚の被害は、一九六一年テキサス州のオースチン南部のコロラド川で起った。一月十五日の日曜日の太陽が地平線を離れてしばらくして、死んだ魚の群れがオースチン市の新しい公園の湖に浮び上がり、また湖から下流五マイルにわたっても、死んだ魚が見られた。一日まえには、少しも変ったことがなかったのに……。十六日の月曜日になると、下流五十マイルのところからも、魚が死んでいるとの報告がたくさん届いた。こうしてはじめて、何か毒物が川に入り流れていったことがわかったのだ。二十一日になると、湖から百マイルも下ったラ・グレインジのあたりでも魚が死に、一週間後には、オースチン市から二百マイルの下流にも毒の波が届いた。一月も終りに近づく一週間ほどまえから、陸内運河（インターコースタル・ウォーターウエイ）の水門をとざし、毒性のある水をメキシコ湾に流し、マタゴーダ湾には入らないようにした。

　すぐに毒物調査にのりだしたオースチン市の調査団は、クロールデンとトクサフェンに似た臭気がただよっているのに気がついた。とくにある下水溝（げすいこう）から流れでる排水がひどかった。この下水溝は、化学薬品を製造する工場とつながっていて、まえにも問題を起したことがあった。テキサス州の狩猟漁業調査委員会が湖からその毒性の跡を追っていくと、今度もまたその工場が浮び上がってきて、ＢＨＣに似た臭気を出すものが、工場のすべての排水管のなかから見つかった。この工場が主に製造しているのは、ＤＤＴ、ＢＨＣ、クロールデン、トクサフェンなどで、ほかの殺虫剤も少量つくっていた。工場長の説明によると、たしかに最近粉末殺虫剤を少量下水溝に洗い流したというが、さらに重大な事実は、殺虫剤のあまりやかすを下水に洗い流したことが、それまで十年間ざらにあったという。

そこで調査団がさらに原因を調べていくと、今度はほかの工場からも、雨やふつうの排水といっしょに殺虫剤が下水に流れこむ可能性が出てきた。しかし、本当の原因はほかにあった。池や川の水が毒を帯びて魚が死ぬ二、三日まえに、下水の掃除が行われ、下水という下水に圧力をかけ、何十万ガロン（訳注 一ガロン＝三・七八リットル）という水を押し流したのだった。そのとき、いままで砂利や砂や瓦礫（がれき）のなかに沈澱していた殺虫剤が水の力で浮き上がり、湖へ、そしてさらに川へと流れていったのである（川にも同じ毒物が入っていたことは、その後の化学試験で明らかになった）。

大量の劇薬がコロラド川を下っていったとき、川は死の川となった。湖から百四十マイル下流にかけて、ほとんどの魚が死滅したと思われる。生き残った魚がいるかと立て網を入れたが、何一つかからなかった。種類にすると二十七種類。一マイルあたり千ポンドの魚が死んだ。コロラド川の有名な釣魚（ちょうぎょ）ブチナマズ、平たい頭の青色のナマズ目の魚キャットフィッシュ、ナマズ目のイクタルルス属の魚ブルヘッド、サンフィッシュ科の魚が四種、銀色に光る淡水産の小魚シャイナー、デイスというアブラハヤに似た魚、ストーンロラーというコイ科の魚、口の大きなバス、コイ、マレット、サッカーなど。ウナギ、ガーという硬鱗魚（こうりんぎょ）類の淡水魚、カープサッカー、コノシロ亜科のギザードシャード、バッファローというコイに似た魚など。川の主ともいうべき魚も死んだ。二十五ポンド以上もある頭の平たいナマズがたくさん死んだが、六十ポンドもあるナマズが何匹かいた。みんな川岸に住んでいる人たちが拾ったものだ。また八十四ポンドのヘラナマズがいたと、公式の記録にも残っている。

べつにこれ以上川をよごさなくても、川魚の個体群の様相はいまや一変して何年たってももとの状態にはもどらないだろう――と狩猟漁業調査委員会は予測している。やっと個体群を保っていたような魚は、二度と姿をあらわさず、ほかの魚でも州が大量に放魚しなければ、もとどおりにはならないだろう。

コロラド川の悲劇はよく知られているが、その続編ともいうべきものがあとにかならず続く。二百マイル以上下流へ行っても、魚を殺す毒は消えない。マタゴーダ湾では、カキや小エビの養殖をしているので、あわてて毒の水をメキシコ湾へ流すようにした。だが、海は？　いろんな川が同じような毒を運んでくるとすれば、どういうことになるのだろうか。

いまはただ推測できるにすぎないが、河口や、塩性湿地や、入江など、陸に近い海が殺虫剤でどのくらい汚染するか、ということは、ますます大きな問題となってきている。川から汚染した水が流れこむばかりではない。蚊やそのほかの昆虫（こんちゅう）を防除しようとして、じかに殺虫剤撒布（スプレー）をすることが多い。

塩性湿地、河口、静かな入江に殺虫剤がどういう影響をあたえるか、そのもっともよい例はフロリダ州の東海岸、インディアン川河口地帯だ。一九五五年の春、セント・ルーシー地方の塩性湿地二千エーカーあまりにディルドリンを撒布して、吸血性の小さなハエ、サンドフライの幼虫を駆除しようとした。濃度は、一エーカーあたりの有効成分一ポンド。水棲生物のこうむった被害は、見るも無残だった。州保健局昆虫研究所の所員たちは、殺戮の跡を調査し、《魚は実質的に完全に全滅した》と報告している。どこへ行っても、海辺には魚の死骸がころがっていた。飛行機で上空を飛んでみると、死にかけている魚にサメがむらがり寄ってくるのが、見えた。死をまぬかれた魚は、一種類もなかった。マレット、アカメ、クロサギ、カダヤシという魚などみな死んだ。

《インディアン川の周辺をのぞいて全塩性湿地でいっせいに直接殺された魚は、最小限に見つもっても二十トンから三十トンになる。数にして百十七万五千四、少なくとも三十種の魚が含まれている〔調査団のR・W・ハリングトン陪審員、W・L・ビドリングメイヤー氏の報告〕。

軟体動物はディルドリンに平気らしい。エビ、カニなど甲殻類は事実上この地帯から全滅した。水棲ガニは絶滅したものと思われ、シオマネキも全滅したも同様。ディルドリンの弾丸がとどかなかった片すみに、まれに姿を見せるだけだった。

大きな釣魚や食用魚はいちばん早くまいってしまい……

カニは死にかけの魚におそいかかっては食べたが、翌日には死骸になっていた。

巻貝はあいかわらず魚の死骸をむさぼり食い、二週間後にはあとかたもなくきれいに残骸を片づけてしまった》。

フロリダ州の反対側の海岸のタンパ湾でも、同じだった。その悲劇的な光景は、故ハーバート・R・ミルズ博士が書きとめている。ここはまた海鳥類の保護区域で、国立オードゥボン協会がウィスキー・スタンプ小島までの地帯を管理している。だが、何という皮肉か。あしもとの、この地方の保健局が塩性湿地の蚊を絶滅しようとしたために、鳥類保護区域はあってないようなものになってしまった。主に犠牲になったのは、また魚と、カニ類だった。シオマネキ——牧場で草を食う牛のように群れをなして干潟や砂原の上を動いている、絵のように美しい小さな甲殻類シオマネキは、どうすることもできなかった。夏から秋にかけて何回も何回もスプレーが行われるにつれて（十六回も撒布した地域もあった）、シオマネキは、《だんだんと姿を消していった。十万匹あまりも群れをなしていたはずなのに、その日（十月十二日）は浜辺をあちこちさがしても百匹も見つからなかった。そして、このわずかのシオマネキも死んでいたり、病気にかかってからだをふるわせたり、痙攣を起したり、よろめいたりして、正しく爬行できるものはほとんどなかった。スプレーが行われなかったすぐ隣では、シオマネキがうじゃうじゃしていたのに……》（ミルズ博士による）。

生態学上、シオマネキの存在は欠くことができず、ほかのもので代用させるわけにはいかない。いろんな動物がシオマネキを食糧としているのだ。海岸近くにすむ、アライグマ、またオニクイナという塩性湿地にすむ鳥など、そのほかシギ・チドリ類、またときたま訪れてくる海鳥など、みなシオマネキを食べる。ニュージャージー州のある塩性湿地ではＤＤＴを撒布したが、ワライカモメの個体数がわずか数週間のうちに八五パーセントも減った。シオマネキという餌（えさ）が欠乏したためらしい。シオマネキは腐肉を食ってあたりをきれいにしたり、そこら中を掘りかえして、塩性湿地の泥を空気にさらして悪臭を消す役目も果している。また漁師が魚をとるときの餌は、シオマネキである。

塩性湿地や潮のさす河口には、ほかにも大切な動物がいろいろいるが、みな殺虫剤の影におびえている。シオマネキなどと違って人間に役立つことがすぐにわかるもの——たとえば、合衆国では有名なブルークラッブという大きなワタリガニ科のカニなど（チエサピーク湾や大西洋岸に分布している）。潮のさす塩性湿地の排水溝や掘割や池にいるから、殺虫剤をまくたびに、おびただしい被害がでる。殺虫剤にはとくに敏感だ。そこらのカニが死ぬだけでなく、海からきて、薬品を撒布（スプレー）した地域に足をふみ入れたものも、毒にあたる。毒はいつまでも消えないのである。じかに毒に倒れるばかりでなく、死は死を呼ぶ。たとえば、インディアン川の塩性湿地。腐肉を食うカニが死んだ魚をあさり、やがてカニが毒にあたって死んだ。ロブスターはどういう目にあうのか、あまりにちがいない。だが、ブルークラップと同じ節足動物のグループに属し、からだの構造が似ていることを考えれば、同じような被害をこうむるにちがいない。ストーンクラップと呼ばれる甲殻類など、ただちに人間の食糧となるものも、同じ運命をたどるにちがいない。

入江とか、瀬戸とか、河口とか、塩性湿地とか、陸に近いところは、生態学上きわめて重要な一つの単位となっている。さまざまな魚、軟体動物、甲殻類の生命とわかちがたくつながっているから、この一帯が生物にとって棲息不可能になれば、私たちの食卓から、こうした海のご馳走は姿を消してしまうだろう。

近海にひろくすむ魚でも、子供を育てたり餌をあさるのに陸近くを選ぶ。ターポンという銀色のうろこのある大魚の幼魚は、両岸にマングローブのしげる川や掘割の迷路で育っていく。フロリダ州の西海岸の南三分の一は、川や掘割が入り乱れている。大西洋岸では、ウミマスとか、ニベ科の魚クローカー、イシモチに似た食用魚スポット、ボゴニアスなどが、砂州に卵を産みつける。ニューヨーク州の南海岸の沖合には、島が《堤》のようにならんでいて荒波を防ぎ、静かな入江となり、ところどころに砂州がある。卵から孵った稚魚は潮にのって入江から出て行く。カリタック、パムリコ、ボーグなどの湾や海峡は餌が豊富で、幼魚はすばらしい勢いで成長していく。水もあたたかく、外海の荒波もとどかぬ、食物の豊かな入江がなければ、魚は育たないだろう。それなのに、川からは殺虫剤の毒が流れこむ。塩性湿地には空からじかに殺虫剤をふりまいてみんな平気でいる。成魚にくらべて幼魚ほど化学薬品の毒の影響を受けやすい。

食用小エビの子供も、陸近くで餌をあさる。南大西洋やメキシコ湾に面した合衆国各州の漁業は、この小エビが中心となっている（小エビの分布地域はひろい）。産卵は、海で行われるが、孵化して二、三週間すると河口や入江に入ってきて、つぎからつぎへと脱皮して形を変えていく。水底に沈澱している餌をあさりながら、五、六月ごろから秋まで陸近くにとどまる。小エビがうまく繁殖して産業が栄えるかどうかは、河口や入江の条件できまる。

殺虫剤は小エビ産業、市場への供給をおびやかす。商業漁業局が最近行なった実験の結果を見ればよい。幼生期を終えたばかりの小エビに対する殺虫剤許容量は、きわめて低い。ふつう百万分のいくつという割合で測定するが、この場合は十億分のいくつ。たとえば、わずか十億分の十五という濃度のディルドリンで、小エビの半数が死んだ。もっと毒性の強い薬品はほかにある。殺虫剤のなかでも有毒なエンドリンは、**わずか二十億分の一の濃度**で半数近くの小エビを殺した。

だが、カキやハマグリやマテガイなどへの脅威はとくに多様で、ここでもまだ成長していないものの被害がひどい。カキやハマグリやマテガイなどは、ニューイングランドからテキサス州にわたる入江や海峡や潮のさす川の底とか、太平洋沿岸の入りこんだ安全なところにすんでいる。成体は定着してしまうが、産卵は海で行い、幼生はあちこちと勝手に動きまわる。こんなことが数週間も続く。夏の日、ボートのうしろに目の細かい引き網をたらしておくと、プランクトン動物や浮遊植物にまじって、ガラスのようにこわれやすい小さなものがかかる。カキやハマグリやマテガイなどの幼生なのだ。ほこりの粒子よりも小さい。すきとおった幼生は水の表面を浮遊しては、微小な植物性プランクトンを食べる。もしも、このような海の小さな植物がなければ、カキやハマグリやマテガイなどの幼生は餓死してしまう。ところが、殺虫剤のためにプランクトンが事実上全滅することがある。芝生とか、畑とか、道ばたにかける除草剤には植物性プランクトンをいためる毒薬がある（植物性プランクトンは軟体動物の幼生の餌なのである）。塩性湿地にもこの危険な除草剤をまいたりするが、十億分のいくつで致死量となる薬品もある。

ふつうの殺虫剤でもいい。幼生は敏感で、ごくわずかの分量で死んでしまう。致死量以下の分量でも、結局幼生が死ぬことがある。成長率がにぶるためだ。幼生は有毒なプランクトンの世界にそれだけ長くとどまることになり、一人前になれる率がそれだけ減るわけなのだ。

軟体動物の成体は、直接毒にあたって死ぬ心配が少ない。少なくともある種の殺虫剤については、そう言っていい。だが、安心はできない。毒は、カキやハマグリやマテガイなどの消化器官や組織に濃縮する。私たちは、カキやハマグリやマテガイなども、ふつう、まるのまま食べる。またなまで食べることも多い。商業漁業局のフィリップ・バトラー博士は言う——コマツグミをおそった不吉な運命はいまやほかならぬ私たち人間にしのびよっている。鳥が死んだ直接の原因は、DDTスプレーではなかった。ミミズの組織のなかに殺虫剤が濃縮していて、それを食べたためだった、と。

殺虫剤をまいたために、川や池で何千何万という魚や甲殻類が死んだ。二度とくりかえすべきではない、すさまじい光景。だが、目には見えないところで、殺虫剤はおそろしい破壊の歩みを進めている。川の流れにのって河口から吐き出され入江に達した殺虫剤は、もっと大きな、はかり知れぬ禍(わざわ)いをもたらすかもしれない。いろいろ問題が生じているが、いまわかっていることと、解決できることは少ない。あきらかなのは、畑や森の水を集めて流れる川が海へと殺虫剤を運んでいるということだ。おそらく大きな川という川は汚染していると言っていい。だが、はたしてどういう化学物質で汚染しているのか、全部でどのくらいの分量になるのか、見きわめることはできない。海についたときにはきわめて稀薄(きはく)な状態になっているので、成分を検出できる確実な方法も現在はない。長い途(みち)を旅してくるうちに化学薬品は変化を起すにちがいないが、はたして毒性が強くなるのか、弱くなるのか、知るすべもない。また、化学薬品がたがいにどういう作用を及ぼしあうのか、——これも未知の領域だ。海にはいろんな無機物があってまざりあったり運ばれたりしているから、そこに有機物が入るとくに緊迫した事態になる。こうしたこと一つ一つが正確にわかっていなければならず、それには、もっと総合的に研究を押し進めなければならない。だが、問題は重大であるのにくらべて、研究費はあわれなほど少ない。

淡水、海洋漁獲は大切な資源だ。たくさんの人たちの生活、健康にかかわるきわめて重要な資源なのだ。私たちみんなの水に、川に湖に海に化学薬品が入ってきて、禍いを及ぼしつつあるのは、もはや疑うまでもない。もっと有毒な薬品を、もっとよくきく薬品を、と求めることをやめて、その開発費用のごく一部でも建設的な研究にふりむければ、危険度の少ないものを使って、みんなの水から毒をしめ出せるかもしれない。だが、ことの真相を知って、みながそのような声をあげる日はいつのことか。

十　空からの一斉（いっせい）爆撃

はじめは規模も小さく、畑や森に空から撒布（スプレー）していたが、やがてだんだんとひろがっていき、その量もふえてきた。イギリスのある生態学者は、地表にふる《驚くべき死の大雨》と最近言ったほどだ。毒薬に対する私たちの態度も、微妙な変化をみせてきた。むかしは、毒薬には頭蓋骨（ずがいこつ）と二本の骨を十字に組合せたしるしをつけ、滅多に使うこともなかった。やむをえず使うときには、目的物以外には絶対ふりかからないように注意に注意を重ねたものだ。ところが、第二次世界大戦後、新しい合成殺虫剤が出まわり、飛行機は生産過剰となり、かつての用心深さは地を掃（はら）い、勝手気儘（きまま）に何の見さかいもなく、空から、もっとおそろしい毒薬をまきちらしている。目指す昆虫（こんちゅう）や植物だけでなく、人間であろうと人間でなかろうと、化学薬品がふってくる範囲にあるものはみな、この毒の魔手にかかる。森も、畑も、村も、町も、都会も差別なくスプレーをあびる。

何百万エーカー（訳注　一エーカー＝四〇四七平方メートル）にもわたる土地に、空から死の化学薬品をまくことに首をかしげる人は多い。とくに疑念をまねくことになったのは、一九五〇年代後半行われた二つの大量スプレー計画だった。合衆国北東部の州に発生するマイマイガと合衆国南部のヒアリを駆逐しようとしたのだ。マイマイガもヒアリも外国から入ってきた昆虫だが、合衆国にすみついてから、もう長い。でも、いままでとくに防除対策をたてなければならないようなことはなかった。それなのに、突然、農務省防除局は、マイマイガ、ヒアリ駆逐という無謀な冒険にのりだした。目的のためには手段を選ばず——防除局を動かしている考えはいつもこれなのである。

それまでは、そのときそのところところで適当に防除をしてきたが、いまでは向うみずな大がかりなスプレーが行われるようになった。そのため、逆にどんなに被害が大きくなったか、マイマイガ防除計画を見ればよくわかる。ヒアリ防除もそのいい例だ。はじめから間違っていて、毒薬の必要量も調べなければ、またほかの生物への影響なども科学的に考えずに、ただ駆除しなければならない、と大げさに騒ぎたてただけだった。結局、マイマイガ防除も、ヒアリ防除も失敗に終った。

マイマイガは、ヨーロッパから合衆国に渡ってきてからもう百年近くになる。一八六九年、フランスの科学者レオポール・トルーヴェロが、カイコと交配させるために、マイマイガをマサチューセッツのメドフォード実験所で使っていた。そのうちの二、三匹が偶然逃げてしまい、やがてニューイングランド一帯にひろがったのである。まず風が媒介する。幼虫は、とても軽く、風にのってかなり高くのぼり、遠くまで飛んでいく。

また、植物を輸送するとき、マイマイガの卵がたくさんついていくこともある。卵のまま越冬するのだ。春になると、カシの木など堅木（ふつう広葉樹）の葉を、二、三週間も食べつづける。いまでは、ニューイングランド一帯に、被害がひろがっている。ニュージャージー州にもマイマイガが発生しているが、それは一九一一年、オランダからトウヒを輸入したとき、ついてきた。ミシガン州の発生経路は、はっきりしていない。一九三八年にニューイングランド・ハリケーンが発生し、ペンシルヴェニアとニューヨーク州にマイマイガを運んだが、アディロンダック山脈に生えている木はマイマイガをうけつけないので、それより西にはひろがらなかった。

いまにアパラチア山脈南部の森林がだいなしになるのではないか、とみんな心配したが、いろんな防除が実を結び、マイマイガはついに合衆国北東のすみに押しこめられてしまった。思えば、マイマイガが合衆国に渡ってきてから百年近い年月がたっている。マイマイガの被害を少しでも減らそうと、寄生虫や捕食昆虫を十三種輸入し、ニューイングランドにうまくすみつかせることができたのは、農務省に負うところが多い。天敵による防除は、隔離手段、局部的スプレーなどとあいまって、すばらしい成果をあげ、農務省は、《害虫分布と損害を押える優秀な対策》だったと言っている（一九五五年）。

農務省は、満足していた。ところが、一年もたたないうちに、省内の植物防疫局は、一年間に数百万エーカーを一斉スプレーする計画をうち出した。マイマイガを《一匹残らず根絶しよう》というのだ（《根絶》とは、ある種類の分布地域からその種類を根こそぎなくしてしまうことである。だが、このつぎからつぎへと行われたスプレーが失敗したあと、場所も変らず、種類も同じなのに、二度も三度も今度こそ《根絶》《根絶》というのは矛盾以外の何ものでもない）。

マイマイガをみな殺しにしようと野心満々の農務省は、化学的総力戦をはじめた。ペンシルヴェニア、ニュージャージー、ミシガン、ニューヨークの州の十万エーカーあまりの土地に化学薬品が撒布（スプレー）されたのが、一九五六年。たちまちスプレーした地方からいろんな苦情が出てきた。大がかりなスプレーが年中行事のようにくりかえし行われるようになると、自然保護団体が、騒ぎだした。一九五七年には、三十万エーカーに撒布する計画が発表され、反対の声がますます高まる。だが、州や中央政府の農務省は、ひとりひとりの不平などきいていられないと、いつものように冷淡にみんなの声を無視した。

ロングアイランドも、一九五七年に、マイマイガ撲滅のスプレーをうけている。ここは、人口密度の高い町や郊外が多く、また塩性湿地の続く海岸地帯もある。ニューヨーク市をのぞけば、ロングアイランドのナッソー郡はニューヨーク州でいちばん人口密度が高い。《ニューヨーク市中までマイマイガが蔓延（まんえん）するおそれ》があるから、スプレーを行わなければならないとは、愚もはなはだしい。マイマイガは、森にすむ昆虫で、都会に棲息（せいそく）することなどない。また、牧草地や、畑や、庭や、沼地にも育たない。それなのに、合衆国農務省、ニューヨーク州農務通産庁は、飛行機をやとい、燃料油に溶解させたDDTを空からあたり一面無差別にあびせかけたのだ（一九五七年）。畑も、酪農場も、養魚場も、塩性湿地も、DDTをかぶり、郊外のひろい範囲がスプレーをこうむった。飛行機がこないうちにと、必死の思いで庭の花におおいをかけていた主婦は、びしょぬれになり、遊んでいる子供たち、駅で電車を待っている通勤者、みんなの上に殺虫剤が降りそそいだ。セタケットでは、競馬用の立派な馬がスプレーをうけた水おけの水を飲んで十時間とたたないうちに死んだ。自動車には、油のしみがつき、花も灌木もだいなしになった。鳥、魚、カニ、益虫も、みな殺しだった。

ロングアイランドの市民が集まり、有名な鳥類学者ロバート・クシュマン・マーフィを先頭に立てて、裁判所に一九五七年のスプレーをとりやめる禁止命令を出すよう要求した。だが、仮差止命令も拒否され、反対している市民の頭上に、予定どおりDDTの雨が降りそそいだ。その後も、本差止にしようと努力を続けたが、すでにスプレーは行われていたため、差止の請願は《実効なし》との法廷の結論が出た。そこで最高裁にもちこまれたが、門前払いをくった。《多くの専門家や、責任ある公務員が、DDTが危険だと警告したことは、この訴訟が社会一般のためにどれほど大切かを示してあまりある》とは、ウィリアム・O・ダグラス氏の言葉である。かれも裁判官だが、訴訟の再審査はしないという判決と大きく意見を異にしている。

殺虫剤は、ますます大量に撒布される、昆虫防除の政府機関は、市民個人のおかすべからざる財産権を無視しようと圧力を加える——この事実は、ロングアイランド市民の訴訟で少なくとも明らかになったのであり、一般の人たちにも次第にわかりはじめた。

マイマイガ防除のスプレーのために、大勢の人が思わぬ迷惑をうけた。たとえば、ミルクや農作物の汚染。ニューヨーク州ウェストチェスター郡北部のウォラー農場（面積二百エーカー）は、そのいい例である。森林に撒布すれば、牧場にも余波が及ぶのをおそれたウォラー夫人は、自分の農場にはまかないように、とくに関係者に頼んでおいた。まず、マイマイガがいるかどうか調べてもらい、いたとしても局所的なスプレーで駆除するよう頼んだ。しかし、農場には撒布しないと約束しておきながら、ウォラー農場は二度も直接撒布をあび、そのうえほかのスプレーの余波を二度もうけた。ウォラー家のきっすいのガンジー種の乳牛からしぼったミルクには、スプレー四十八時間後一四ｐｐｍのＤＤＴが検出された。牛の食べる草にも、もちろんＤＤＴが入っていた。その地方の保健所に届け出たが、そのミルクを市場に出してはならぬとは言われなかった。消費者の安全は十分考えられていないとふつう言われるが、残念ながら、これこそそれを如実に示す例といっていい。食品薬品管理局はミルクに殺虫剤が混入することをきびしく禁じているが、監視がいきとどいていない。それどころか、この制限は各州間で取引される食糧に適用されるだけで、各州内、各郡内の公務員たちは、その地方に特別の法律がないかぎり（おまけにこういう措置を講じている地方はほとんどない）、中央政府できめる殺虫剤許容量にしたがう必要は少しもない。

野菜を市場に専門に出荷している農夫たちも、損害をうけた。黒こげになったり、しみがついた葉食野菜もあって、出荷できなくなってしまった。殺虫剤がかなり残留している野菜もあった。コーネル大学の農事試験所で検査したが、マメからは一四ppmから二〇ppmものDDTが検出された。法的には七ppm以上は禁じられているから、出荷できないとなればかなりの損害だ。それがいやなら法を無視して売るほかはなかったのだ。損害賠償を要求して、補償金をもらった人もいた。

空からDDTスプレーがくりかえされるたびに、法廷には告訴の書類が山をなしていった。その一つ。ニューヨーク州のある地方の養蜂家が訴えている（一九五七年大量スプレーがあるまえにも果樹園にDDTがまかれ、養蜂家はひどい損害をこうむっていた）。《一九五三年までは合衆国農務省や農科大学は、みなありがたいことを教えてくださるものとばかり思っていた》——と腹立たしそうにこの養蜂家は言う。一九五七年の五月、州がひろい範囲にスプレーを行なったため、この男はミツバチのコロニー八百あまりを失ったのだ。被害は大きく広い範囲にわたり、ほかにも十四人の養蜂家が集まって、二十五万ドルの損害賠償を請求している。ある養蜂家は、四百のコロニーが一九五七年のスプレーのとき、偶然、スプレーの的になり、森林にいた働きバチは一匹も残らず死に、スプレーの稀薄だった農地にいたハチは、半分が死んだ（ちょうどそのとき働きバチは蜜と花粉を集めに出ていた）。《五月になって庭を歩いても、ブンブン飛びかうハチのうなりがきこえないのは何ともさびしい》と、その養蜂家は書いている。

このマイマイガ防除のときには、無責任なことがいろいろと行われた。たとえば、スプレーのために飛行機をチャーターするとき、一エーカーいくらというのではなく、撒布液のガロン（訳注 一ガロン＝三・七八リットル）単位で支払ったから、ひかえ目にまくわけはなく、多くの土地は一度ならず数度もスプレーをあび、ほかの州の会社を呼んで撒布させた例も、一度ならずあった。州には会社に責任をとらせるために登録させる法律があるが、他州の会社には適用されない。こんないい加減な状態だから、損害をうけたリンゴ園経営者や養蜂家も、泣きねいりするほかはなかった。

一九五七年のスプレーは惨憺たる結果に終ったが、その翌年から突然、計画が縮小した。いままでのスプレーの成果を《評価》し、他にかわるべき殺虫剤を試験する、という曖昧な説明がなされた。一九五七年には、三百五十万エーカーだったのが、翌年は五十万エーカー、一九五九年、一九六〇年、一九六一年には十万エーカーあまりという減り方だ。だが、一方、ロングアイランドにまたマイマイガが発生しはじめたというニュースが入り、防除局は心安からぬ思いをしたにちがいない。みんなの信頼と善意を失うという高い犠牲をはらってまで、マイマイガを永久にこの地上から消し去ろうとした、この大事業も、結局何一つ果しえなかった。

時がたつうちに、農務省の植物防疫局の人たちは、マイマイガのことなどしばらく忘れてしまった。いままでよりももっと大規模な計画を南部ではじめようと、頭がいっぱいだったのだ。でも、《根絶》という言葉だけは、忘れていないとみえて、農務省が出す書類にはこの言葉が氾濫（はんらん）している。記者会見で、今度はヒアリを根絶してみせると公約したのである。

ヒアリ――刺されると焼けつくように痛いために、英語ではfire ant（火蟻（ひあり））という名前がついている、南アメリカから合衆国に入ってきたアリだ。上陸したのは、アラバマ州のモービル港で、第一次世界大戦直後のことだった。一九二八年までには、モービル市の郊外にひろがり、どんどん侵入しつづけ、いまでは合衆国南部のほとんどの州に分布している。

合衆国に入ってからすでに四十年あまりになるが、ほとんど騒がれるようなこともなかったと思う。ただヒアリは、高さが一フィート（訳注　一フィート＝三〇・五センチ）以上もある土まんじゅうのような巣をつくるので、たくさんいる州では邪魔者あつかいにされていたにすぎない。たとえば、耕作機を使うときなど。これが主な害虫二十種のリストに入っているのは、合衆国ではわずか二州だけで、しかもリストの終りのほうにあげられていた。州政府も、農夫も、このアリが穀物や家畜をおびやかすとは夢にも思っていなかったらしい。

ひろい範囲に死をもたらす力のある化学薬品がいろいろあらわれてくると、政府関係者のヒアリに対する態度が急に変った。そして、一九五七年、合衆国農務省は、史上まれなPRにのりだした。パンフレットを出したり、映画をつくったりしては、集中攻撃を加えて、このアリは南部の農業の略奪者、鳥や家畜や人間の殺害者ということになった。そして、大規模なヒアリ駆除計画が発表された。中央政府とヒアリの被害のある州が合同して、南部の九つの州二千万エーカーに徹底的に薬品を撒布しようというのである。

こうして、ヒアリ駆除計画がはじまったのは、一九五八年のことである。ある商業雑誌は、諸手をあげて歓迎した――《農務省の大規模な害虫駆除計画がふくらめばふくらむほど、合衆国の殺虫剤製造会社は、大当りする様子》。

《大当り》した連中をのぞけば、この防除計画ほどみんなの非難をうけたものはない。計画もずさんで、現場の実施も不手際で、昆虫大量防除としては最悪例以外の何ものでもない。莫大な費用がかかったばかりではない。多くの動物の生命を奪い、また農務省の信用をおとすという高価な犠牲をはらった。防除のために今後資金を集めようと思っても、理解する人などいないだろう。

ヒアリは合衆国南部の農業に深刻な脅威をあたえる、作物をいため、地表に巣をつくる鳥の雛をおそうから自然をも破壊する、人間でも刺されれば、害になる——こんな言葉をならべたてて、議会の承認を得たが、誤りであることがあとでわかった。

ヒアリが害虫だというのは、どこまで本当なのだろうか。農務省は実地調査を行なって、政府から予算を獲得しようと書類を作成したが、農務省の権威ある刊行物に出ていることと矛盾している。『作物、ならびに家畜をおそう昆虫防除のための……殺虫剤のすすめ』という公報（一九五七年）には、ヒアリの名前すらのっていない。農務省が本気で宣伝しているとすれば、これほどの怠慢はない。おまけに、農務省が出している百科年鑑（一九五二年版・昆虫）には五十万語も言葉があるのに、このアリのことはたった一節書いてあるにすぎない。

証拠もないのに、ヒアリが作物や家畜の害になると農務省が主張するのと違って、アラバマ州の農事試験所は、ヒアリにいちばん苦労してきただけに、緻密な研究を行なっている。アラバマ州の専門家によれば、《植物に及ぼす害は概してまれである》という。また、アラバマ総合技術研究所の昆虫学者であり、アメリカ昆虫学会の一九六一年度会長E・S・アラント博士は言う——《わたくしのところでは、過去五年間、植物がヒアリの害をうけたという報告は一度もない……家畜の被害もべつに見うけられない》。ヒアリは、いろんな昆虫、それも人間に害をあたえると思われる昆虫を主に食べる。これが実際に野外や実験室で観察している人たちの意見なのである。このアリが綿の木にいるワタミハナゾウムシをつまんでいるのも見られたし、土まんじゅうの巣は、土壌の通風、灌水にずいぶん役立つ。ミシシッピ州立大学の調査を見れば、このアラバマの研究が間違っていないことがわかる。農務省が証拠として出すものよりも、はるかに納得がいく。農務省はおそらく農民の口からきいたことをただ寄せ集め(農民たちがほかのアリと間違えることは大いにありうる)、むかしの研究を調査の材料にしたのではないだろうか。昆虫学者の意見によれば、アリの食物がいろいろとふえてきたため、アリの食性も変化し、五、六十年まえの研究はいまではほとんど役に立たないという。

ヒアリが人体に害を及ぼすというのも、かなり尾ひれのついたものといえよう。農務省は、ヒアリ防除計画の支持を得ようと、宣伝映画を提供したが、このアリに刺されるおそろしい場面がいろいろ出てくる。たしかに刺されれば痛いしみんな注意しなければならない。だが、それは、ふつうハチに刺されないように用心するのと同じだ。体質的に敏感な人によっては、ひどく反応することもある。はっきりとわかっていないが、ヒアリの毒のせいではないかと思われる死亡例が一件、医学文献に残っている。ところが、ハチに刺されて死んだ人間は、一九五九年に三十三人もいる(人口統計局の調べによる)。だがハチのほうは《根絶》しようなどと言い出す人がだれかいたとはついぞきかない。ここでもまた、ヒアリのいる地方で起ったことが、いちばんたしかである。このアリがアラバマ州にすみついてから四十年にもなり、またそこにいちばん密集しているのに、アラバマ州立保健所の言うところでは、《ヒアリに刺されて命をおとした記録はアラバマ州では一度もない》。そして、ヒアリに刺され治療をうけた場合も、《付随的に起きた症状だという。芝生や遊び場に土まんじゅうのような巣があれば、子供たちはそばへ行ってみたくなり、それで刺されることがあるかもしれない。だが、たったそれだけの理由で、何百万エーカーに毒をまきちらすのは許されない。土まんじゅうを見つけたら、めいめいが始末をすれば、何も問題が起るはずはない。

狩猟用の鳥も被害をうけるというが、証拠はべつにない。こうした問題を論ずる最適の人は、おそらくモーリス・F・ベーカー博士だろう。博士は、アラバマ州オーバーンの野生生物研究所グループのリーダーで、この方面には長年の経験をつんでいる。ところが、ベーカー博士の意見は、農務省の言うこととは正反対なのだ。《アラバマ南部、フロリダ北西部は、すばらしい狩猟地だ。コリンウズラは、おびただしい外来のヒアリと共存している。……ヒアリがアラバマ南部にすみついてからやがて四十年になるが、そのあいだ狩猟用の鳥の個体数は、着実にふえてきている。もしも外国から渡ってきたこのアリが野生生物をおびやかすとすれば、こんなことにならなかったろう》と博士は言う。

アリを防除しようとして使った殺虫剤のために、野生生物がどんな目にあったか、これはまたべつの問題である。このときの化学薬品は、かなり新しいもので、ディルドリンとヘプタクロール、どちらの薬品も、それまで実際に使用した経験はなく、大量に撒布(スプレー)すれば、野鳥、魚、哺乳(ほにゅう)動物がどういう目にあうか、知っている者は、だれもいなかった。でも、ＤＤＴの何倍も有毒だということはわかっていた。ＤＤＴは、そのころ使用されはじめてからすでに十年近くたっていて、一エーカーあたり一ポンド(訳注 一ポンド＝〇・四五キログラム)まくだけで、たくさんの鳥や魚が死んだことがあった。ディルドリンとヘプタクロールの使用量は、もっと多かった。エーカーあたりふつう二ポンド、ゾウムシの一種white-fringed beetleという甲虫の防除には、三ポンドのディルドリンを使う。鳥への影響を考えれば、ヘプタクロールの規定使用量は、一エーカーあたり二十ポンドのＤＤＴに等しい。そして、ディルドリンの場合には、一エーカーあたり百二十ポンドのＤＤＴにあたる！

合衆国ならびに州の自然保護局から緊急抗議が行われ、スプレーを延期するように農務省長官エズラ・ベンソンに呼びかけたなかには、生態学者ばかりでなく、昆虫学者の顔も見える。ディルドリンやヘプタクロールが野生動物や家畜にどういう影響をあたえるか、アリを防除できる最低量はどのくらいか、こういうことがある程度わかるまで、スプレーは延期せよ、というのだった。だが、この抗議は無視され、一九五八年いよいよスプレーがはじまる。最初の年は、百万エーカー。あとから研究をはじめても、もはや手おくれであることは明らかであった。

計画が実行に移されるにつれて、合衆国ならびに州の野生生物局や大学などの生物学者が、つぎからつぎへといろんな事実を発表しだした。場所によっては、スプレーをあびて野生生物が全滅してしまったことが明らかになり、家禽（かきん）も家畜も、犬や猫（ねこ）もみな死んだ。ところが、農務省は、これらの損害はみんな大げさで、人を惑わすものだといって、もみ消したのである。

だが、被害はふえるばかりであった。たとえば、テキサス州のハーディン郡では、オポッサム（フクロネズミ）、アルマジロ、さらにアライグマが、すっかり姿を消してしまった。撒布してから二度目の秋がきたが、ほとんど姿を見せなかった。その後、アライグマが何頭か見つかったが、体内組織に化学薬品が残留していた。

スプレーが行われた場所で死んだ鳥を解剖してみると、ヒアリ防除の毒を吸収したり、嚥下（えんげ）していた（わずかに生き残っていたただ一種類の鳥は、イエスズメだった。ほかの地方の場合も同じで、イエスズメが化学薬品にある程度の免疫（めんえき）性をもっていることがわかる）。アラバマ州のある耕地では、一九五九年のスプレーのときに、鳥の約半分が死んだ。地面の上や、背の低い木にすむ鳥は、一羽残らず死んだ。スプレー後一年たったが、鳥は春を歌わず、いつも巣をかけるあたりにも巣の姿は見えず、自然は黙りこくっていた。テキサス州では、ムクドリモドキ、ムナグロノジコ、マキバドリが巣のなかで冷たくなり、からの巣もたくさんあった。テキサス、ルイジアナ、アラバマ、ジョージア、フロリダから死んだ鳥の見本を魚類野生生物局に送ってきたが、解剖してみると、九〇パーセント以上は、三八ｐｐｍのディルドリン、またはヘプタクロールの残留物を含有していた。

ルイジアナ州で越冬し、北部で卵を産むアメリカヤマシギまでが、組織にヒアリ防除殺虫剤の汚染をうけている。汚染の経路は、はっきりしている。アメリカヤマシギは、ミミズを常食とし、長い嘴(くちばし)でミミズをつつき出す。ルイジアナ州で生き残っていたミミズからは、ヘプタクロール二〇ｐｐｍが検出されている。これは、スプレー後六カ月ないし十カ月たってからのことで、一年後でも一〇ｐｐｍあった。アメリカヤマシギは絶滅こそはしなかったが、成長した鳥にくらべて幼鳥が目立って少なくなった。こうした現象は、ヒアリ防除がはじまるまえは少しも見られなかったのである。

合衆国南部のハンターにショックだったのは、コリンウズラというウズラの一種が姿を消してしまったことだ。地面の上に巣をつくり、餌(えさ)を集めるこの鳥は、スプレーのあった地方ではほとんど絶滅したも同然だった。スプレーが行われるときいて、アラバマ野生生物研究所の生物学者が、スプレー予定地三千六百エーカー内のウズラの個体数を調査しているが、十三群、百二十一羽がすんでいた。スプレー二週間後には、一羽残らず死んだ。死体はみんな魚類野生生物局に送られ、解剖されたが、致死量の殺虫剤を含有していた。テキサス州でもこれと同じことがあり、ヘプタクロールを撒布(スプレー)した二千五百エーカーの土地から、ウズラが姿を消した。と同時に、ほかの鳴き鳥の九〇パーセントがいなくなった。ここでもまた、解剖してみると、死んだ鳥の組織からヘプタクロールが検出された。

ウズラだけではなく、シチメンチョウもヒアリ防除のために、ひどく数が減った。アラバマ州ウイルコックス郡には、ヘプタクロールを撒布するまえには、八十羽もいたのに、スプレーがあった夏には一羽も姿を見せず、まだ孵(かえ)っていない一組の卵と、死んだ雛一羽が見つかっただけ。飼っているシチメンチョウも同じ目にあい、卵はほとんど孵らず、雛は一羽も生き残らなかった。シチメンチョウのたどった運命も同じだったにちがいない。スプレーのなかった隣の地方では、こんなことは全然なかった。

シチメンチョウだけが、こうした運命にみまわれたのではない。有名な野生生物学の権威クラレンス・コタム博士は、殺虫剤スプレー区域の農家を何軒か訪ねている。そのとき、多くの人たちが訴えた言葉によれば、スプレー後、《木に宿る小鳥がみな》姿を消しただけでなく、家畜も、家禽も、犬や猫もいなくなってしまったという。《何のために薬品をまいたのかと言って憤懣(ふんまん)やる方なく》こう言った人もいた――

《十九頭牛を持っていたのに、みな毒にやられて、埋めるか捨てなければなりませんでした。スプレーのために死んだ牛は、私が知っているのでも、ほかにもまだ三、四頭もいますし、生れたばかりでミルクだけを飲んでいた子牛も死んでしまったんです――》（コタム博士の報告）。

スプレーがあってから何カ月間に起った出来事に、みんな途方にくれるばかりであった。ある女性は、コタム博士に言った――《どういうわけかさっぱりわからないのですが、雛がほとんど孵らず、孵ったところで死んでしまうのです》。あたりにスプレーが行われてから、数羽の雌鶏(めんどり)に卵を抱かせたのだった。また、ある農夫――《スプレー後九カ月たっぷりかけて豚を飼ってみましたが、一匹の子豚も育てあげられませんでした。子豚は死産だし、生れてもすぐに死んでしまうのです》。ほかにもこんな声がある。二百五十四生れるはずなのに、三十七匹しか子豚が生れず、生き残ったのは、わずか三十一匹だけだったという。その人はまた鶏を飼っているが、薬品スプレー後、土地が汚染して雛を育てることはできなくなってしまったという。

だが、家畜がヒアリ駆除のために損害をうけたといっても、合衆国農務省はそんなことはないと頑固(がんこ)に無視しつづけた。しかし、獣医オーティス・L・ポイトヴィント博士（ジョージア州ベインブリッジ）が、病気になって障害を起した動物の治療に呼ばれて、説明しているところによれば、動物の死因は殺虫剤だという。ヒアリ駆除の毒薬が使用されてから二週間ないし数カ月のあいだに、牛、ヤギ、馬、鶏、鳥、そのほか野生動物の神経系統が致命的に冒されはじめたという。このような目にあうのは、汚染した食物や水にふれた動物だけで、小屋のなかにいる動物は、関係ない。そして、これは、ヒアリ防除のスプレーが行われた区域にだけあらわれる現象である。実験室で試験してみた結果も、かんばしいものではなかった。ポイトヴィント博士やそのほかの獣医が観察した症状は、権威ある文献に所載のディルドリン、ヘプタクロール中毒症状と同じだった。

ポイトヴィント博士は、ほかにも興味ある例をあげている。生れてから二カ月目の子牛が、ヘプタクロール中毒を起したので、実験室で徹底的に検査したという。検査のあげく見つかった目ぼしいものは、脂肪中のヘプタクロール七九ppmだけだった。ヘプタクロールを撒布したのは、五カ月もまえのことだ。食べた草にヘプタクロールが入っていたのか。母親の牛の乳が汚染していたのか。それとも、生れるまえに影響をうけたのだろうか。ポイトヴィント博士は言う——《もしも乳だとすれば、私たち自身の子供たちがその酪農場のミルクを飲まないように特別の処置をなぜとらなかったのか》。

これは、ミルクの汚染という重大問題なのだ。ヒアリ駆除の対象となったのは、主に野原と農作地だが、野原の草を食べる牛は、いったいどうなるのか。スプレーをうけた野原の草には、どうしてもヘプタクロールが何らかの形で残留する。この残留物が牛のからだに入れば、毒は乳にあらわれるだろう。乳にじかに毒が移っていくことは、一九五五年のヘプタクロールの実験ですでにわかっていて、今度の防除計画がはじまるずっとまえのことである。ヒアリ防除に使ったディルドリンについても、同じような実験結果がその後報告されている。

農務省では、酪農動物や食肉用の動物の餌である草をいためる化学薬品のリストをつくって毎年発表しているが、そのなかにはヘプタクロールもディルドリンの名前もあがっている。それなのに同じ農務省防除局は、ヘプタクロールとディルドリンを合衆国南部の大部分の牧草地にまく計画を進めている。だれがいったい毒から消費者を守ってくれるのか。ミルクにディルドリンやヘプタクロールが残留しないように、注意してくれる人は、だれなのか。農務省は、言うにちがいない、スプレー後三十日から九十日ぐらいは、乳牛を牧草地に入れないように注意しているではないか、と。だが、小さな農場がたくさん散在していることと、一方スプレーは大規模に行われ、多量の薬品が飛行機でまきちらされることを考えあわせれば、どこまでこの注意が守られたか、事実守ることが可能かどうか、きわめて疑わしい。また、農務省のきめた期間も、薬品がかなりあとまで残留することを考えれば、不十分というほかない。

食品薬品管理局は、殺虫剤の残留物がミルクにまじることに不満をもらしているが、いまの状態ではどうしようもない。ヒアリ駆除が行われた州は、たいてい酪農業の規模は小さく、その州内のミルクをまかなうだけで、ほかの州には出荷されない。だから、中央政府の殺虫剤スプレーのためにミルクが汚染しても、州内でそのあと始末をしなければならない。だが、はたしてきちんとあと始末をしているだろうか。アラバマ、ルイジアナ、テキサス各州の保健局や関係局を調べてみると、ミルクの検査など一度もしたことがなく、殺虫剤で汚染しているかどうか、などという問題は初耳だった(一九五九年)。

その後、ヘプタクロールの特殊性をつきとめようと研究をはじめたが、それは防除計画をたてる前ではなくて後であった。すでに発表された研究成果の文献を調べた人はいたことはいたというべきかもしれない。州政府は後になって対策を立てるはめに追い込まれたが、基礎的な事実は数年前に発見され、防除計画ははじめから違った姿をとるべきであったのだ。ヘプタクロールは、動物や植物の組織のなかや土壌(どじょう)に入ると、ヘプタクロール・エポキシドという、もっと有毒な物質になる。エポキシドは、ふつう風化作用のために生ずる《酸化物》と説明されている。ヘプタクロールがヘプタクロール・エポキシドに変ることは、一九五二年にすでに明らかになっている。食品薬品管理局が、雌ネズミに三〇ppmのヘプタクロールをあたえたところ、わずか二週間後に、一六五ppmのエポキシドが蓄積していたという。

これらの事実は、生物学関係の文献に発表されて、まえからわかっていたのに、一九五九年になって、はじめて日の目を見て、食品薬品管理局はやっと食品にヘプタクロールやエポキシドが少しでも残留することを禁じた。このため少なくとも一時はスプレー計画にブレーキがかかったが、農務省はあいかわらずヒアリ防除の予算を取ろうとした。

しかし、地方の農業事務所は、化学薬品を使うよう農家にすすめるのを躊躇(ちゅうちょ)するようになった。作物に薬品がつけば法律では出荷禁止となるのだから。

つまり農務省は、使用薬品についてすでにわかっている初歩的な条件を少しも調べず、防除運動にのりだした。たとえ、調べたところで、明らかになっている事実は無視しただろう。また、ヒアリを殺す薬品の最低量はどのくらいか、あらかじめ調べることもなかったにちがいない。三年間は、多量のヘプタクロールを使っておきながら、一九五九年になると突然、一エーカーあたり二ポンドから一と四分の一ポンドという減少ぶり。さらに、二分の一ポンドに減り、しかもこの二分の一ポンドを半分ずつ、三カ月から六カ月の期間をおいて撒布(スプレー)した。農務省の役人は、《大量に薬品を撒布するやり方》を改善して、薬品を少量使用するのだ、などと説明している。だが、防除がはじまるまえにこういうことがわかっていたら、あんなにもひどい害は起らなかっただろうし、税金のむだ遣いもなしにすんだだろう。

みんなの非難をごまかすためなのか、一九五九年、農務省は、中央政府、州、郡などに損害賠償を要求しないと署名する地主には、薬品をただで提供した。その同じ年、アラバマ州は化学薬品で損害をうけたことの意外さに腹を立て、今後スプレーの財政的援助はいっさいしないと言明した。アラバマ州の役人のつぎの言葉を見れば、政府の防除策がどんなにひどいものだったかよくわかる――《無分別で、せっかちで、企画もまずく、公私両方の権利と義務をふみにじった、いちじるしい例だ》。アラバマ州が資金を出すのをやめたにもかかわらず、合衆国から少しずつアラバマ州に金が流れ、一九六一年、議会は小規模の援助額を出す決定をした。とかくするうちに、ルイジアナ州の農民たちが反対の態度をしだいに見せだし計画同意の署名を拒否した。殺虫剤スプレーのために、サトウキビの害虫が大発生することがわかったからだ。そのうえ、スプレーが何の効果もなかったことは、だれの目にも明らかだったのだ。この暗澹たる状態は、ルイジアナ州立大学農事試験所の昆虫学研究主任L・D・ニューサム教授が、一九六二年の春、巧みに要約している——《州及び中央政府が実施したヒアリ〈根絶〉計画はこれまでのところ失敗だった。ルイジアナ州では、スプレー以前よりも、もっとヒアリの発生している場所がある》。

いまでは、もっともな、むかしながらの健全な方法にもどりはじめたように思われる。フロリダ州でも、《計画がはじめられたときよりもいまのほうがもっとヒアリがいる》と言っているが、根絶などという大ぶろしきな計画はやめて、局部的な防除に力をそそぐと発表した。

効果が十分あって、しかも費用がかからない局部的な防除方法は、ずっとむかしから行われてきたのだ。ヒアリは土まんじゅうの巣をつくる習性があるから、一つ一つの巣に化学薬品をまいていけばいい。その費用は一エーカーあたり約一ドルにすぎない。土まんじゅうがたくさんあって、一つ一つ手などでやってはまにあわないときには、まず中耕機で土まんじゅうの山をならし、それからじかに化学薬品をその上に撒布する方法もとられてきた。ミシシッピの農事試験所が考え出した方法だ。こうすれば、九〇パーセントから九五パーセントのアリが駆除できる。しかも、一エーカーにつき〇・二三ドルという安さだ。これにくらべると、農務省の大規模防除計画では、エーカーあたり三・五ドルもかかる。いちばん高くつき、損害もいちばん多く、しかもいちばん効果があがらない。

十一　ボルジア家の夢をこえて

私たちの世界が汚染していくのは、殺虫剤の大量スプレーのためだけではない。私たち自身のからだが、明けても暮れても数かぎりない化学薬品にさらされていることを思えば、殺虫剤による汚染など色あせて感じられる。たえまなくおちる水滴がかたい石に穴をあけるように、生れおちてから死ぬまで、おそろしい化学薬品に少しずつでもたえずふれていれば、いつか悲惨な目にあわないともかぎらない。わずかずつでも、くりかえしくりかえしふれていれば、私たちのからだのなかに化学薬品が蓄積されていき、ついには中毒症状におちいるだろう。いまや、だれが身をよごさず無垢のままでいられようか。外界から隔絶した生活など考えられこそすれ、現実にはありえない。うまい商人の口ぐるまにのせられ、かげで糸を引く資本家にだまされていい気になっているが、ふつうの市民は、自分たち自身で自分のまわりを危険物でうずめているのだ。おそろしい死をまねくものを手にしているとは、夢にも思わない。

いまや、毒薬の時代。人を殺せる薬品を店で買っても、だれひとりあやしむ者はいない。隣の薬局では、ちょっとした劇薬を買うのに、《毒薬使用者名簿》に名前を書かされるのに……。わずか二、三分でもいい。どんな薬品がスーパーマーケットにあるかさがしてみよう。たいして化学の知識がなくてもいい。おそろしい毒薬がならんでいるのを見れば、どんなに無神経な者でも愕然とするだろう。

殺虫剤の売場に大きな骸骨のしるしでもぶらさげておけば、お客さんも用心するかもしれない。だが、ふつうとかわらぬ、こぎれいな売場。通路の反対側にはピックルスや、オリーブ油、化粧石鹸や洗剤などがつみあげてあるそのそばに、色とりどりの殺虫剤がところ狭しとならんでいる。子供が手をのばせばすぐとどくところに、罎入りの殺虫剤がならんでいる。子供がひっくりかえす。またかだれかがうっかり床におとしでもすれば、たちまち劇薬はあたり一面にとびちる。畑で薬品を撒布した人に痙攣を起させたのと寸分違わぬ化学薬品だ。だれか買って家へもって帰れば、また同じようなことにならないともかぎらない。たとえば、ＤＤＴの入っている虫よけの缶の中身は圧縮してあり、熱や火に直接ふれると爆発するおそれがある。――小さな字でそう缶に書いてある。一般の家庭で使う殺虫剤は、クロールデンだ（台所兼用の殺虫剤も同じ）。だが、食品薬品管理局の主任薬学博士の意見によれば、クロールデンを撒布した家に住むのは《きわめて危険だ》という。そのほかいろんな「家庭用殺虫剤」があるが、クロールデンよりももっと毒性の強いディルドリンを含有するものもある。

台所用の殺虫剤も、だれでも使えるように、また使いたくなるように、いろいろ工夫してある。また殺虫剤に両面ひたした、白、または好きな色の紙を台所の棚にはることもできる。虫を殺すにはどうしたらよいか、家庭で手軽にできるように「使用法」のパンフレットをくばる会社もある。ちょっとボタンを押すだけで、戸棚や部屋のすみや、幅木のかげや床のすき間のような手のとどかないところまで、ディルドリンを噴霧させることもできる。

蚊やダニなどになやまされればローションとかクリーム状の殺虫剤を皮膚にぬったり、また衣類に殺虫剤をふりかければよいという。これらのうちには、ワニス、ペンキ、合成繊維を溶解するものがあるから注意してほしいと言うが、人間の皮膚は？　みんな大丈夫だとひとりぎめしている。いつでも虫たちを追いはらえる殺虫剤――ニューヨークにはポケット用の殺虫剤を販売している高級な店があり、ハンドバッグにも入れられれば、海水浴、ゴルフ、釣りにも理想的だと宣伝している。

そのワックスで床をみがいておけば、その上を這う虫はみんな死んでしまう――そんなのもある。リンデンにひたした細長いきれを押入や衣服袋にかけたり、事務所のロッカーに入れておけば、半年間は虫に食われない……いろんなことができる。しかし、リンデンが危険なことは、どの広告にものっていない。電気でリンデンを煙霧させる広告を見ても、人間には無害にして無臭と書いてあるだけだ。だが、合衆国医学協会は、リンデンの煙霧機はきわめて危険だといって、学会誌でその使用に反対している。

Home and Garden Bulletin という雑誌に合衆国農務省の見解が出ているが、衣服にDDT、ディルドリン、クロールデンの油溶液、そのほかの防虫剤を撒布したらいい、もしも撒布しすぎて、殺虫剤が白く繊維に残るようなことがあれば、ブラシをかければいい、という。でも、ブラシをどこでかけるべきなのか、またどういう注意をしたらいいのか、何一つ書かれていない。こうしたことをすべてした後、夜、虫に食われないようにディルドリンをしみこませた毛布にもぐりこんで一日をしめくくる。

庭の手入れといえば、いまでは猛毒と切っても切りはなせない。どこの荒物屋でも、どこの園芸機具店でも、どこのスーパーマーケットでも、ありとあらゆる効能書きの殺虫剤がならんでいる。新聞の園芸欄、園芸雑誌はだれでも殺虫剤を使うものときめているので、使わないといけないような気がする。

たちまちおそろしい事態をまねく有機リン酸エステル系の殺虫剤までも、芝生や植木に大量にふりかけたので、一九六〇年フロリダ州保健局はスプレー業者に対して住宅地でのスプレーを禁止し、許可をうけ、また必要な措置をとらなければ、撒布(スプレー)できないようにした。それまでに、フロリダではパラチオンのために何人もの人が命をおとしている。

だが、植木屋や、庭いじりの好きな人たちに、殺虫剤のおそろしさをPRする努力がどれほどなされただろうか。むしろその逆で、あとからあとへと新しい便利な道具が出てくるから、芝生や庭にどうしても毒薬を使うようになり、それにつれて、毒薬にふれる度合もふえる。たとえば、庭に水をかけるホースの先にジャーのような形をしたものをつけて、芝生に水をやる調子で、クロールデンやディルドリンなどのおそろしい薬品をふりかける。ホースを使う人間ひとりの生命ばかりでなく、公共の利害に関係する問題だ。『ニューヨーク・タイムズ』の園芸欄も、この問題をとりあげ、特別の安全装置をつけないかぎり、水圧がおちたときなど水道に毒物が逆流することもあるという。でも、こういう安全装置が実際どのくらい使われているか、また『ニューヨーク・タイムズ』に出たような意見がほとんどほかに見られないことを考えれば、水道の水が汚染しているといって不思議がることがあろうか。

植木屋や、庭いじりの好きな人自身はどうなるのか、知ろうと思えば、ある医者の例がある。ひまさえあれば庭いじりをしていたこの医者は、はじめ庭木や芝生にＤＤＴをまいていたがそのうちマラソンを毎週使いだした。手動スプレヤーを使ったこともあれば、ホースの先に特別な装置をつけて撒布したこともあった。皮膚や衣服が殺虫剤でずぶぬれになったことも、たびたびあった。一年もこんなことを続けたある日、突然倒れて病院に運びこまれた。脂肪の生検の結果、二三ｐｐｍという高率のＤＤＴが蓄積されていた。神経がひどく冒されていた。病院の医者の診断によれば、もはや二度と健康にならないだろうという。そのうち体重が減りはじめ、ひどい疲労感におそわれ、筋肉の退化があらわれた。まさにマラソン中毒の症状だった。再起できるのはいつの日のことか、わからない。

このほか、殺虫剤を撒布する装置のついた自動芝刈機がある。押して歩くと煙霧状の殺虫剤が出る。エンジンからは、ガソリンの有害な煙が出る。それと、何も知らない郊外居住者がスプレーすべく選んだ殺虫剤の細かい粉がまざりあい、庭の上空はどんな都市にもまけないくらい汚染してしまう。

だが、庭いじりのとき使う殺虫剤、家庭で使う殺虫剤がどれほど危険か、ほとんど何の声もきかれない。薬品の入れものに注意書がはってあるといっても、小さな字で印刷してあるので、面倒くさがって読む人はほとんどいない。いったいどれくらい読まれるものか、ある会社が最近調査をしたが、煙霧用・スプレー用の殺虫剤を使う人で、薬品の容器に注意書がはってあるということだけでも知っていたのは、百人のうち十五人もいなかった。

いま郊外では、芝生のあいだに生えてくる「いやらしい」オヒシバ、メヒシバは絶滅させなければならないと思いこんで除草剤をまいている。自分の家にこの袋があることは、自分が上流階級に属しているしるしとまでなっている。どういう薬品なのか、商品名を見てもわからない。袋をあちこちひっくりかえしてみると、いちばん目につかないところに、とくに小さな字で、クロールデン含有とか、ディルドリン含有と書いてある。

荒物屋や園芸店で使用書をもらっても、その薬品を使ったり触れたりすればどんな危険があるのか、本当のことを書いてあるのは、ほとんどない。たいがい親子がたのしそうに除草剤を芝生にまいている、そのそばで犬とはしゃぎまわる小さな子供たち、そんな絵が描いてあるだけだ。

私たちの食物にも化学薬品の残留物が付着しているのではないだろうか。はげしい議論の的となるところである。残留物などたいしたことはない、と見くびったり、また頭から否定するのは工業会社関係の人たちだ。また、殺虫剤がついた食物はいっさいいけないなどというのは、いきすぎの狂信家だ、とみなす傾向がある。いったい真相はどうなのだろうか。

ＤＤＴがあらわれるまえ（一九四二年以前）の人たちのからだの組織には、ＤＤＴや、それに似た物質の痕跡（こんせき）は少しも認められない。これは、常識でも考えられるが、医学的にもはっきりと証明されている。ところが、三章に書いたように、一九五四年から一九五六年にかけて一般の人たちの脂肪の標本をつくったときには、平均五・三ｐｐｍないし七・四ｐｐｍというＤＤＴが検出された。その平均値はその後しだいにあがっているものと思われ、職業柄（がら）、殺虫剤にふれる人たちの体内蓄積量はそれをはるかにうわまわるといってよい。

ＤＤＴにとくにふれたこともないのに、脂肪にＤＤＴが蓄積されているのは、食物を通じてからだのなかに入ったためだと考えられる。この仮定をたしかめるために、合衆国公衆衛生局の調査班がレストランや会社、官庁などの食堂の食品検査をした。そのとき、**どの食物からもＤＤＴが検出された。**調査班は結論として言う――《ＤＤＴが全然ついていないと称する食物がたとえあったにしても、ごくまれだ》と。

食物中のＤＤＴの含有量が、ずいぶん多いこともある。公衆衛生局が監獄内の食物を検査したときには、乾燥果物の煮物からＤＤＴは六九・六ｐｐｍ、パンから検出されたのは一〇〇・九ｐｐｍ！

ふつうの家庭の食物、たとえば肉とか、動物脂肪の製品には、塩化炭化水素の残留物がもっとも大量に含有されている。これらの化合物は脂肪によくとけるためである。だから、肉にくらべれば、果物とか野菜に残留する分量は幾分少ない。でも、洗ったぐらいではとれない。レタスとかキャベツなら、外側の葉をとりのぞき、果物なら皮をむかなければならない。煮たり焼いたりしても、薬品の残留物はなくならない。

ミルク――合衆国食品薬品管理局は、ミルクに殺虫剤残留物が絶対に入らないようにせよ、という。だが、検査をするたびに残留物が見つかる。なかでもひどいのはバターなどの乳製品だ。一九六〇年に乳製品を四百六十一個検査したときには、その三分の一に残留物が見つかった。合衆国食品薬品管理局は、《およそかんばしくない状態》と発表した。

ＤＤＴなどの化学薬品の洗礼をうけていない食事をとろうと思うならば、文明生活とはほど遠い、人里離れた未開の国へ行くほかないだろう。さしずめアラスカの北極側の海辺にでも行ったらよいのか。だが、そこにも暗い影がしのびよっている。ここに住むエスキモーの食物を調査したときには、殺虫剤の痕跡は少しも見られなかった。なまの魚や干し魚、ビーバー、シロイルカ、シンリントナカイ、ヘラジカ、ウーグルク、ホッキョクグマ、セイウチなどの肉や、これらの動物からとる油や脂肪も、また、ツルコケモモ、サーモンベリーも、ダイオウもその当時はまだ汚染していなかった。唯一の例外は、ポイント・ホープの二羽のシロフクロウで、ＤＤＴを少量含有していた。このフクロウは渡り鳥で、どこか移住の途中でＤＤＴにふれたと思われる。

さて、何人かのエスキモー自身の脂肪を分析してみると、ＤＤＴの残留物が少量検出された（〇から一・九ｐｐｍ）。なぜか、その理由は明らかだった。検査の対象となったエスキモーたちは、手術をうけに入院したことのある人たちだった。アンカレッジにある合衆国の公衆衛生局の病院で、文明生活にふれたのである。たとえば病院の食事には、ニューヨークの食物と同じくらいＤＤＴが入っていた。ほんのちょっと文明社会にふれたばかりに、エスキモーは毒のお土産をもらったのだった。

私たちの食物に塩化炭化水素が入るのは、作物スプレーにこの系統の殺虫剤が使われるかぎりは避けがたい。それでも、薬品の容器にはってある使用法を農夫が守れば、残留物は食品薬品管理局がきめた許容量を超えることはないだろう。この許容量がはたして《安全》かどうかはさておき、農夫たちはたいがい許容量など守らず、また刈入れ間近に薬品をまいたり、一種類の殺虫剤で十分なのにいくつもの薬品を併用したりする。もともと、使用法があまり小さな字で印刷してあるので、一般の人とおなじように農夫たちも読もうとしない。

殺虫剤は、あまりにもいい加減に使われている。化学工業会社すらも農夫を教育する必要を認めている。業界のある主要雑誌には、最近こんなことが書いてあった――《規定量以上の殺虫剤を使うと許容量違反になることを、使用者は十分認識していないらしい。農夫たちは、そのときの気分しだいでやたらと殺虫剤をいろんな作物にふりかける》。

殺虫剤濫用(らんよう)の記録は、食品薬品管理局でとっている。使用法を守らない件数はおどろくほど多いが、二、三の例をあげるにとどめる――レタスを栽培していた農夫の例。一つだけで十分なのにいろんな殺虫剤を八つもまぜて使った。それも収穫期が迫ったころ。また、セロリを出荷したある男は、おそろしいパラチオンを最大限度の五倍も使った。また、塩化炭化水素のなかでもいちばん毒性の強いエンドリンをレタスに使った農園。その残留物のついたレタスは出荷が禁じられている。収穫する一週間まえに、ホウレンソウにDDTをふりかけたなど……。

偶然、汚染するときもある。黄麻布の袋に入ったなまのコーヒー豆が大量に汚染したことがあった。輸送してきた船に殺虫剤がつんであったためなのだ。倉庫にならんでいる梱包(こんぽう)した食品も汚染する。煙霧状のDDT、リンデンなどの殺虫剤で何回も消毒するうちに、殺虫剤は包装紙をつきぬけて、なかの食品にかなりの量がたまるのである。長く倉庫においてある食品ほど、汚染度は高いといえよう。

政府は私たちを守ってはくれないのか？――それには限度がある、としか答えられない。合衆国には食品薬品管理局という機関があって、消費者に殺虫剤の害が及ばないように管理しているが、思うとおりに活躍できない。第一に、州から州へと動く食品を管理するだけで、一つの州内部で生産し消費される食物にまでその力は及ばず、どんなにひどいことが行われても口をさしはさめない。第二に、食品薬品管理局の検査官の人数が少ないことも致命的である。範囲がひろくいろんな仕事があるのに、全部門をあわせて六百人もいない。そのひとりからきいたところによると、いまの能力でチェックできるのは各州のあいだで取引される作物のごくわずか、一パーセントにもみたない、これでは、統計的にサンプルとしてチェックする意味がない、という。一つの州内部で生産し売買する食品となると、もう野ばなしの状態である。食品管理の法令が完備している州など、ほとんどない。

一つ一つの薬品について汚染の最大限許容量を管理局ではきめて、《許容量》と呼んでいるが、この方法にも明らかな欠点がある。許容量も、現在の状況では、ただ名目上の安全にすぎないのに、許容量がきまっているのだから、ただそれを守っていればよい、ということになる。私たちの食物に少しなら毒をふりかけてもよろしい——このおかずにもちょっと毒を、あのおかずにもちょっぴり。毒が安全で、毒をふりかけるほうがいいなどということはあり得ないと多くの人が反対したのも当然である。食品薬品管理局が許容量をきめるときには、実験動物を使って最高汚染度をきめる。そして、それは実験動物に障害をひき起すのよりずっと低い線に押えられているので、安全なようにみえるが、しかし、このやり方は、いろいろ重大な事実を無視している。手入れのいきとどいた人工的な状態で飼育されている実験動物は、ある特定の一つの化学薬品をあたえられるだけで、いろんな殺虫剤に何回となくふれる人間とは、条件がひどく違う。そればかりか、人間の場合、殺虫剤にいつふれたのか、覚えもなければ、またその量をはかることもむずかしい。おひるのサラダのレタスに七ｐｐｍのＤＤＴがついていたとしよう。そのくらいの分量なら、《安全だ》という。でも、そのほかいろんなおかずがあって、それぞれ許容量の残留物を含有していたらどうなるのか。そしてまた、食品という経路で私たちのからだに入る化学薬品は、全体のごく一部にすぎない。さまざまなところから侵入してくる化学薬品の蓄積量はどこまでふえていくのか、だれにもわからない。だから、この程度までなら安全だ、などと言っても、意味がない。

　また、こんな不都合もある。食品薬品管理局の科学者たちの意見を尊重しないで、許容量をきめたことが何回かあった（二八七ページ以下を見よ）。該当する化学薬品の性質が十分にわからないままに、きめたこともある。あとから危険なことがわかって、許容量を下げたり、とり消したりしたこともあったが、それまで何カ月も、何年もみんなは危険量の化学薬品にふれたことになる。たとえば、ヘプタクロールの許容量は、しばらくしてから危険だというのでとり消されている。また実際に使ってみるまでは、結果のわからない化学薬品もある。こうして残留物の調査にあたる検査官の努力も徒労に終る。《ツルコケモモ薬品》といわれるアミノトリアゾールにも手をやいた。種子を消毒する殺菌剤のある種のものに対しても、分析の方法がない。植えつけの時期が終ってもそのまま使わないでおくと、残った種子は当然食品として人間の口に入ることになる。

　許容量をきめるのは結局、みんなの食品が有毒な化学薬品でよごれても、作物の生産者や農産物加工業者が安い費用で生産できなくてはならない、という考えが根本にあるのだ。そして、消費者の手に有毒な食品がまわらないようにするためには、特別の管理の機関を設けなければならない。その維持費——税金をはらわされるのは、結局消費者なのだ。だが、おびただしい農薬が使用されているいま、このような管理機関が十分その機能を発揮するためには莫大（ばくだい）な費用がかかり、それだけの予算を議会でとることはできない。だから、結局消費者は税金をはらうものの、あいかわらず毒をもらいつづけるという貧乏くじをひくことになる。

いったいどうしたらよいのか。まずなすべきことは、塩化炭化水素、有機リン酸エステル系の殺虫剤、そのほかの劇薬について許容量を廃止することだ。そんなことをすれば、農民の負担がふえるばかりだ、とすぐに反対の声があがるかもしれない。だが、化学薬品の残留量が七ｐｐｍ（ＤＤＴの許容量）、一ｐｐｍ（パラチオンの許容量）、さらにはわずか〇・一ｐｐｍ（各種果物や野菜付着のディルドリン残留許容量）と現在定められていて、そのとおり実行できるものなら、なぜまたもう少し努力して残留物が少しも残らないようにできないのか。ヘプタクロール、エンドリン、ディルドリンのような薬品はある種の作物に残留することが禁じられている。それが実行できるのなら、なぜまたほかのすべての作物にまで、それを及ぼさないのか。

でも、そうしても完全に禍い（わざわ）の根をたてない。許容量ゼロときめても、書類の上だけのことなら、ほとんど意味がない。まえにも書いたが、合衆国各州のあいだで取引される食品の九九パーセントが無検査のまま通過している。食品薬品管理局の検査官の人数をふやして管理の質をあげることも、早急になされねばならない。

勝手気儘（きまま）に食物に毒をふりかけておいて、あとで毒があるかどうか検査をする――まさに、ルイス・キャロルの『不思議の国のアリス』に出てくる、白い騎士そっくり。

《ほほひげを緑に染めては、人に見られないようにいつも大きな扇子を使っている》。解決する道は、ただ一つ。もっと毒性の少ない化学薬品を使うこと。そうすれば、たとえ使用法を誤っても消費者に及ぶ害はぐっと減るだろう。毒性の弱い薬品は、まえから市場に出ている。ピレトリン、ロテノン、ライアニアやそのほかの植物性殺虫剤など。最近ピレトリンにかわる合成物ができ、いまでは品不足になやむこともない。市販されている化学薬品の性質について、もっと消費者を啓蒙する必要がある。さまざまな殺虫剤、殺菌剤、除草剤が店先に溢れていて、消費者は、どれを買ったらよいのか、困惑するばかりなのだ。どれが劇薬で、どれが比較的安全か知るすべもない。

もっと危険度の弱い農薬を使うように心がけるとともに、非化学的な方法の開拓に力を入れなければならない。ある種の昆虫をおそう特殊な細菌があるが、この細菌を巧みに利用して昆虫のあいだに病気を発生させ、防除することもできる。すでにカリフォルニア州で行われている。また、薬剤が食糧に少しも残留しない方法で昆虫を駆除する可能性もたくさんある（十七章「べつの道」を見よ）。いままでのやり方を捨て去り、べつの方法にきりかえないかぎり、いつまでたっても泥沼から這いあがれない。常識あるふつうの人間なら、このままほうっておけばよい、などとだれがうそぶいていられよう。私たちはボルジア家の客の二の舞を演じようとしているのだ。

十二　人間の代価

工業が発達してくるにつれて新しい化学薬品の波がひたひたと押し寄せ、公衆衛生の分野も大きく変った。天然痘、コレラ、ペストに人類がおびえていたのは、ついこのまえのことだ。たくさんの人間の命を奪う伝染病は、神のたたりと思われていたが、いまはそんなことに心をわずらわすものなどいない。生活は向上し、衛生設備は改善され、新しい薬品ができた。だが、私たちをおびやかすものがある。すきあらばおそいかかろうとべつの悪魔がそこかしこにひそんでいる。生活の近代化が進むにつれて、人間が自分の手でまねいた悪魔が……。

事態はいまやきわめて複雑だ。さまざまな形態の放射線や、あとをたつことなくつくり出されてくる化学薬品の流れ……この先どうなるのか、見通すこともできない。直接、間接的に、個別的、集合的に押し寄せる化学薬品——私たちの世界は化学物質の波をかぶってずぶぬれだ。殺虫剤などほんの一部にすぎず、いまやいたるところに入りこんでいる化学薬品は、形もなく、曖昧模糊としてとらえるすべもなく、不吉なかげを投げかける。化学薬品などに一生身をさらせばどういうことになるのか、人間のからだがいままで経験したこともない相手であれば、なんとも言えない。おそるべきことだ。

《私たちはみなたえざる恐怖にとりつかれている。そのうち何ものかによって環境がひどく破壊され、人間はかつて滅んだ恐竜と同じ運命をたどるのではないのか。そしてもっと困ることは、最初の徴候があらわれる二十年まえ、あるいはそれ以前にすでに私たちの運命が定められているかもしれないのだ》――アメリカ合衆国公衆衛生局のデイヴィッド・プライス博士は言う。

環境汚染から発生する病気と殺虫剤との関係は？　土壌、水、食糧の汚染については、いままで書いてきた。川からは魚が姿を消し、森や庭先では鳥の鳴き声もきかれない。だが、人間は？　人間は自然界の動物と違う、といくら言い張ってみても、人間も自然の一部にすぎない。私たちの世界は、すみずみまで汚染している。人間だけ安全地帯へ逃げこめるだろうか。

一回だけでもいい。大量の化学薬品にからだをさらせば、急性の中毒におちいる。農夫、撒布夫、パイロットなど、多量の薬品をかぶって急に病気になったり死ぬことがある。いたましい事故が起らないように対策をたてなければならない。だが、身近の、直接の被害にばかり目を奪われてはならない。少量の薬品でもよい。じわじわと知らないあいだに人間のからだにしみこんでいく。それが将来どういう作用を及ぼすのか。こういうことこそ、人類全体のために考えるべきであろう。

信頼のおける公衆衛生局の人たちが指摘しているが、化学薬品が生物にあたえる作用は長い期間にわたってつもり重なっていき、ある人間が一生のあいだにどのくらい化学薬品に身をさらしたか、その総計がすべてを決定するという。だが、まさにそのために、危険なことがなかなかわからない。ただ漠然（ばくぜん）といつか災難がありそうだと言われても、それに冷淡なのは人情だ。《明らかな徴候のある病気にふつう人間はあわてふためく。だが、人間の最大の敵は姿をあらわさずじわじわとしのびよってくる》——とは、医学者ルネ・デュボス博士の言葉である。

ミシガン州のコマツグミ、ミラミッチ川のサケと同じように、これは私たちすべてにとって生態学的問題である。相関関係とか、相互依存関係の問題なのである。川のなかのトビケラを殺そうと毒をまく。すると川をのぼってくるサケは数が減り、やがて死滅してしまう。湖水のヌカカやブユを殺そうと毒をまく。すると、食物連鎖のために、やがて湖畔の鳥が犠牲になる。ニレの木に殺虫剤を撒布（スプレー）する。また春がめぐってきてもコマツグミの鳴き声はしない。私たちがじかに毒をふりかけたのではなく、ニレの葉—ミミズ—コマツグミと、毒が一つの輪から一つの輪へとひろがっていったのだ。どれもはっきりとこの目で観察できることだ。それこそまさに、生命（むしろ死か）のおりなす複雑な織物にほかならず、生態学の領域はここにある。

だが、私たち人間のからだの内部の世界にも、生態学と呼ばれるべきものがある。目には見えないこの世界では、ごく小さな原因が思いもよらぬ結果となってあらわれる。おまけに、なぜまたこんなことになったのか、原因がなかなかわからない。震源地から遠く離れたところに病気が出てきたりする。医学の最先端を行く最近の報告によれば、《ある一点での変化、たとえば一分子内の変化ですらも、身体全体に影響をあたえ、見た目には、関係のない器官や組織に変化を起させる》。人間のからだの神秘にみちた動きに少しでも目を向けてみれば、原因と結果が単純につながっていて、原因から結果へと直接たどれることは滅多にないのがわかる。原因と結果は、空間的にも時間的にもかけはなれている。病気や死亡の原因をつきとめようと思えば、見た目には関係もない、いろんな分野の研究成果を集めて、はじめてわかることが多い。

私たちは、いつもはっきりと目にうつる直接の原因だけに気を奪われて、ほかのことは無視するのがふつうだ。明らかな形をとってあらわれてこないかぎり、いくらあぶないと言われても身に感じない。医学を専門に研究しているものでも、わずかの徴候のうちに障害を発見するのはむずかしい。症状があらわれはじめるまえに危険を探知する、正確な方法がない——。これこそ今日の医学でも解決のできていない問題といっていい。

《そんなことを言ったって、私自身何度もディルドリンを家の芝生にまいたけど、WHO（世界保健機関）の撒布夫のような痙攣（けいれん）におそわれたことなんて一度だってありませんよ。私は何も害をうけなかったんです》と反対する人がいるかもしれない。だが、そう簡単にわりきることはできない。急に何かおそろしい症状があらわれなくても、ディルドリンのような薬品を使えば、体内に有害な物質が蓄積されていくのは疑うまでもない。塩化炭化水素は、まえにも書いたようにわずかの分量から累積していく。からだの脂肪組織すべてにしみわたる。そして、脂肪のたくわえが減るようなことでもあれば、たちまちあばれだす。ニュージーランドの医学雑誌の最近号を見てみよう。肥りすぎの男が、やせようと薬を飲んでいたら、突然中毒症状におちいった。脂肪を分析してみると、ディルドリンが検出された。体重が減少するにつれて、ディルドリンが新陳代謝にとりこまれたのだ。病気で体重が減ったときにも、同じようなことは起りうる。

でも、どのくらい体内に薬品が蓄積されたか、はっきりとわからないことが多い。四、五年まえ、合衆国医学協会の雑誌は、脂肪組織に蓄積される殺虫剤はきわめて危険であり、組織に累積する化学薬品を扱うときには、とくに注意しなければならないときびしく警告している。脂肪組織とは、ただ脂肪をたくわえておくだけではなく、いろいろ大切な役目を果している（脂肪は体重の一八パーセントあまりを占める）。体内に蓄積された有毒な物質は、まさにこの機能を破壊するのだ。さらに、脂肪は、からだ中のいろんな器官や組織にひろく分散し、細胞膜の構成分子でもあるから、脂肪に溶解する殺虫剤が細胞内にたまれば、酸化やエネルギー生産と密接な関係のある機能が破壊される。くわしくは次章を見られよ。

塩化炭化水素の殺虫剤がきわめて危険なのは、肝臓に影響を及ぼす点である。からだのなかにはいろんな器官があるが、なかでも特異な存在が肝臓なのだ。その自由自在の活躍ぶり、かけがえのない機能――まさにほかにくらべられない。生命のさまざまな活動を統轄（とうかつ）しているこの肝臓が少しでもきずつけば、おそろしいことになる。脂肪を消化する胆汁を出すばかりでなく、その占める特殊な位置のため、また血液循環の通路にあたるために、肝臓に供給される血は消化器系からじかに送られ、主な食物の代謝と深い関係がある。たとえば、肝臓はグリコーゲンという形で糖分を蓄積し、たえず一定量のグルコースを吐き出しては、血液内の糖分を正常なレベルに保っている。からだの蛋白（たんぱく）質（しつ）を合成するのも肝臓で、血液凝固と関連する、血漿（けっしょう）の主要な要素も含有している。肝臓はまた血漿中のコレステロールを適当量に押え、男性・女性ホルモンが過剰になると、不活性化する。また、たくさんのビタミンの倉庫で、ビタミンのなかのあるものは、逆に肝臓自身の正常な働きを助けている。

肝臓が正常に働かなければ、からだは無防備そのもので、たえずいろんな毒が侵入してくる。健康なからだ自身も物質代謝のときに有毒な物質を生み出すが、肝臓がすばやくその毒素を抜きさって、害を未然に防いでしまう。外部からの毒にも、肝臓は活躍する。マラソンやメトキシクロールのような殺虫剤は《無害》といわれるが、それは肝臓の酵素のおかげなのである。この酵素があればこそ分子構造が変化し、毒性が減る。私たちがいろんな毒に身をさらしても安全なのは、このようなわけだといっていい。

だが、内外から押し寄せる毒をはねのけるとりでも、いまやゆるぎはじめ、くずれようとしている。肝臓が殺虫剤でいためつけられる。すると、解毒作用が失われるだけでなく、そのほかひろい範囲にわたるさまざまな機能が故障してくる。影響は種々様々で、それも直接あらわれることがなく、何でまたこんなことになったのか、本当の原因がわからないことも多い。

肝臓をいためる殺虫剤がひろく使われるようになってから、肝炎が急にふえてきたのは、興味ある並行現象である。一九五〇年代にはじまり、多少の変動はあるもののたえず増加しつづけている。肝硬変もふえているといわれる。はたして何が原因か、AがBの原因だ、と《証明する》のは、実験動物などと違って人間の場合にはむずかしいが、肝臓病がふえた事実と、肝臓をいためる有毒な物質があたりに蔓延していることを考えれば、この二つの事実のあいだには何か関係があるかもしれない、というのは常識だろう。塩化炭化水素が主な原因かどうか、それはさておき、明らかに肝臓の害になる有害な物質に肝臓をさらして、病気に対する抵抗力を弱めるのは、賢明とはいえない。

殺虫剤は、塩化炭化水素系と有機リン酸エステル系に大きく区分できるが、その方法こそ多少違え両者とも神経系統を冒す。無数の動物実験によって、そればかりか人間までも犠牲になって、こうした事実が明らかになってきたのだ。たとえば、ひろく使用されている最初の有機殺虫剤DDTは、人間の中枢神経系統を冒す、主に小脳と大脳運動中枢に障害があらわれると考えられている。大量のDDTをかぶると、皮膚がひりひり刺されるような、また焼けつくように痛んだり、痒かったりするが、またからだがふるえたり、痙攣を起すこともあると毒物学の教科書にも書いてある。

DDTが急性中毒をひき起すことをはじめて明らかにしたのは、イギリスの研究者グループだった。その際、自分たち自身が実験台となった。英国王立海軍生理学研究所の科学者二人は、皮膚からDDTを吸収させようと、DDT二パーセント含有の水性ペイントをぬったうえに、うすく油の膜をかけた壁にからだをじかにくっつけた。神経系統に影響が直接あらわれた。かれら自身報告しているところを写せば、――《手足がだるく痛んだ。そして気分もひどくめいった。はっきりとこうした症状があらわれたのだ。……ひどく気がたつようになった……仕事というものはいっさいしたくない……ちょっとでも頭を使うのはいやだった。関節がときどきはげしく痛んだ》。

このほかやはりイギリス人で、DDTのアセトン溶液を皮膚にぬって実験した者がいる。倦怠感におそわれ手足が痛み、筋肉が弛緩し、《極度の神経緊張の発作》におそわれたという。休暇をとり休養したら、よくなったような気がしたので、その後また仕事をはじめてみたが、からだの調子は悪くなるばかりだった。そこでまた三週間も寝こんだが、たえず手足が痛み、不眠症になやみ、神経は高ぶり、急にわけのわからぬ不安におそわれ、みじめな日を送った。ときどき全身がふるえた。鳥がDDTに中毒すると震顫（しんせん）を起すが、それと同じ現象なのである。結局二カ月半も仕事につけず、やがて一年たち、自分の実験報告がイギリスの医学雑誌にのったときにも、まだ完全にはなおらなかった。

（こうした明らかな事実があるにもかかわらず、志願者を集めてDDTの人体実験をしている何人かのアメリカの研究者は、《頭が痛い》とか、《そこら中の骨が痛む》と言っても、それは《精神神経症のせいにちがいない》といって真面目（まじめ）にとりあげない）。

病気の徴候や経過から見ても、殺虫剤が原因だと思われる場合が、いろいろ記録に残っている。こうした犠牲者は何らかの殺虫剤に身をさらしたことがあり、患者を殺虫剤と名のつくものがいっさいない環境において治療すれば、病気は消え、また化学薬品にふれると、たちまち逆もどりしてしまう。そのほかのさまざまな障害に対して、まさにこのようなことを一応考えて治療することが多い。《わざわざ危険を冒して》殺虫剤で私たちの世界をよごすのは無意味である、と警告するのも、理由があるのである。

でも、殺虫剤を使う人たちが、人によってそれぞれちがう症状をみせるのは、なぜだろうか。個人の感応性の差によるのである。男性よりも女性のほうが敏感に反応する、とはっきり言える場合もある。大人にくらべればまだ年のいかない子供や幼児のほうが、野外ではげしい労働に従事している人よりも室内ですわって仕事をする人のほうが、敏感なことも多い。そのほかさまざまな差があるが、はっきりとはつかめない。とはいえ、そうした事実があることは、やはり否定できない。なぜまたある人は、ほこりや花粉にかぶれるのだろうか。ある毒に敏感に反応するのはなぜか。ほかの人たちは何でもないのに、ひとりだけ伝染病にかかるのはどういうわけか。現在の医学では説明のつかない謎なのだ。説明できないからといって、無視することはできない。そしてまた事実、たくさんの人たちが、苦しんでいる。医者の推定によれば、患者の三分の一、あるいはそれ以上が過敏症で、その数もふえていくという。そして不幸なことに、まえには何でもなかった人が突然過敏症になることが多い。化学薬品にときどき身をさらすのが、その原因ではないか、と考える医者もいる。もしもそれが本当だとすれば、職業柄薬品に身をさらしている人たちを対象に実験をして、毒性の影響を調べてもあまり意味がない。たえず化学薬品を扱っている人たちは、刺激に敏感でなくなる。アレルギー専門医が、アレルゲンを少量ずつ患者に注入して治療するのと同じである。

殺虫剤中毒という問題全体が、複雑怪奇なのである。実験室で厳重に管理した状態で飼われている実験動物と違って、人間はさまざまな化学薬品の洗礼をうけている。いろんな系統の殺虫剤同士、また殺虫剤とほかの薬品はたがいに作用しあい、おそろしい事態をひき起しかねない。土壌に入っても、水や人間の血に入っても、もともとたがいに関係のない化学薬品が組合わさり、目には見えない不思議な変化を起して、毒性を発揮する。

まったく作用が異るとふつう考えられている二つの系統の殺虫剤――塩化炭化水素系と有機リン酸エステル系の殺虫剤も、たがいに影響しあう。人間のからだがそれ以前に塩化炭化水素にふれていると、有機リン酸エステルの破壊力が大きくなり、神経を保護している酵素、コリンエステラーゼが冒される。塩化炭化水素のために肝臓機能に障害がおき、コリンエステラーゼのレベルが正常以下に下がり、そこへ有機リン酸エステルが入ってきて、レベルをさらに下げると、簡単に急性中毒症状が起る。そしてまた、まえにも書いたが、有機リン酸エステル系のもの同士も、たがいに作用しあい、毒性が**百倍**にもふえることがある。また有機リン酸エステルがさまざまな薬品、合成物、食品添加剤などと作用しあうこともある。いまや人間はいろんな薬品をつくり出し、地上に溢(あふ)れている。これらの薬品との組合せを一つ一つ考えていったらきりがなく、だれがその可能性すべてを見通せるだろうか。

はじめは無害と思われていた化学薬品でも、ほかとの組合せしだいで、急におそろしい毒をもつようになる。その最もよい例は、DDTによく似たメトキシクロールだ（一般に考えられているように安全な物質ではない。最近の動物実験の結果によれば、子宮に直接の障害を及ぼし、脳下垂体ホルモンの一部に遮断(しゃだん)現象をひき起す、生物的影響の大きな化学薬品なのだ。またべつの研究によれば、メトキシクロールには、腎臓(じんぞう)をきずつける潜在能力があるという）。メトキシクロールが安全だといわれるのは、それだけのときには、大量に蓄積しないからであって、いつもそうとはかぎらない。何かほかの原因で肝臓が弱ると、メトキシクロールは、ふだんの百倍も体内に蓄積し、ＤＤＴと同じようにいつまでも神経系統をいためる。でも、はっきりとした肝臓病にならなくても、自覚症状がなく少し肝臓がいたんだだけでも、このようなことが起る。たとえば、べつの殺虫剤を使ったとか、四塩化炭素を含有する洗剤を使ったとか、トランキライザーを飲んだとか（トランキライザーには塩化炭化水素系のものがあって肝臓に副作用をあたえる）、そんな何でもないようなことで、こうしたことが起る。

神経系統が冒されるといっても、その場で症状があらわれるとはかぎらず、殺虫剤と接触した結果があとからあらわれることになることもある。メトキシクロールなどの薬品が脳や神経をいつまでも冒しつづけた報告もある。ディルドリンも、すぐにいろんな害をあたえるばかりでなく、《記憶喪失、不眠症、悪夢、躁病(そうびょう)》というような悪影響をあとまでも残す。医学上明らかになっているが、リンデンは脳や肝臓組織に大量に蓄積され、《中枢神経系統にいつまでも大きな影響をあたえる》ことがあるという。リンデン——それは、ＢＨＣ（ベンゼン・ヘキサクロリド）の一形態であって、煙霧機を使って、家庭、会社、レストランなどで大量に使用されている。

有機リン酸エステルは、急性中毒をひき起すのでおそれられているが、神経組織にも慢性の害を及ぼす力がある。最近わかったところでは、精神障害をもひき起すという。また、有機リン酸エステル系の殺虫剤を使うとそのあとしばらくして、麻痺が起るさまざまなケースがある。合衆国で酒類醸造販売が禁止された一九三〇年ごろ、不思議な病気がはやった。それは、まさに私たち自身がやがてどんな不幸に見舞われるかを如実に示している。殺虫剤ではなかったが、化学的には有機リン酸エステル系殺虫剤と同じグループの物質がその原因だった。アルコール飲料のかわりに、酒類醸造販売禁止令にふれない、いろんな薬が出まわったのである。たとえば、ジャマイカ・ショウキョウ（生薑）だが、アメリカ合衆国薬局方の製品は値段が高かったので、密売業者はジャマイカ・ショウキョウの偽物をつくったが、本物そっくりだったので、化学検査の段階でも偽物とはわからず、政府の役人もだまされてしまった。偽のショウキョウに風味をつけるときに、トリオルトクレシルエステルという化学薬品を使った。それは、パラチオンなどと同じように、保護酵素コリンエステラーゼを破壊する。偽のショウキョウを飲んだために、一万五千人あまりの人たちは、脚の筋肉が麻痺し、一生身体障害者になってしまった。いまでも《ショウキョウ麻痺》と呼ばれる病気である。神経鞘が破壊され、脊髄前角の細胞が変質してしまう。

　その後二十年あまりもたつと、その他のいろいろな有機リン酸エステルがひろく使われるようになった。殺虫剤が発明されたからだ。と同時に、ショウキョウ麻痺と思われるような病気がひろがりだした。たとえば、ドイツでは、温室で働いていた男が麻痺を起した。パラチオンを使ったあと二、三回軽い中毒症状を起したことがあったが、その後何カ月もたって麻痺があらわれてきたのだ。また、パラチオンと同系統のべつの殺虫剤にふれて、急性中毒をひき起した化学薬品工場の社員が三人いる。医者にかかって一時よくなったが、十日後、二人は脚の筋肉がしびれだし、そのひとりは十カ月たってもなおらず、また若い女性の化学者の場合はさらにひどく、両脚が麻痺し、手や腕もときどきしびれた。彼女の症例は、二年後医学雑誌に報告されたが、そのとき彼女自身はまだ歩くこともできなかった。

　こうした殺虫剤は販売停止になったが、いま使われている殺虫剤にも、同じような害をあたえる可能性のあるものがある。たとえば、園芸家の好きなマラソンを雛鳥（ひなどり）を使って実験してみると、筋肉がひどく弱ってしまう。ショウキョウ麻痺と同じように、坐骨（ざこつ）神経、脊髄神経をつつんでいる神経鞘が破壊されるためである。

　有機リン酸エステル中毒のおそろしさを数えあげたが、たとえうまく危険をのがれたにしても、すべては大団円の序曲にすぎない。神経系統をひどく冒すとすれば、必然的にこれらの殺虫剤は精神病と何か関係をもつと思われる。たとえば、メルボルン大学とメルボルンのプリンス・ヘンリー病院の医者たちは、精神病の十六の症例について研究成果を報告しているが、例外なく、まえに有機リン酸エステル系の殺虫剤に継続的にふれている。患者のうちの三人は化学者で、スプレーの効力を専門に検査していた。八人は温室栽培者、残りの五人は農民だった。症状は、記憶減退とか精神分裂症とか抑鬱反応とかいろいろだった。それぞれ使っていた化学薬品に、飼犬に手をかまれるように、手いたい目にあわされるまえは、みんな正常な健康な生活を送っていた。

　これらは医学の文献に出ていた症例なのだが、このような事件は、医学雑誌をひもとけば無数に見つかる。塩化炭化水素が原因のこともあれば、有機リン酸エステルが原因だったりする。精神の錯乱、妄想、記憶喪失、躁病など、わずか二、三の昆虫をただ一時的に駆除するためには、あまりにも高価な犠牲であると言わざるを得ない。**神経系統**をじかに冒す化学薬品の使用をやめないかぎり、犠牲はたえてなくならないだろう。

十三　狭き窓より

生物学者ジョージ・ウォールドは、目の視覚色素というきわめて特殊な研究をしたが、自分のやっていることは、「狭い窓」のようなものだと言っている——窓といっても《ちょっと離れると、ただ光のもれる裂け目にすぎない。だが、近くへ寄れば寄るほど視野がひらけ、ぴたりと目をつければ、ほかならぬこの狭い窓から全世界が看取できる》。

いまこの場合も同じだ。はじめ目に入るものは、からだの一つ一つの細胞。それからその細胞内の微小な組織、そしてさらに目を寄せれば、この組織内部の分子の原子反応。そのとき、勝手に環境に入れている化学薬品が、からだの内部の世界にどういう抜きさしならぬ変化をあたえるかがわかる。最近の医学では、エネルギーを生み出す個々の細胞の機能が脚光をあびている。生命をして生命たらしめているこのエネルギー——このものすごいエネルギーを生み出すメカニズムのおかげで、私たちは健康でいられるばかりでなく、生きることができるのだ。生きていくのに何がいちばん必要かといって、これに及ぶものはない。エネルギーを生み出す酸化作用が潤滑に行われなければ、からだのほかの器官も死んでしまう。だが、昆虫、ネズミやウサギ、雑草を駆逐する化学薬品は、たいていこの部分をじかにいためつけ、精巧なメカニズムを粉砕する。

細胞の酸化作用を明らかにしたことこそ、現代生物学、生化学の最大の偉業といってよい。これに関係のある発見をしてノーベル賞をもらった学者は、たくさんいる。先駆者の研究を踏み台にして、一歩一歩ここ二十五年ばかりのあいだに前進してきたのだ。でも、全貌が明らかになったわけではない。いまでは生物的酸化作用ということは、生物学者の常識であるといっても、それはさまざまな個別研究の成果が統合された、ここわずか十年間ぐらいのことである。一九五〇年以前に医学の教育をうけた人たちは、この大切なプロセス、またそれをかきみだすと、どんなに危険であるかをほとんど何も知らない。これはきわめて重大なことと言っていい。

エネルギー生産という基本的な働きは、ある特定の器官ではなく、からだのあらゆる細胞で行われる。生きている細胞は、炎と同じで、燃料を燃やしてエネルギーを生産し、生命を維持していく。といっても、これは比喩で、実際には体温というごく低い熱で細胞が《燃える》。だが、この目立たない小さな火花が何十億と集まって、生命のエネルギーの火となるのだ。この火花が消えれば、《心臓は脈打たず、重力をふり切り大空めがけてのびていく木も生長をやめ、アメーバーは泳ぐこともできず、いかなる感覚も神経をつたわることなく、人間の頭脳に考えがひらめくこともない》（化学者ユージン・

ラビノヴィッチ)。

物質をエネルギーにかえていく細胞内の動き——それはいつ果てるともなく生れかわる自然の輪廻(りんね)、まわって止ることを知らない水車だ。一粒一粒、一分子一分子ずつ燃料の炭水化物はグルコースとなって、この水車にそそぎこむ。燃料分子は、ぐるぐるまわるうちに分裂し、微細な化学変化をつぎつぎと起していく。それはすべて、順序を追って規則正しく行われ、一つ一つ酵素がコントロールしていく。酵素の受持もそれぞれきまっていて、自分に与えられた役目しか果さない。一段階ごとにエネルギーが生みだされ、最後に廃棄物(二酸化炭素と水)は排出され、燃料の変形分子は次の段階へと進んでいく。輪がひとまわりすると、燃料分子はすべりおち、新しく入ってきた分子と結合して、また新たに循環しはじめる。

細胞が化学工場にも似た機能を果しているこの事実こそ、生命ある世界の奇跡といっていい。この変化が無限に小さな規模で行われているのも、また不思議だ。細胞そのものも微小で、顕微鏡ではじめて見ることができる(わずかの例外はある)。おまけに、酸化作用そのものはたいていそれよりももっと小さなところで行われている。細胞内のミトコンドリアと呼ばれる微小体のなかだ。ミトコンドリアは、六十年以上もまえに発見されていたが、たいした機能ももたないと思われていた。正体もよくわからなかったのだ。ミトコンドリアの研究が脚光をあびはじめたのは一九五〇年になってからで、ここわずか五年間に千点を数える文献があらわれた。

ミトコンドリアの神秘は、科学者のおどろくべき叡智と忍耐によってとき明かされた。おどろくなかれ、その粒子はかぎりなく小さく、顕微鏡で三百倍にしても見えるか見えないか、という大きさである。さらにこの粒子を分解する技術が要求される。粒子をとりだし、成分を分析し、その複雑な機能を調べる。電子顕微鏡と生化学者の熟練があったればこそ、これらすべては可能となったのだった。

こうして明らかになったことは——ミトコンドリアはいろんな酵素がいっぱいつまった微小なつつみで、酸化循環を行うのに必要な酵素もそなえ、これらは側壁や隔壁に順序正しくならんでいる。ミトコンドリアは、エネルギーを生みだす仕事をほとんど一手にひきうけている《発電所》に似ている。細胞質で最初の予備的な酸化が行われると、燃料分子はミトコンドリアに吸収され、ここで酸化作用が完全に行われ、莫大なエネルギー量が放出される。

まさにこのように大切な目的があればこそ、ミトコンドリアの内部では、ぐるぐるまわる輪のように休むまもなく酸化作用が行われている。酸化循環の各段階で発生するエネルギーは、生化学者がＡＴＰ（アデノシン三リン酸塩）と呼ぶ形をしている。三つのリン酸塩基のついた分子だ。ＡＴＰがエネルギー供給の直接の源となるわけは、高速度で行き来する電子の結合エネルギーといっしょになって、リン酸塩基の一つがべつの物質に移るためなのである。筋肉細胞収縮のエネルギーは、三つつながっている末端のリン酸塩基が収縮する筋肉に移行するときに発生する。するとさらに第二の循環が行われる。サイクル内部のサイクルである。ATPの分子からリン酸塩基の一つが遊離すると、残りのリン酸塩基二つをもつ分子はADP(アデノシン二リン酸塩)となる。だが、循環するうちに、ほかのリン酸塩基が付着し、またエネルギーのあるATPができる。この変化を説明するのによく蓄電池の比喩が使われるが、ATPは充電された状態であり、ADPは放電の状態なのだ。

ATPは、いたるところに見られるエネルギーの供給源だ。微生物から人間まで、あらゆる有機体に見られる。機械エネルギーを筋肉細胞に供給し、神経細胞には電気エネルギーを供給する。精子細胞、受精卵子(カエルになったり、鳥になったり、人間の子になったりする、ものすごい爆発力を裡にひめている)、またホルモンをつくる細胞――これらはみなATPの供給をうけている。ATPのエネルギーの一部はミトコンドリア内で使われるが、大部分は細胞内に送られてほかの活動力の源泉となる。ミトコンドリアがある種の細胞内に見られるのは、需要のあるところへ正確にエネルギーを送る役割を果すためである。筋肉内では収縮繊維のまわりに集まり、神経細胞ではほかの細胞とのつぎ目に見られ、インパルスの移動に必要なエネルギーを供給している。精子細胞では、精子の運動装置である尾部が頭部とつながる部分にむらがっている。

遊離状態にあるリン酸塩基とADPが結合してATPに可逆的に変化する反応（バッテリーの充電）は、酸化プロセスと結びついている。酸化プロセスとの関連が強い場合は、共軛（きょうやく）リン酸化と呼ばれる。この連合反応がなければ、必要なエネルギーを供給できなくなってしまう。呼吸が行われても、エネルギーは発生しない。からまわりするエンジンのようなもので、熱を出すだけで力は出ない。筋肉は収縮もできず、インパルスは神経をパスできない。精子は、目的地に達することもできず、受精卵子は複雑な細胞分裂ができず新しい生命は生れない。共軛反応がなければ、胎児も大人も、生物という生物は危機に見舞われるだろう。やがて組織が死に、そればかりか有機体そのものが死滅してしまう。

共軛反応が起らない場合とは？　たとえば、放射線。細胞が放射線にさらされて死ぬのは、何かここらに原因があるのではないかと考えられている。そしてまた不幸なことには、酸化とエネルギー発生とを切りはなしてしまう化学薬品が多い。殺虫剤、除草剤なども またその仲間だ。まえにも書いたが、フェノールは物質代謝に大きな障害をあたえる。体温があがって死ぬことがある。共軛反応が起らず《エンジンが空転する》ためなのだ。ジニトロフェノールやペンタクロロフェノールがその例である（両者とも除草剤としてひろく使われている）。このほか除草剤で共軛反応を破壊するのは、2・4D。塩化炭化水素にはDDTに同じ性質があることがわかっているが、これから先、研究が進めば、この系統のうちにほかにも有害なものが発見されるかもしれない。だが、ほかの原因で、からだを構成している何十億という細胞の火が一部、あるいは全部消えてしまうこともある。酸化の各段階が特殊な酵素に導かれ押し進められていることは、さっき書いた。この酵素が一つでもいためつけられたり、破壊されると、細胞内の酸化循環が止ってしまう。どの酵素がやられても同じだ。酸化作用は、ぐるぐるまわる輪と考えたらいい。どこでもいい。輪の輻のあいだにかなてこをつっこめば、輪は止る。それと同じように、循環している酵素を一つ勝手に破壊したり弱めたりすれば、酸化現象はもう二度と見られない。そして、エネルギーは発生せず、共軛反応が起らないのと同じことになる。

みんながよく使っている殺虫剤には、酵素を破壊して酸化作用を止めるものが多い。たとえば、ＤＤＴ、メトキシクロール、マラソン、フェノチアジン、そのほかジニトロ化合物など。エネルギー生産の過程をずたずたに切断し、必要な酸素を細胞から奪いとってしまう。どんなにおそろしい結果を生むか。ここにほんの二、三の例をあげる。

組織的に酸素を止める――たったこれだけのことで、正常な細胞が癌細胞に変る。こうした実験結果が報告されているが、くわしくは、つぎの章で書く。ある細胞から酸素を奪うと、どういうことになるだろうか、妊娠しているときはとくに危険だ。動物実験の結果がある。酸素が十分ないために、いつもは正常に成長していく組織や、からだの器官がこわれてしまう。畸形など、異常な状態があらわれる。人間の胎児から酸素を奪えば、やはり先天的な畸形児が生れると思われる。

こうした不幸に見舞われる両親の数は、実際にふえている。なぜまたこんなことになったのか、その原因すべてをあくまでつきとめようとする人は少ないけれども、合衆国人口統計局が、一九六一年、畸形児の全国統計調査にのりだしたことは、私たちの不幸な時代を象徴する出来事といわなければならない。先天的畸形がどういう条件で起るのか、統計から何か資料が得られるかもしれない、という。統計局がもっぱら調べようとしているのは放射能の影響だが、放射能と寸分違わぬ力のある化学薬品がたくさんあることを忘れてはならない。いまに化学薬品が畸形児の原因になるのではないか、人口統計局の統計を見ると心配になる。私たちの住んでいる地球、そればかりか私たちのからだそのものに、いろんな薬品がしみこんだまま抜けない。

生殖力の減退という現象が見られるが、それも、生物的酸化作用の障害、その結果生ずるＡＴＰ蓄電池の涸渇と関係があるのかもしれない。受精まえの卵もＡＴＰの供給をうける。精子が入ってくるときにそなえて必要な莫大なエネルギーをたくわえておかなければならないのだ。精子の細胞が卵子にとどき受精が成功するかどうかは、ＡＴＰの供給がどのくらいあるかできまる（ＡＴＰは、細胞の頸部に密集しているミトコンドリアでつくり出される）。受精が終り細胞が分裂しはじめると、ＡＴＰという形態のエネルギーの供給量が、胎児の発育を大きく決定する。発生学者は、カエルとか、ウニの卵など簡単に手に入るもので実験しているが、ATPが一定量以下になると、卵は機械的に分裂をやめ、やがて死ぬ、という。

発生学のこの実験結果と、リンゴの木の上のコマツグミの卵の現象と考え合わされぬことはない。青緑色の卵は、リンゴの木の上の巣のなかにならんでいるが、何日か燃えた生命の火はいまや消えはてて、ぬくもりもない。また空高くそそり立つフロリダマツの梢には、小枝や棒きれをうずたかくつんだ、ワシの巣がかかっているが、三つならんだ大きな白い卵は、冷たくなっている。コマツグミやワシの卵がなぜ孵らないのか。実験室のカエルの卵と同じように、鳥の卵もエネルギーの流れがとだえたために（ATP分子の不足のために）、途中で死んでしまったのか。なぜまたATPが足りなくなったのか。親鳥のからだに殺虫剤が蓄積され、そのためその卵にも殺虫剤がたまって、酸化作用の小さな水車が止り、エネルギーが発生しなくなってしまったのか。

鳥の卵に殺虫剤が蓄積されることはすでに明白な事実で、哺乳類よりも鳥の卵のほうが、はるかに観察しやすい。実験に使った鳥にかぎらず野生の鳥でも、殺虫剤にふれた鳥には、DDTとかそのほかの塩化炭化水素がかならず残留していた。そして、その濃度も大きい。カリフォルニア州で実験したコウライキジの卵には、三四九ppmまでDDTが蓄積した。DDTで中毒死したコマツグミの輸卵管からとりだした卵には、DD

Tが二〇〇ppmも蓄積していた（ミシガン州）。親鳥が死んで見捨てられた巣の卵もDDTを含有し、隣の農家で使ったアルドリンにふれて死んだ鶏の卵にも、アルドリンが入っていた。試験的にDDTを食べさせた鶏の卵からは、六五ppmという多量のDDTが検出された。

DDTやそのほかの（たぶんすべての）塩化炭化水素が特殊な酵素の働きを破壊したり、またエネルギー生産のメカニズムを非共軛化したりして、エネルギーの発生を止めるとすれば、卵に一度残留物が付着すれば、その卵は複雑な発生の過程を終りまでたどることはむずかしい。無数の細胞分裂、組織や器官の生成、生命物質の総合――これらすべてが生命あるものをして生命あらしめている。それには、莫大なエネルギー――ATPのつまった小さなつつみが必要で、それは物質代謝の輪がまわって生じる。

おそろしい目にあうのは鳥だけだ、と考えていい理由は一つもない。ATPはあらゆる生物内のエネルギーの流れで、ATPを生みだす物質代謝の循環は、鳥であろうとバクテリアであろうと、人間であろうとネズミであろうと、みな同じ機能を果している。およそいかなる生物であれ、生殖細胞に殺虫剤が蓄積するのは、問題である。人間もまた似たような被害をこうむらないともかぎらない。

化学薬品は、また生殖細胞だけでなく、生殖細胞を形成している組織にも宿るものと推定される。さまざまな種類の鳥や哺乳類の生殖器官に殺虫剤の蓄積が見られた。コウライキジ、ネズミ、テンジクネズミ、エルム病対策に撒布（スプレー）した地域のコマツグミ、ハマキガ科の蛾の幼虫駆除が行われた合衆国西部の森林にすむシカなど。あるコマツグミの場合には、とくに睾丸にＤＤＴが濃縮していた。コウライキジも同じで、睾丸の蓄積量は一五〇〇ｐｐｍであった。

生殖器官に化学薬品が蓄積するためか、哺乳動物でも、実験してみると、睾丸が萎縮する。メトキシクロールにふれたネズミの子は、ひどく睾丸が小さい。雄鶏の雛にＤＤＴを与えると、睾丸はふつうの一八パーセントより大きくならないし、睾丸ホルモンの力で大きくなる鶏冠や肉垂も、正常の三分の一にすぎなかった。

ＡＴＰの減少は、精子そのものに影響を及ぼす。牡牛の精子の運動がジニトロフェノールのためににぶることは、実験の結果明らかになっている。ジニトロフェノールはエネルギー共軛のメカニズムをかきみだすために、エネルギーがどうしても失われるのである。調べてみれば、まだほかに同じような影響を及ぼす化学薬品があるかもしれない。人間もその例にもれないのではないか、――乏精液症（オリゴスペルミア）や精子生産減退が、ＤＤＴを飛行機で空から畑に撒布している人たちのあいだに見られる、と報告している医学論文もある。

人類全体を考えたときに、個人の生命よりもはるかに大切な財産は、遺伝子であり、それによって私たちは過去と未来とにつながっている。長い長い年月をかけて進化してきた遺伝子のおかげで、私たちはいまこうした姿をしているばかりでなく、その微小な遺伝子には、よかれ悪しかれ私たちの未来すべてがひそんでいる。とはいえ、いまでは人工的に遺伝がゆがめられてしまう。まさに、現代の脅威といっていい。《私たちの文明をおびやかす最後にして最大の危険》なのだ。

ここでまた化学薬品と放射線が肩をならべあう。この両者のいちじるしい並行関係を無視するわけにはいかない。

放射線をあびた生物の細胞は、さまざまな障害をうける。正常に分裂していけなくなったり、また、染色体の構造が変化することもある。遺伝物質のにない手である遺伝子が突然変異をひき起し、つぎの世代に新しい変化をもたらすこともある。放射線にとくに敏感な細胞は、即座に死滅するか、あるいは何年かたつうちに癌細胞にかわる。

放射線によるこのような被害は、ラジオミメチック――放射線に似た作用のある化学薬品――によってもひき起されることが実験の結果明らかになっている。放射線に似た作用があるため、ひろい範囲をおおい、殺虫剤、除草剤もそのなかに入り、染色体をいため、正常な細胞分裂をかきみだし、突然変異をまねく。このような遺伝物質の破損のために、当人が病気になるときもあるが、また世代があらたまってからはじめて影響がでることもある。

二、三十年まえには、こうした放射線の作用も、化学薬品の影響もわからなかった。そのころ核分裂などということはできなかったし、放射能と同じような働きをする化学薬品などごくわずかしか試験管にとらえられなかった。ところが、一九二七年、テキサス大学の動物学教授ハーマン・J・マラー博士が、生物にX線を照射するとつぎの世代で突然変異が起る事実をつきとめたのだった。このマラーの発見こそ科学、医学の新しい領域をひらいたといっていい。マラー自身ノーベル医学・生理学賞をうけたが、やがて悲しむべきことに灰色の放射能の雨が地上に降りそそぐようになると、放射能にどんな力がひそんでいるのか、科学の専門家でなくてもみんな知るようになった。

マラーほどのはなやかさはなかったが、エディンバラ大学のシャロット・アウアーバックとウィリアム・ロブソンの両氏は、一九四〇年代に入ってからマラーに匹敵する発見をしている。マスタードガス（イペリットガス）が放射能と同じ恒久的な変化を染色体にあたえることを明らかにしたのである。マラーのX線照射と同じショウジョウバエを使って実験したが、マスタードガスも突然変異を誘発する。最初に発見された化学的突然変異原だった。

いまは、マスタードガスのほかに、たくさんの化学薬品が突然変異原として名をつらねている。それぞれ植物・動物の遺伝物質を変化させるのだ。どういうわけでこうした変化が起るのか。生きている細胞で演じられている、生命の基本的なドラマをまず眺めてみよう。

からだの組織と器官を構成している細胞は、からだが成長するにつれて、そしてまた生命が世代から世代へとつたわっていくために、数もふえていく。有糸分裂、核分裂のおかげなのだ。まさに分裂しようとしている細胞内に重大な変化が起る。まずはじめは核内部に起るがついには細胞全体に及ぶ。核内部では、染色体が神秘な運動を起し、むかしからの規則にしたがって分裂し、娘細胞ができる。はじめは細長い糸のような形で、そこに遺伝子が一列にならんでいる。ひもに通したビーズのように。やがて、染色体は長軸にそって縦にわれ遺伝子も同じように分裂する。細胞が二つに分裂すると、半分にわれた染色体は、それぞれの娘細胞のところへ行く。こうして新しい細胞は、染色体を完全にそろえ、前世代の遺伝情報は染色体にそっくりそのまま書きこまれている。種族や種の安全が保たれるのはまさにこのためであり、だからこそ、《瓜のつるに茄子はならぬ》と言われる。

特殊な細胞分裂は、生殖細胞ができるときに見られる。ある種の染色体数はいつもきまっているから、卵子と精子がいっしょになって新しい個体を形成するときには、染色体の数の半分しかもち出せない。この結合は無比の正確さをもって行われるが、それは、生殖細胞をつくる分裂の一つに際して染色体の動きがかわるためなのである。このときには染色体は分裂せず、それぞれの組の染色体が、そのまま各々の娘細胞へと移っていく。

　こうした道筋をへて、生命あるものは一つの統一体となって現前する。地上にすむ生物という生物は、この細胞分裂という過程をたどる。さもなければ、人間であれアメーバーであれ、アメリカスギの巨木であれ簡単な酵母の細胞であれ、長くは生存できない。だから、有糸分裂に邪魔が入ると、有機体はおそろしい危機に見舞われ、子孫まで脅威にさらされる。

《細胞の主な特徴――たとえば有糸分裂など、五億年もまえから続いてきているにちがいない。いやもう十億年になるかもしれない》――ジョージ・ゲイロード・シンプソンはピテンドリグとティファニーとともに《生命》という題名のひろい範囲にわたる著書をあらわしたが、これはそのなかの言葉である。《この意味で、生命の世界は精巧でもろくとも、信じられないくらい長いあいだ続いてきた。山よりも耐久力がある。そのわけは、代々の〈遺伝情報〉が信じられないくらいの正確さで世代から世代へとつたわっていくからなのだ》。

　この本には何十億年の歴史が描かれているが、まさに歴史がはじまって以来、未曾有の出来事が二十世紀のなかばに起った。あの《信じられないくらいの正確さ》が、放射線や化学薬品のために狂いだしたのだ。マクファーリン・バーネット博士（著名なオーストラリアの内科医、ノーベル賞受賞者）は書いている。――《治療が進歩して、生物学的に未知の化学薬品がつくられるにつれて、内臓器官を突然変異誘発物から守るとりでが、しだいにゆらぎだす——これこそ、私たちの時代に最も重要な医学的特徴だ》。

人間の染色体の研究はまだはじまったばかりで、環境の因子がどういう影響を染色体に及ぼすか、その研究はやっと最近できるようになったのである。たとえば、人間の細胞内の染色体数がわかったのは、一九五六年のことだ。四十六ある。新しい電子顕微鏡が発明されたため、完全な染色体があるかどうか、染色体の細部までも観察できるようになった。外界になにか因子があって遺伝障害が起るという考えそのものがわりと新しく、遺伝学者でなければ、ほとんど知られていないといっていい。そしてまた、遺伝学者の言葉に耳を傾ける人は多くない。放射能がさまざまなおそろしい影響をあたえることは、いまやひろく理解されてきた。だが、意外なところで、いまなお反対の声に出くわす。《遺伝の原理を理解しようとしないのは、政治を動かす重要な地位にいる政府関係の人たちだけでなく、医学の研究そのものにたずさわる人にもたくさんいる》とマラー博士は、慨嘆している。化学薬品にも放射能と同じ力がひそむことを知る人はどれほどいるだろうか。ほかならぬ医学や理学を研究している人でも、真面目(まじめ)に耳を傾けようとしない。こうしたことを考えれば、化学薬品を（実験室内ばかりでなく）やたらとみんなが使えばどうなるのか、いまなお正しく理解されないのも当然と言っていい。だが、いつまでも呑気(のんき)にかまえていることは許されない。

いまにおそろしいことになりかねない――バーネット氏だけではなく、同じことを憂える人はいる。イギリスの権威ピーター・アリグザンダー博士によれば、放射線よりも《もっと危険なのは》放射能に似た化学薬品なのだ。過去何十年も遺伝学ととりくんだ、ひろい視野からこの問題についてマラー博士は警告している――いろんな化学薬品（そのうちには殺虫剤関係の薬品が含まれる）は、《放射線と同じようにしばしば突然変異を誘発しうる。……異常な化学薬品に身をさらしている現状を考えれば、私たちの遺伝子がいったいどのくらい突然変異誘発物の影響をこうむるものか、いままであまりにもみんな無知すぎた》。

化学的突然変異原の問題が一般によく理解されないのは、この事実が最初に発見されたのが、あくまでも専門の化学者がとりあつかう物質にかぎられていたためと思われる。もちろんナイトロジェン・マスタードを空からみんなの頭上にまきちらすようなことはありえない。実験生物学者や、癌治療の医者が使うだけだ（ナイトロジェン・マスタード類の治療をうけた患者に染色体障害があらわれた報告が、最近出ている）。だが、殺虫剤、除草剤となると、おびただしい人が使っている。

いまほとんど知られていないといっても、その気さえあれば、たくさんの殺虫剤について正確な資料を集めることは可能だ。たとえば、これらの殺虫剤が細胞の生命のプロセスをかきみだし、かるい染色体障害からはじまり遺伝子の突然変異、そしてついには悪性の不治の腫瘍(しゅよう)に終る事実を明らかにできる。

何世代もDDTのスプレーをうけた蚊は、雌雄モザイクと呼ばれる不思議なものにかわってしまう。雌でもあれば雄でもあるという奇妙な蚊だ。

各種フェノールをかけた植物は、染色体がひどく破損し、遺伝子に変化があらわれ、多数の突然変異が起り、《その遺伝変化はもはやもとにもどらぬ》(非可逆的遺伝変化)。遺伝学の実験で有名なショウジョウバエも、フェノールにふれると突然変異を起す。ふつうの除草剤でもウレタンでもいい。それらをかけると、ショウジョウバエの突然変異はひどく、その種の運命にかかわる。ウレタンとは、カルバミン酸エステルと呼ばれるグループの化学薬品で、殺虫剤などの農薬が最近さかんにそれからつくられている。カルバミン酸エステルのうちの二つは、ジャガイモを貯蔵するとき芽がでないようにするのに使われている。まさに、細胞分裂を止める力があるためなのだ。このうちの一つは、マレイン酸ヒドラジッドで、強力な突然変異原として知られている。

ベンゼン・ヘキサクロリド(BHC)、あるいはリンデンで処理した植物は、根が腫瘍のようにみにくくふくれあがる。染色体の数が倍になり、細胞が大きくなるため、その後の細胞分裂もこの倍の染色体数で行われ、しまいに限界に達して分裂不可能となる。

除草剤2・4Dも、腫瘍のような隆起をひき起す。2・4Dで処理した植物の染色体は、短く太くなり、かたまりとなる。細胞分裂は、いちじるしく阻害され、X線照射によく似た症状があらわれる。例は、まだいくらもある。殺虫剤の突然変異誘発力については、まだ本格的な研究が行われていない。いまあげた例も、細胞生理学、遺伝学の分野の研究をしていて、偶然わかったことなのである。一刻も早く真正面からこの問題ととりくむ必要がある。

環境の放射能が人間に潜在的な影響力をもつことを認める科学者でも、突然変異誘発性の化学薬品にも同じ力がひそむことは、真面目にとりあげない。放射能がからだの内部にまで浸透すると騒ぎたてても、化学薬品が胚細胞に達することは信じようとしない。というのも、もとを正せば人間に及ぼす化学薬品の影響について本格的な研究がほとんど行われていないためなのだ。とにかく、鳥や哺乳類の生殖腺や胚細胞から、ＤＤＴの残留物が大量に見つかっている。これこそ、少なくとも塩化炭化水素がただからだの内部にひろがるばかりでなく、まさに遺伝物質とかかわりあう明白な証拠である。ペンシルヴェニア州立大学教授デイヴィッド・Ｅ・デイヴィス氏が最近発見しているが、細胞分裂を止める癌治療用の化学薬品は、鳥の不妊剤としても使えるという。この薬品を致死量以下で使えば、生殖腺内の細胞分裂が止る。野外の実験でも、デイヴィス教授は、ある程度の成功をおさめている。外界の化学薬品から有機体の生殖腺が安全に守られるというのも、気やすめにすぎないように思われる。

染色体異常研究の分野で最近行われた医学上の発見は、きわめて興味がありまた重大だ。一九五九年イギリスとフランスの複数の研究グループが、それぞれべつに研究を進めながら、同じ結論に達した。染色体の正常個数がくずれると、人間はある種の病気にかかる、という。疾病（しっぺい）や異常症状によっては、患者の染色体数がふつうと違う。たとえば、ダウン症候群は染色体の数が一つよけいなのだ。この過剰部分は正常な部分に隣接しているときもあって、そのときは染色体数は正常の四十六。だが、この過剰な染色体は、たいてい離れて、数が四十七になる。患者の両親に、すでにその原因があったにちがいない。

また合衆国、イギリスにいる慢性白血病患者はたいてい、染色体がふつうの人と違うメカニズムをもっているようだ。患者の血液細胞のいくつかに例外なく染色体異常が見られた。染色体の一部が欠けていたのだ。皮膚細胞には、正常な染色体が完全にそろっていることから判断すれば、前世代の生殖細胞の染色体に欠陥があって白血病がでたのではなく、ある特定の細胞（この場合は血液細胞の先駆物質）がその人間が生れおちてから大きくなるうちにいつのまにか破損してしまったと考えられる。染色体の一部が欠失したために、細胞は正常な運動をするための《指令》をもらえなくなったのだろう。

このようなことは、いままでの医学では考えられもしなかったことだ。だが、この新しい領域がひらけてから、染色体の故障と関係のある病気が多いことが、つぎからつぎへと明らかになってきた。たとえば、クラインフェルター症候群としてしか知られていなかった病気は、性染色体の一つが重複している。男性は男性でも、X染色体が二つあるため（XYのかわりにXXY）、異常な症状があらわれる。背がむやみと高かったり、精神に欠陥があったりする。不妊症をともなうこれらの症状は、染色体異常が関係している。反対に一つしか性染色体がない場合には（XXでもXYでもなく、XO）、外見は女性でも二次性徴にいろいろ欠失がある。さまざまな身体的（ときには精神的）欠陥があらわれる。X染色体はいろいろな特徴を決定する遺伝子をもっているのだ。この病気は、ターナー症候群として知られているもので、原因がわからぬまま、以前から医学文献にのっていた。

染色体異常については、多くの国でさかんに研究されている。クラウス・パトー博士を中心とするウィスコンシン大学の研究グループは、とくに先天的畸形症状（たいてい精神障害がつきまとう）を研究したが、染色体のわずか一部が重複するのがその原因らしく、胚細胞の一つが形成されるときに染色体がわれて、そのかけらが正しく再配分されない。そのため、胚が正常に発育しないと思われる。

いまわかっているところでは、ひとつの過剰な完全な体細胞染色体があらわれると、胚が生き残れず、死んでしまう。わかっている例外は三つだけあって、その一つはいうまでもなくダウン症候群だ。染色体に過剰な部分がつくときには重大な欠陥があらわれるが、かならずしも生命には別状なく、ウィスコンシン大学の研究グループによれば、生れおちたときからどういうわけかいろんな欠陥があり知能の発育がおくれる原因不明の症状をとく鍵はたいていここにあるという。

これらは、まだ新しい学問の分野で、いままではもっぱら染色体異常と病気や発育障害との関係を調べるのにいそがしく、その原因調査までは手がとどいていない。染色体がきずついたり、細胞分裂が変則的な過程をたどるのは、複雑な原因がいろいろあり、簡単にわりきれると思ったら間違いだ。だが、私たちが身のまわりにまきちらしている化学薬品には、染色体を打ちこわすだけの力がひそんでいる。そしてまさにこのようなおそろしい事態が起るのを望んでいるかのように、自然を化学薬品づけにしている。そしていったい何でまたそんなに高価な犠牲をはらうのか。ジャガイモに芽が出ないようにするため……庭から蚊を追いはらうため……？

のぞみさえすれば、この危険な度合をへらすことができる。二十億年あまりにわたって原形質生物から進化し淘汰されてきたこの遺産を守ることができる。この遺産は、私たち一代かぎりで使っていいものではない。きたるべきつぎの世代へと大切につたえていかなければならないのだ。だが、私たちは、その保全を心がけて行為することがあまりにも少ない。薬品会社の製品は、毒性検査をうけなければならない。法律できめられている。だが、遺伝関係にどういう影響をあたえるのか、そこまでの厳密な検査は、要求されていない。すべては野ばなしのままだ。

十四　四人にひとり

癌――それと生物との戦いは、ふるい。いったいいつごろはじまったのか、歴史をさかのぼっても、はっきりしない。だが、地上に生命が誕生して、太陽やあらしや地球の原始物質からでてくる力にいやでも直面するようになったとき、もう癌と生物との戦いは自然そのもののなかではじまっていたにちがいない。自然環境のうちのあるものは、生命をおびやかし、それに適応できない生物は、滅びるよりほかなかった。太陽光線のなかには放射性紫外線があって危険このうえもなかった。また、岩によってはおそろしい放射線を出すのもあったし、土壌や岩石から砒素が洗い出されて、食物や水を汚染することもあった。

　生命が誕生するまえから危険な物質は環境にあった。だが、やがて生命が芽生え、かぎりなく数も種類もふえてきた。でも、それは、破壊的な力に対する生命の適応の結果で、適応力のないものは滅び、抵抗力のあるものだけが生き残ってきた。それも、何百万年という長い時をかけて……。まさに悠長な自然そのものの歩みだった。発癌の原因となる自然因子は、いまでもおそろしい不幸をもたらすが、その数は少ない。太古のむかしから、生命はこれらの物質に適応するすべを会得してきたからだ。

だが、人間があらわれると、事態は一変した。というのは人間は、ほかの生物と違って、発癌物質をみずから創れるからだ。医学では、carcinogenという物質だ。いままでこそ人工的につくり出せるが、それまでは長いあいだ自然の一部だった。たとえば、煤。それは、芳香族炭化水素を含有している。工業時代の夜明けとともに、いろんな変化が起った――それもますますめまぐるしく移りかわっていく。新しい化学的・物理的な因子が人工の環境をつくりあげたかと思うと、自然の環境を押しのけ、自然にかわって、生物に影響を及ぼしだした。自分自身がつくり出したくせに、発癌物質は手におえなくなり、人間は自分の身を守ることができない。長い月日をかけて生物的遺産が進化してきたのと同じように、新しい条件に適応するのにもひまどるのだ。だから、おそるべき力をもった化学物質は、からだの守りのかたまらぬすきに乗じて、やすやすと私たちのからだのなかに入ってくる。

癌の歴史は長い。だが、なぜ癌ができるのか、少しずつわかりはじめたのは最近のことだ。外界や環境に原因があって癌という不治の病が起るのではないかと考えたのは、ロンドンの医者パーシヴァル・ポット卿だった。いまから二百年ばかりまえのことだ。煙突掃除夫がよく陰嚢癌にかかるのは、煤がからだに蓄積されるためにちがいない、という説を発表している（一七七五年）。はっきり《証明》はできなかったが、いまは煤から猛毒な化合物を分離でき、ポットの説を裏づけられる。

ポットの発見から百年以上たったが、わかったことといえば、人間の環境にある、ある種の化学物質にくりかえし皮膚がふれたり、またそれを吸いこんだり、嚥下したりすると、癌ができるのではないか、ということくらいだった。事実、コーンウォール州やウェールズの銅製錬所の錫鋳造場で砒素の煙にふれている労働者には、皮膚癌が多かった。またドイツのザクセン州のコバルト鉱山やボヘミアのヨアヒムスタールのウラニウム鉱山の労働者が肺の病気にかかり、あとで癌だとわかったことがある。だが、みんなまだ工業が発展しなかったころのことだ。あちこちに建った工場からいろんな製品が出てきて、生物という生物の環境にしみわたるようなことはなかった。

工業の発達が禍いのもととなることがわかりはじめたのは、一八七五年以後のことである。伝染病の原因をパスツールがつきとめたころ、癌発生の化学的因子がいろいろ発見された。ザクセン州の褐炭工場やスコットランドの頁岩工場の労働者で皮膚癌にかかるものがでてきたのだ。ピッチやタールを使って働いている人間が、ほかの癌になった例もあった。こうして、十九世紀の終りまでに見つかった、工業的発癌物質は六つばかり。だが、二十世紀になると、無数の化学的発癌物質があらわれ、人間は、いやがおうでも毒にとりかこまれて生活しなければならなくなった。ポットの時代から二百年もたたないうちに、人間をとりまく世界はすっかりかわった。おそろしい化学物質を使って働いている人たちにかぎらない。ありとあらゆる人々のまわりに――まだ生れおちない子供のまわりに、おそろしい化学物質がしみこんでいる。だから、いま不治の病がふえてきているのも、当然といえば当然のはなしなのだ。

ただ癌が多くなったように思われるばかりではない。人口統計局発行の報告一九五九年七月号によれば、リンパや造血組織の悪性腫瘍も含めて、悪性腫瘍で死んだ人の数は、一九〇〇年には全死亡数の四パーセントにすぎなかったのに、一九五八年には一五パーセントにもなっている。癌の罹病(りびょう)率から計算すると、いま元気でいる四千五百万人のアメリカ人がやがて癌で倒れることになる（合衆国癌協会）。三軒のうち二軒が、癌に冒されるのだ。

犠牲者は、子供たちだ。二十五年まえまでは、子供が癌にかかることは、珍しかったが、**いまは合衆国では学童の死因の第一位がほかの病気ではなく癌なのだ。**何ともいたましい。ボストンには、合衆国ではじめての小児専用の癌病院ができた。一歳から十四歳までの子供の死因の一二パーセントが癌なのだ。臨床報告によれば、それも五歳以下の子供にとくに悪性腫瘍が多いという。そして、おそるべきことには、生れおちたとき、いや、生れるまえから、発癌していることが多いという。環境癌の権威、国立癌研究所のW・C・ヒューパー博士は言う――先天的癌や小児癌は、母親が妊娠中にふれた発癌因子が胎盤をつきぬけて、発育中の胎児の組織に影響をあたえるためではないだろうか、と。動物を発癌物質に接触させて実験してみると、年のいかない動物ほど発癌率が高い。フロリダ大学のフランシス・レイ博士は、警告している。《〔食物〕を化学薬品で加工するために現代の子供に癌が多いのかもしれない……一世代たち、二世代たったら、いったいどうなるのか、私たちにはわからない》。

さて、いま私がとりあげたいと思う問題は、——自然をコントロールしようと使っている化学薬品のうちで、直接、間接的に癌発生の原因になるものがあるだろうか、ということである。発癌物質として五ないし六種類の殺虫剤があることは疑うまでもない。動物実験の結果明らかになっている。白血病の原因が、殺虫剤にあると考える医師もある。このような殺虫剤を考慮すれば、さらに多くの薬品が危険だということになろう。もっとも人間を使って実験したのでないから、そう言いきるわけにもいかないが、とにかくショックである。組織や細胞に影響して悪性腫瘍の間接的な原因となるものまでも含めれば、さらに数はふえる。

癌と関係があることがわかった最初の殺虫剤は、砒素系のもので、砒素カルシウムなどの化合物の殺虫剤があるが、砒素ナトリウムはまた除草剤として有名である。砒素と癌との関係はふるい。砒素に身をさらすとどういうことになるのか——、こうした分野の古典的名著ヒューパー博士の『職業腫瘍』という本を見ればよい。ドイツのシレジア地方にある町ライヘンシュタインは、千年もまえから金山、銀山として栄え、四、五百年まえから砒素鉱石が採掘されてきた。砒素を含んだ廃棄物は、何百年ものあいだに鉱山の近くに蓄積され、山から流れる水のなかに入っていった。地下水も汚染し、飲料水に砒素が入り、住民は何百年も原因不明の病気になやまされ、《ライヘンシュタイン病》という名前までできた。慢性の砒素中毒症で、肝臓障害も併発する。また皮膚や、胃腸や、神経系統にも障害が及ぶ。また悪性の腫瘍もできる。だが、ライヘンシュタイン病もいまではむかしの語り草にすぎない。新しい上水道をつくったのが二十五年ほどまえ、それ以来、病気は影をひそめた。だが、アルゼンチンのコルドバでは、いまでも慢性砒素中毒が風土病のようにひろがり、皮膚癌が多い。町は砒素を含有する岩山にとりかこまれ、飲料水が汚染しているためなのだ。

長いあいだ砒素系の殺虫剤を使えば、ライヘンシュタインやコルドバと同じことになる。たとえば合衆国のタバコ畑や、合衆国北西部の果樹園、東部のブルーベリー栽培地帯の土壌には砒素がしみついているから、いつ飲料水が汚染するかわからない。

環境が砒素で汚染すると、人間があぶないばかりでなく、動物も害をうける。一九三六年、ドイツから聞きずてならない報告がでている。ザクセン州フライブルクの近くの銀と鉛の製錬所の煙には砒素が多く、植物に砒素がついた。ヒューパー博士の報告によると、馬、牛、ヤギ、豚など、毛が抜けたり、皮膚が厚くなり、近くの森にすむシカを調べると、ときどき不思議な斑点や、癌になる前兆の瘤ができ、明らかに癌にかかっている動物もいた。家畜も、野生動物も、《砒素性腸炎、胃潰瘍、肝硬変》にかかっていた。

製錬所近くの羊は、鼻腔に癌ができ、死体を解剖してみると、脳や肝臓から砒素が見つかり、腫瘍ができていた。

《あたりの昆虫もひどくいためつけられ、とくに被害のひどかったのはミツバチだった。雨が降ると、木の葉から砒素が洗い出されて、小川や池に流れこんで、おびただしい魚が死んだ》。

新しくあらわれた有機殺虫剤にも発癌物質があるが、たとえば、ダニ防除にみんなが使う薬品がそれである。それを見れば、法律があって安全だというのも、たいしてあてにならないことがわかる。はっきり癌の原因になることがわかっている化学薬品がそこらに出まわって四、五年した後に禁止する法律ができる。そしてまた今日は《安全》でも、明日は危険このうえもない、というそのいい例がまさにこのダニ駆除剤なのである。

この薬品ができたのが一九五五年。製薬会社は、法律の規定どおり動物実験の結果をそえ、作物につく残留量はごくわずかだから認定してほしいとその薬品を申請した。ところが、食品薬品管理局の専門家たちは、発癌の原因になりうる危険があると認定し、それにもとづいて委員会は残留許容量ゼロという結論を出した。つまり、ほかの州へ出荷する作物に残留物が少しでもついていてはいけないというのだ。だが、会社には再審査を求める権利があり、委員会は審査しなおすことになり、結局一種の妥協案がでた。残留許容量は、一ｐｐｍ、製品販売は二年にかぎって許可する、そのあいだに、はたして発癌物質かどうか、試験をひきつづき行わなければならない、というのだった。

委員会はあからさまには言わないが、私たちみんなはモルモットというわけなのである。実験室ではひきつづき犬やネズミを使って試験をしたが、私たちも発癌物質の試験台に立たされていたわけだ。そして動物試験のほうが早く結論が出たが、二年後、ダニ駆除剤は、ほかならぬ発癌物質であることが明らかになった。だが、一度きめた残留許容量はすぐには取消せなかった。翌年一九五八年は、法律改正の手続きについやされ、その年の十二月になって、やっと許容量ゼロにおちついた。一九五五年に委員会が出した勧告が、やっと日の目を見たわけである。

殺虫剤には、ほかにも発癌物質がいろいろある。動物を使って実験してみると、ＤＤＴのために肝臓腫瘍ができた。食品薬品管理局の専門家には、どういう腫瘍かはっきり判断がつきかねたが、《程度の低い肝臓細胞癌》と思われるふしもあるという。ヒューパー博士によれば、ＤＤＴは疑いもなく《化学的発癌物質》の一つとなっている。

カルバミン酸エステル系の除草剤ＩＰＣ、ＣＩＰＣも、ネズミの皮膚に腫瘍をつくる。

その多くは悪性であった。これらの除草剤がはじめに腫瘍発生の原因になり、あたりにしみこんでいる化学薬品が作用して腫瘍が癌になるのかもしれない。

動物実験の結果明らかになったところでは、発癌の原因となる除草剤は、アミノトリアゾールである。甲状腺に癌をつくる。一九五九年、ツルコケモモ栽培者たちが大勢この薬品を濫用し、残留物のついた出荷品が出まわったことがあった。食品薬品管理局はさっそく汚染したツルコケモモを押収したが、たちまち非難の声があがり、除草剤が癌の原因になるはずはないと多くの医学の専門家までも言い出した。だが、食品薬品管理局が発表したデータを見れば、アミノトリアゾールが実験用のネズミに癌を発生させたことは明らかなのだ。水に一〇〇ｐｐｍのアミノトリアゾールを入れて飲ませると（匙一万杯分の水に一杯分だけ薬品を入れると）、六十八週目に甲状腺腫瘍ができはじめる。二年間こうしたことを続けるうちに、半数以上のネズミに腫瘍が発生した。良性や悪性、そのほかいろんな種類の腫瘍だった。汚染度の低い餌をあたえたのに腫瘍ができたネズミもいた。**この分量なら大丈夫という線はなかったのだ。**だからこのくらいの分量だと人間もあぶないという線が見つかるわけはない。そして、ハーヴァード大学医学部教授デイヴィッド・ラトスティン博士によれば、癌になる、ならないは、両方同じくらいの可能性があるという。

新しい塩化炭化水素系の殺虫剤や最近の除草剤がどういう影響を及ぼすのか、今後しばらくたたないとわからない。癌など、すぐに表面にあらわれることがなく、少しずつ大きくなってくる。一九二二、三年ごろ時計の文字盤に蛍光塗料（けいこう）をぬっていた女工員の骨に癌が発生したのは、十五年以上もたってからのことだった。筆をなめるたびに、少しずつラジウムがからだのなかへ入っていったのだ。化学的発癌物質に職場でたえずふれたために癌になるときには、十五年から三十年の潜伏期がある。

工業の発達とともに人間がかなりまえからこのような発癌物質に接するようになっていたのにくらべると、DDTが人間に対してはじめて使われたのは一九四二年軍隊で、一般市民には一九四五年ごろ、また、いろんな合成殺虫剤がひろく使われるようになったのは、一九五〇年代に入ってからのことである。こうした化学薬品のうちのどれがはたして癌発生の原因になるのかはさておき、化学薬品がまいた禍いの種はまだ熟していないと言わなければならない。

悪性腫瘍の潜伏期はたいてい長いといわれるが、例外はある。今日だれ知らぬ者がないこの例外は、白血病だ。広島の原爆で生き残った人たちは、放射線をあびてからわずか三年後に白血病が発生している。そして、いまでは、潜伏期がいちじるしく短くなると考えていい根拠がある。ほかの種類の癌も、そのうち潜伏期が短くなるかもしれないが、現在では、まだ白血病だけが例外といっていい。

新しい殺虫剤が巷（ちまた）に溢（あふ）れ出してから、白血病の罹病率も着実にふえてきた。合衆国人口統計局の数字を見ると、造血組織の不治の病気がおどろくほどふえている。一九六〇年には、白血病だけで、一万二千二百九十人が倒れている。血液やリンパ腺関係の不治の病気で死亡した患者は、総計二万五千四百人、一九五〇年の一万六千六百九十人にくらべて、ふえ方はいちじるしい。十万人あたりの死亡率に換算すれば、一九五〇年の一一・一から一九六〇年は一四・一にふえている。それも合衆国だけではない。ほかの国でも、白血病の犠牲者は年齢にかかわりなく毎年四ないし五パーセントずつふえている。いったいどういうわけなのか。どういう新しい因子が私たちのまわりにあって、みんなを死に追いやるのか。私たちが、たえず身をさらしている因子は何か。

メイオー病院など国際的に有名な病院では、造血組織の悪性腫瘍の患者を何百人も受け入れている。メイオー病院の血液学部門のマルコム・ハーグレイヴズ博士たちが患者の病歴を調べたところでは、みな例外なく、DDT、クロールデン、ベンゼン、リンデン、石油溜出物（りゅうしゅつぶつ）などの入った殺虫剤の撒布（スプレー）も含めて有毒な化学薬品にふれていた、という。

いろいろ有毒な物質の使用と関係のある環境汚染が原因の病気が、ふえてきている。それも、《とくにここ十年間のことだ》とハーグレイヴズ博士は言う。豊富な臨床経験にもとづいた博士の言葉――《血液疾患やリンパ疾病（しっぺい）の患者の大部分は、今日の大部分の殺虫剤の成分であるさまざまな炭化水素物に接触しているという特徴がある。注意深く患者の病歴を調べてみると、このような関係が明らかになる場合がほとんどであるといえよう》。博士は、白血病、再生不良性貧血、ホジキン病など、血液や造血組織関係の病気にかかった患者ひとりひとりのデータをくわしくとり、病歴をたくさん集め、《みんな、これらの環境因子にかなりはげしく接触していた》と報告している。

　このような病歴とはどんなものなのだろうか。たとえば、ある主婦。クモが大きらいだった。八月の半ばごろ、ＤＤＴと石油溜出物のエアゾールをもって地下室へおりていき、階段下とか、果物棚（くだものだな）とか、天井板や棰（たるき）のあいだなど、すみからすみまで消毒した。スプレー後、ひどく気分が悪くなり、吐き気がした。また、気がいらだち、わけのわからない不安におそわれたりした。二、三日たつうちに元気になったので、どうしてあんな目にあったのか、まさか殺虫剤のためとは思わず、九月に入ってから二回ばかりまた徹底的に撒布（さんぷ）をした。二度目のときも気分が悪くなったが、たいしたことはなかった。だが、三度目にエアゾールを使ったあと、新しい症状があらわれた。発熱、関節の痛み、全身の不快感、片脚に急性静脈炎。ハーグレイヴズ博士が診察してみると、急性白血病にかかっていた。その翌月、彼女は死んだ。

　また、こんな患者もいた。ふるいビルに事務所のある人。その建物には、ゴキブリがたくさんいた。我慢できず、自分でゴキブリ退治にのりだし、日曜日一日かけて、地下室など、すみからすみまで撒布した。使ったのは、メタノール変性ナフタリン含有の溶剤でといた二五パーセントのDDT濃縮液だった。ところが、そのためか、あざがあちこちに生じ、その傷口から、何度も出血したあげく入院した。血液を調べると、再生不良性貧血と呼ばれるいちじるしい骨髄機能低下が見られ、すぐにいろんな治療をうけたが、五カ月半のあいだに五十九回も輸血した。その後しばらくよくなったように見えたが、九年後致命的な白血病で死亡している。

いつも病歴で問題になる殺虫剤は、DDT、リンデン、BHC、ニトロフェノール、ふつう使われる虫よけの結晶パラジクロロベンゼン、クロールデン、そして言うまでもなくこれらの溶剤だ。ハーグレイヴズ博士も言うように、たった一つの化学薬品に身をさらすことは、今日ほとんどありえない。巷に溢れている殺虫剤は、ふつういくつかの化学薬品をまぜてあるし、その溶剤も石油溜出物のほかに煙霧させるためにまたべつの薬品を使っている。造血器官障害の主な原因は、むしろ溶剤の芳香族、環式、不飽和炭化水素にあるらしい。これは医学上は重大であっても、実際にはおよそ問題になりえないことかもしれない。ほとんどの場合スプレーのときだれでも石油の溶剤を使わなければならなくなっているのだから。

白血病や血液関係の病気と化学薬品とのあいだに因果関係がある、というハーグレイヴズ博士の見解は、いろいろな医学文献からも裏づけられる。合衆国ばかりでなくほかの国にも、このような顕著な症例は多い。むずかしい医学用語で書かれているが、どれも人間の悲劇の跡をなまなましくつたえている。たとえば、チェコスロヴァキアでのことだ。同じ町に住んでいるいとこ同士の二人の少年。いつもいっしょに遊んだり働いたりしていた。ある日、農場（コルホーズ）で殺虫剤（ＢＨＣ）の袋を車からおろしたのが、二人の最後の仕事となった。八カ月後にひとりは急性白血病におそわれ、九日目に死んだ。残りのひとりは、そのころ何かするとすぐに疲れ、熱が出たりしたが、三カ月もたたないうちに容態が悪化し、入院した。やはり、急性白血病で、死へと無慈悲にひきずられていった。虫をやっつけようと天に向って農薬をまいた農夫。毒は、自分の頭上に降りそそいでくる（あるいはスプレーする飛行機によって）。勉強部屋にアリが入らないように、撒布（スプレー）し、その部屋に閉じこもって勉強していた学生、ポータブルのリンデン煙霧機を買った主婦、クロールデンやトクサフェンを撒布した綿花畑で働く労働者など、ふつうの人たちみんなは同じような化学薬品の呪（のろ）いにかかったのだ。

　またスウェーデンの農夫の例もある。マグロ漁船第五福竜丸（ふくりゅうまる）の乗組員久保山氏の数奇な運命をまざまざと思い出させる。久保山氏が元気に魚をとっていたのと同じように、その農夫もからだは丈夫で田畑をたがやしてその日をすごしていた。だが、この男の命を奪ったのも、空から落ちてきた毒だった。放射能の死の灰ではなかったが、化学薬品の塵（ちり）だった。ＤＤＴとＢＨＣの粉末を六十エーカーあまりの畑に撒布したとき、からだのまわりにたえず粉が舞った。《その夕方いつにない疲労感を覚えたが、その後も虚脱感、背痛、うずくような脚痛、悪寒(おかん)におそわれ、床についた。容態は悪化し、五月十九日〔スプレー後一週間目〕その地方の病院に入ることになった》——とルンドの病院に記録が残っている。熱が高く、血球数は異常だった。ルンドの病院にまわされてきてから二カ月半後に死亡している。死体を解剖してみると、骨髄が完全にむしばまれていた。

細胞分裂というごくふつうの、だがなくてはならないプロセスが変化し、なじみのない、死をもたらすものとなるのはなぜか。これこそたくさんの科学者が心血をそそぎ、莫大(ばくだい)な金額をついやして研究してきた問題にほかならない。正常な核分裂が狂いだして、癌という支離滅裂な増殖が起るようになるのはなぜか。どういう変化が細胞内に起るのだろうか。

たとえ答えが見つかっても、その答えはいろいろだろう。癌そのものからが、さまざまな衣をまとってあらわれ、発生したとき、発展していくときの形、癌が大きくなるか小さくなるかに影響する因子、すべて違うから、その原因もそれぞれ異なるにちがいない。とはいうものの、細胞に加わるわずかの傷害が結局すべてを決定しているのかもしれない。あちこちでひろく研究が行われ、また癌そのものとは縁がない研究も行われたりしたが、これらの小さな探求の光が集まっていつかはすべての疑惑をくまなく照らしだす日がくるかもしれない。

そしてまた生命のいちばん小さな単位——細胞と染色体を見つめることによってこそ、神秘を見抜くに必要な、もっとひろいヴィジョンが見いだせるといっていい。この小宇宙のうちに、細胞のおどろくべきメカニズムを狂わせる因子を見いださなければならない。

癌細胞の発生についてすばらしい説を発表したのは、ドイツのマックス・プランク細胞生理学研究所の生化学者オットー・ヴァールブルク教授である。ヴァールブルクは、細胞内の複雑な酸化作用の研究に一生を捧げた人だが、その豊かな知識を駆使して、正常な細胞が悪性腫瘍にかわる過程をあざやかに説明してみせた。

放射能や化学的発癌物質を少量ずつくりかえし摂取すると、正常な細胞の呼吸作用が破壊され、エネルギーが奪われる、という。そして、一度こうした状態になると、もうもとへはもどらない。じかに毒死せず何とか生き残った細胞は、エネルギーの損失をとりかえそうと動きはじめるが、莫大なATPを生み出す、あのすばらしい循環作用は行えず、醱酵という原始的な不十分な方法にたよるほかない。こうして、醱酵作用によって何とか生きのびようとする時が続く。そのあいだも細胞分裂が行われるから、新しく生れる細胞はみな変則的な呼吸をする。一度変則的な呼吸をしはじめた細胞は、一年たっても、十年たっても、もっと長い時がたっても、もう二度と正常な呼吸はしない。だが、さんざんな目にあいながらも、失われたエネルギーをとりかえそうと、生き残った細胞は醱酵をますますさかんに行なっては、補整しはじめる。ダーウィンの言う闘争と同じで、適応力のあるものが生き残っていく。そして最後に醱酵だけの力で呼吸と同じエネルギーを生み出すようになる。正常な細胞が癌細胞に変ったといわれるのは、このときなのだ。

このヴァールブルクの理論で、このほかいろいろな謎が説明できる。癌の潜伏期がたいてい長いのは、無数の細胞分裂が打撃をうけ、呼吸作用が醱酵作用におきかわるのに時間がかかるためなのだ。醱酵にきりかわるまでの時間は、動物の種類によってさまざまである。たとえば、ネズミでは短く、発癌も早い。人間の場合は長く(何十年というときもある)、悪性腫瘍はゆっくりと進行する。

発癌物質を少量ずつつくりかえし摂取するほうが、大量に摂取するよりも、場合によっては危険なのはなぜか、これもヴァールブルクの理論で説明がつく。大量なら、細胞はすぐに死んでしまう。少量のときには、細胞はへんにいためつけられたまま生きつづけ、癌細胞となるからなのだ。したがってまた、発癌物質にはこれくらいなら《安全》という線は引けない。

また、同じ因子が癌の治療に役立つかと思うと、発癌の原因になったりする。たとえば、だれでも知っている放射線。そのほか、癌の治療に使われるさまざまな化学薬品。なぜ、こんなに奇妙なことが起るのか、これもヴァールブルクの理論で説明できる。結局、放射線も化学薬品も、細胞の呼吸作用をきずつける。癌細胞はもともと完全に呼吸できないから、さらにきずつけば死んでしまう。ところが、正常な細胞にこのような傷害をあたえれば、死なないで悪性腫瘍への道を歩むことになる。

ヴァールブルクの理論は、一九五三年に実証された。正常な細胞から酸素を長いあいだにわたって定期的に奪っただけで、癌細胞にかえる実験が他の研究者によって成功したのだ。さらに一九六一年、組織培養ではなく、生きている動物で、この理論は実証された。放射性トレーサーを癌にかかったネズミに注入し、呼吸を測定してみると醱酵率が平均よりもはるかに高く、まさにヴァールブルクの予測したとおりだった。

ヴァールブルクが定めた規準にあてはめると、おそるべきことに、たいていの殺虫剤が発癌物質そのものになる。十三章に書いたように、塩化炭化水素の大部分、フェノール、またある種の殺虫剤は、酸化作用をかきみだし、細胞内のエネルギー生産を邪魔する。そのため、仮眠状態の癌細胞ができることがある。長いあいだひっそりとまどろみ、忘れたころ思いがけず、正真正銘の癌となって火の手をあげる。

癌に至るべつの道は、染色体による。染色体をきずつけ、細胞分裂をかきみだしたりして、突然変異をまねく因子は、いずれにせよ危険なのだ。この分野の有名な研究者たちは、みんな口をそろえてそう言う。いかなる突然変異でも、発癌の原因になる可能性をはらんでいるという。突然変異というと生殖細胞に関係し、未来の世代に影響があらわれる問題だとふつう考えられるが、からだの細胞内部の突然変異ということもありうる。突然変異が発癌の原因になるという説はこうである――放射線や化学薬品の影響をうけたりして、細胞が突然変異を起し、細胞分裂をふだん管理しているからだのいうことをきかなくなる。その結果、細胞はコントロールのきかないままむやみと数がふえる。こうして新しく生れた細胞は、長いあいだにたくさん集まって癌をつくり出す。

ほかの研究者が指摘しているところでは、癌組織内の染色体は不安定だという。こわれたり、損傷したり、数もでたらめで、ダブルになっているのもある。

染色体異常から悪性腫瘍が発生するすべての過程を調べた最初の学者は、ニューヨークのスローン゠ケテリング癌研究所のアルバート・レヴァンとジョン・J・ビーセルの両氏である。悪性腫瘍になってから染色体異常があらわれるのか、その逆か、――両氏の答えは明瞭(めいりょう)だ、《染色体異常があらわれてから悪性腫瘍になる》。はじめ染色体がきずついて不安定になってから、いくつもの細胞世代にわたって試行錯誤のときが続く(悪性腫瘍潜伏期)。そのあいだに突然変異がたび重なって、細胞は勝手に動きだし、気(き)儘(まま)にふえて癌となる。

オヴンド・ウィンジは、染色体不安定説をいちはやくとなえた有名な学者だが、染色体倍加がとくに大きな意味をもつ、と考えている。とすれば、BHCやそれと同属のリンデンが実験植物の染色体を倍加する事実が何度も観察されたということ――これと致命的な再生不良性貧血にこの同じ殺虫剤が関係している事実とは、偶然の一致ばかりとはいえないのではないだろうか。細胞分裂をかきみだし、染色体を破壊し、突然変異をまねくほかの多くの殺虫剤はどうなのか。

　放射線や、放射線と同じような性質の化学薬品に身をさらすとたいてい白血病にかかる、そのわけは、簡単に説明できる。物理的・化学的突然変異因子の襲撃を主にうけるのは、ちょうど活発な分裂をしている細胞で、このような細胞はいろんな組織の内にあるが、とくに血液をつくる組織のなかに多い。骨髄は、赤血球をつくる主な器官で、一秒間に一千万個の赤血球をその人間が生きているかぎり血管に送りつづける。白血球ができる場所は、リンパ腺（せん）や、ある種の骨髄細胞だが、その個数は時と場合によってさまざまで、変化がはげしいが、やはりおどろくほど数が多い。

　化学薬品でも、ストロンチウム90と同じように、とくに骨髄に引きよせられるものがある。殺虫剤の溶剤によく使われるベンゼンは、骨髄にたまり、二十カ月たっても消え去らない。医学では、かなりまえからベンゼンが白血病の原因になると考えられている。

　子供の組織ははやく成長するので、癌細胞が大きくなるのに絶好の条件がそろうこともある。マクファーリン・バーネット卿（きょう）が指摘しているが、白血病は最近世界的にただふえているばかりでなく、三歳から四歳のあいだの子供にとくに多い。ほかの病気にくらべても、罹病率（りびょう）がいちばん高いという。《なぜまた三歳から四歳のあいだの子供にとくに白血病があらわれるのか――まだ年のいかぬ有機体が、誕生時に突然変異誘発因子にふれたためと考えざるをえない》（バーネット卿）。

突然変異誘発物で癌の原因となるものには、ほかにウレタンがある。妊娠中のネズミにウレタンをあたえると、肺癌になるばかりでなく、生れた子ネズミも同じように癌になる。子ネズミは生れてからはウレタンに少しもふれていないから、ウレタンが胎盤をつきぬけたと考えざるをえない。これは人間でも同じで、ウレタン系の合成物が胎内で胎児に影響を及ぼし、腫瘍ができることがある、とヒューパー博士は警告している。

カルバミン酸エステルであるウレタンは、化学的には除草剤ＩＰＣやＣＩＰＣに近い。癌専門家の警告にもかかわらず、カルバミン酸エステルは、殺虫剤、除草剤、殺菌剤にひろく使われている。そればかりか、いろいろな可塑剤（かそざい）、薬品、衣類、断熱材などにも入っている。

間接的な原因から癌になることもある。発癌物質でないようなものも、からだのある器官の機能に障害をあたえて、癌が発生しやすい条件をつくりあげる。ことに生殖器官に関係のある癌はそうで、性ホルモンの均衡（バランス）がくずれると癌があらわれる。このような障害物は肝臓の働きを弱めて、性ホルモンの正常レベルの低下をまねくことが多いのだ。塩化炭化水素は、まさにこのようなもので、間接的に発癌の原因となりうる。多かれ少なかれ、みな肝臓に有毒だからだ。

性ホルモンは、ふつうからだのなかにあって、さまざまな生殖器官と関係しながら成長を促進している。しかし、あまりたくさん性ホルモンができないように、体内で調節が行われる。そして、片方が過剰にならないように男性ホルモンと女性ホルモンの均衡（バランス）を調節しているのは、肝臓である（男性ホルモンも女性ホルモンも両性にある。ただ量が違うだけ）。だが、病気や化学薬品で肝臓がきずついたり、またビタミンBが十分供給されなかったりすると、バランスがくずれ、エストロゲン、すなわち女性発情ホルモンが異常にふえる。

その結果は？　少なくとも動物の場合は、実験ではっきりわかっている。ロックフェラー医学研究所での実験によると、病気で肝臓障害を起したウサギは、子宮に腫瘍が発生する率が高く、おそらく血液中のエストロゲンの不活性化が十分行われず、《その結果、エストロゲンが発癌物質のレベルにまであがった》ためと思われる。ハツカネズミ、ネズミ、テンジクネズミ、猿（さる）を使っていろいろと実験が行われたが、エストロゲンを長いあいだ投薬すると（そんなに多量の必要はない）、生殖器官の組織に変化があらわれ、《良性のおできからはっきりとした悪性腫瘍まで、いろいろな現象がみられる》。エストロゲンをあたえた結果、ハムスターでは腎臓（じんぞう）に腫瘍ができた。

医学界では意見がわかれているが、人間の組織にも同じ現象があらわれうる、という考えを裏づける証拠は数多くある。マッギル大学の王立ヴィクトリア病院では、子宮癌の患者百五十人の三分の二に、異常に高いエストロゲン・レベルがはっきりと見られた。その後の二十症例では、その九〇パーセントが、エストロゲンが異常に活発だった。

エストロゲンの活動を押えることができないほどの肝臓障害が生じ、しかもいまの医学の力ではその障害を発見できないこともある。たとえば、塩化炭化水素は少しずつからだのなかへ入っていって、肝臓細胞に変化をあたえ、おそるべきことに、ビタミンBの損失をまねくことがある。このビタミンB群が発癌を押えることは、いろいろ証明されている。スローン＝ケテリング癌研究所所長であった故C・P・ローズ氏が発見しているが、自然ビタミンBの豊富なイーストを動物に多量にあたえると、化学的な発癌物質に接触させても癌にならない。口蓋(こうがい)癌の場合には、これらのビタミンが欠乏していた。また、それ以外の消化管の癌でも同じことがあると思われる。これは、合衆国だけでなく、スウェーデンやフィンランドの北部の奥地などビタミン不足になりがちな地域でよく見られる現象なのだ。原発性肝臓癌にかかりやすい種族、たとえばアフリカのバンツー族は、もともと栄養不良で有名だ。またアフリカの各地で男子の乳癌が見られるが、それは肝臓障害や栄養不足と関係があるらしい。戦後ギリシアで食糧事情が悪化したときには、男子の乳房の肥大がよく見られた。

殺虫剤と癌との関係を、簡単にいえば――殺虫剤には、肝臓をきずつけ、ビタミンB

の供給を減少させる力がある。その結果、からだの内部でつくり出される《内因的な》エストロゲンがふえる。このほか、外部で合成されたいろいろなエストロゲンに私たちは毎日身をさらしている。化粧品を使ったり、薬をのんだり、ものを食べたりするうちに……また職業柄やむをえずふれることもある。そして、いろんな因子が作用しあうことが、いちばんおそろしい。

私たちの身のまわりには、癌の原因になる化学薬品（殺虫剤も含む）が勝手にばらまかれ、私たちがそれらに身をさらす具合もさまざまだ。同じ化学物質でも、姿をいろいろと変えておそいかかる。たとえば、砒素は、数多くの衣をまとってあらわれる。空気が砒素でよごれることもあれば、水が汚染することもある。食物に残留したり、薬や、化粧品や、木材防腐剤のなかにも入っていれば、ペンキやインクの顔料になっていることもある。一つだけとり出してみれば、癌の原因などにならないかもしれない。だが、一つ一つが《安全量》でも、ほかの《安全量》で天秤がいっぱいになっていたら、少し加わっただけでもたちまち片方へ傾くにちがいない。

また、二つ、あるいはそれ以上のいろんな発癌物質が組合わさって、破壊力が倍加することもある。たとえば、ＤＤＴにふれるものは、かならずといっていいほどほかの炭化水素物にもふれて肝臓をいためる。炭化水素は、溶剤、ペイント剝離剤、油の除去剤、ドライクリーニング用の液体、麻酔剤などにひろく使われている。だから、ＤＤＴの《安全量》というものがはたしてありえようか？

そして、さらに困ったことに、一つの化学物質はほかの化学物質に反応を起させ、その作用をかえてしまう。癌が発生するときには、二つの化学物質が補足的に作用しあうことがある。ある物質が、細胞や組織を発癌に敏感にさせ、やがてそこにほかの刺戟因子が加わると、真性の悪性腫瘍になる。除草剤ＩＰＣやＣＩＰＣは、皮膚腫瘍をまねいては発癌の下地をつくり、そこに何かほかのもの、たとえばごくふつうの洗剤が加わっただけで悪性腫瘍になる。

また物理的因子と化学的因子が相互に作用しあうこともある。Ｘ線照射に冒されたところに、ウレタンのような化学物質が刺戟をあたえると、白血病になる。いまや私たちは、いろんなところから出る放射線にさらされている。かてて加えて、化学薬品の洪水に見舞われていることを考えれば、何とも予断は許されない。

水道が放射性物質で汚染しているのも、問題だ。水にはこのほかさまざまな化学物質がまざっている。そこにイオン化放射線がおそいかかると、原子の配列がみだれて、どういう新しい化学物質が生れるか、予測もつかない。

合衆国で水道汚染を専門に研究している人たちには、洗剤が悩みの種だ。町や村の水道はいまではことごとく洗剤でよごれていて、それをとりのぞく方法はまだない。発癌性の洗剤はわずかしか確認されていないが、消化管の内壁に入りこみ、そこからおそろしい化学物質が入って暴力をふるうような変化を組織にあたえて、間接的な発癌の原因になる。だが、このようなことを先の先まで見越して、身の安全を守れる人がいったいいるだろうか。いろいろな条件が変幻きわまりなく万華鏡のように重なりあうとすれば、発癌物質の《安全量》など、どうきめたらいいのだろうか（発癌物質ゼロがいいのは明らかだが……）。

癌の原因となる物質をあたりにばらまいておいて、みんな平気でいる。でも、そのむくいが私たちにはねかえってくることは、最近の事件を見ればはっきりわかる——一九六一年の春、合衆国政府、州、個人の孵化場のニジマスのあいだに肝臓癌が大流行した。合衆国東部でも、西部でもみなマスが癌になり、三歳以上のマスが残らず癌になった養魚場もあった。これは、水の汚染による人間の発癌をおそれた国立癌研究所環境癌部門と魚類野生生物局が、腫瘍のできた魚はかならず届けでるよう指示したために明らかになったのである。

なぜまた合衆国中のひろい地域に癌が発生したのか、正確な理由はいま研究中だが、孵化場の餌に何か原因があるらしい。餌には、信じられないくらいいろんな化学薬品や医学薬品が付加されている。

このマスのはなしは、さまざまな点で大切だが、とくに発癌力のある物質がある種の生物の環境に入るとどうなるか、その例として無視できない。いろんな種類の、数多い環境発癌物質にもっと注意をはらい、コントロールしなければならないことを教えるいい例だ、とヒューパー博士は言う。《このような予防策をとらなければ、人類にもいつか似たような禍いが加速度的に及ぶようになるだろう》。

私たちみんなが《発癌物質の海》のただなかに浮んでいるとはある学者の言葉だが、このようなことをきけば、だれでもあわてふためいて、ああもうだめだ、と思いがちだ。《望みはないのではないだろうか?》《このような癌発生の原因になるものを、私たちの社会からなくそうとしたって無理じゃないだろうか。そんなむだなことはやめて、癌をなおす薬の発見に力をそそいだほうがいいのではないのか》――最後におちつくのは、たいていそんなところだ。

ヒューパー博士は、何と答えるだろうか。何年にもわたって癌研究の分野で数々のすぐれた業績をあげ、その発言が高く評価されている博士の答えは、こうした問題に思いをこらし、一生を捧げた人だけがもつことのできる豊かな経験と判断の正しさに裏うちされている。博士の答えはこうだ――癌と私たちの関係は、十九世紀の終りごろいろんな伝染病がはやったのに似ている。病原となる有機体があって、そのためいろんな病気が蔓延することを明らかにしたのは、パスツールやコッホのかがやかしい業績だった。

医者ばかりでなく、ふつうの人にも、人間の環境に病気を発生させる無数の微生物があることがわかりはじめたのだ。こうして、ほとんどの伝染病が押えられ、なかには事実上姿を消してしまった病気もある。このかがやかしい勝利がおさめられたのは、予防と治療という二つのことがあったからだ。《魔法の弾薬》とか《奇跡のクスリ》のためだと、ふつうだれでも考えるが、伝染病を押えることができた本当の理由は、環境から病菌を消し去る対策をとったことにある。たとえば、百年以上もまえにロンドンでコレラが大流行した。そのとき、ジョン・スノーというロンドンの医者がコレラ発生の地図をつくり、その発源地をつきとめた。その地域の住民は、ブロード街にある一つの井戸から水をくんでいたのだった。さっそく、井戸のポンプの把手(とって)をはずしてしまった。これこそ疑うまでもなく予防医学の模範的な実践そのものだった。当時はまだ知られていなかったコレラ菌を殺す魔法の薬ではなく、環境からコレラ菌を絶滅することによって、伝染病を押えることができたのだ。治療対策の面での成果も、患者をなおすということばかりでなく、伝染病の震源地を弱めるということにある。いまでは結核が比較的少ないのも、ふつうの人なら結核菌にふれることがほとんどない、というのが大きな理由だ。

いまや、私たちの世界は、発癌因子でいっぱいだ。(癌を押える《奇跡の治療法》がそのうち見つかると思って) 治療の面ばかりに力を入れ、発癌物質の海がひろがるのにまかせておけば、癌征服も夢に終るだろう、とヒューパー博士は言う。たとえ、《夢の治療法》が見つかって癌を押えられたにしても、それをうわまわる速さで、発癌物質の波は、つぎからつぎへと犠牲者をのみこんでいくだろう。

なぜまた、癌について、予防という常識的な対策をすぐにもとろうとしないのか。おそらく、《癌の犠牲者をなおすという目標のほうが、予防ということよりもセンセーショナルで、魅力もあり、やり甲斐もある、そのためなのか》(ヒューパー博士)。だが、癌が発生しないように予防するほうが、《癌にかからせておいてからなおすより、明らかに人間的》であり、また《はるかに効果的》ではないのか。《朝食のまえにいつも魔法の薬をのめば癌にはならない》というような甘い考えをもっていていいのか――ヒューパー博士の言葉はきびしい。そんなあわい期待をいだくのは、癌がいくら謎につつまれた病気でも、もともとたった一つの病気で、原因も一つ、したがって治療法も一つと考えることにもよる。およそ真実から遠くへだたる考えと言わなければならない。多種多様な化学的・物理的因子が作用しあって癌環境ができるように、癌そのものも、さまざまな生物学的な様相をみせる。

いつかそのうち行われるとまえから言われている《突破作戦》が、たとえ成功したとしても、たとえそういう時がきたとしても、あらゆる癌にきく万能薬ができるわけはない。いますでに癌の犠牲となったもののために、癌治療の研究が押し進められなければならないのは言うまでもないが、そのうち突然、特効薬が見つかって、一撃のもとに癌を倒せるなどと期待させるのは、人類のためにならない。癌征服というような時は、すぐにはこないだろう。私たちは、ただ一歩一歩ゆっくりと前進しなければならない。癌の原因になるものを野ばなしにしておきながら、癌の薬を見つけようと大がかりな対策をひろげてはすべての望みを託し、治療の研究に莫大(ばくだい)な費用をかけるばかりで、予防という絶好の機会は捨ててかえりみない。せっかく癌を征服しようと望んでいるのに……。

　でも、けっして望みがないわけではない。十九世紀の終りから二十世紀のはじめにかけて伝染病が流行したころにくらべれば、一つの重要な点で、いまのほうが期待をもたせる。そのころ、いたるところ、病原菌が溢(あふ)れていた。いま発癌物質でいっぱいなのと同じだったが、病原菌を人間が意図的に環境にばらまいたのではなかった。人間の意志に反して、病原菌はひろがっていったのだ。これに反して、大部分の発癌物質は、人間が環境に作意的に入れている。そして、その意志さえあれば、大部分の発癌物質をとりのぞくことができる。化学的発癌因子が私たちの世界に入ってくるのには、二つの道がある――一つは、皮肉なことに、みんながもっとよい、らくな生活を求めるため、もう一つは、私たちの経済の一部、ならびに生活様式がこのようなおそろしい化学薬品の製造や販売を要求するため。

　現代の社会から、化学的発癌物質をぜんぶとりのぞけるだろうなどと考えるのは、あまりにも非現実的と思われるかもしれない。だが、その多くは、私たちの生活に不可欠なものとはかぎらない。それらをとりのぞけば、私たちの上にのしかかる発癌物質の圧力も大幅に減り、四人にひとりがいずれ癌になるという脅威も、少なくとも大幅に弱まるだろう。不退転の決意をもってなすべきことは、何よりも、発癌物質をとりのぞくことだ。私たちの食物、私たちの水道、私たちのまわりの空気——すべてが発癌物質で汚染している。食物、水、空気、どれも私たちがいつも身にふれるものであれば、危険はこのうえなく大きい。ごくわずかずつ、くりかえしくりかえし何年も何年も私たちのからだに発癌物質がたまっていく……。

著名な癌研究家のあいだには、ヒューパー博士と同じ考えをもつ人たちが多い。環境にある癌発生の原因をつきとめ、発癌物質を一掃できないにしても、その力を弱める努力をするときにこそ、この不治の病も減る、と考えている。いますでに癌にかかってい る者、また本人は気づかなくともすでに癌をからだのなかにかかえている者、こういう人たちのために薬や治療法を見つけることは、いうまでもなく必要だ。だが、まだ癌の魔手がとどいていない者——そして、まさにまだ生れ出てこない未来の子孫たちのために、何としても、癌予防の努力をしなければならない。

十五　自然は逆襲する

自分たちの満足のいくように勝手気儘に自然を変えようと、いろいろあぶない橋を渡りながら、しかも身の破滅をまねくとすれば、これほど皮肉なことはない。でも、それはまさに私たち自身の姿なのだ。あまり口にされないが、真実はだれの目にも明らかである。自然は、人間が勝手に考えるほどたやすくは改造できない。昆虫は昆虫で人間の化学薬品による攻撃を出し抜く方法をあみ出しているのだ。

《昆虫の世界は、自然界のなかでも最もおどろくべき現象である》とオランダの生物学者C・J・ブリーイエは言う。《そこには不可能なことなどない。とうていありえないようなこともごくありふれた出来事なのである。その神秘の世界深くわけ入ったものは、たえまなくあらわれる奇跡に息つくひまもない。あらゆることが起る。奇想天外なことでも、よく起る》。

《奇想天外なこと》が、いまや二つの大きな分野で起りつつある。自然淘汰という手段に訴えて、昆虫たちは一族をあげて化学薬品に反撃を開始してきた。このことは、十六章でくわしく述べる。いまとくに考えてみたいのは、もっと大きな問題で、人間が使う化学薬品は、環境そのものに特有な防禦力、つまりさまざまな種のあいだにバランスを保っている防禦力を弱める、この防禦の壁に穴をあけるたびに、おびただしい虫の群れが溢れ出るということである。

世界中あちこちからの報告を見るたびに、私たち人間は、抜きさしならぬ羽目におちこんでいるのを知らされる。この十年間、化学薬品による防除がますますはげしく行われてみると、まえに解決したと思われていた問題が、またあらわれ、問題はふり出しにもどったことを、昆虫学者は思い知らされる。それまでたいしたこともなかった昆虫が数をまし、猛威をふるいだしたのだ。化学薬品による防除は、もともと自滅――天に向ってつばするたぐいだ。複雑な生物の世界を理解しようともせず化学薬品をつくり出してはやたらとあびせかけた。二、三種類の昆虫には化学薬品のテストをあらかじめしたかもしれないが、生物界全体には試してみなかった。

自然の均衡(バランス)? そんなのは、むかしのはなしだ。いまのように複雑にならない、単純な世界のことだといって、あたまからばかにする人がいる。《いまは全然違う。むかしのことなどもち出すことはない……》、と安易に考える人もいる。だが、この考えにもとづいて行動するのはきわめて危険といわなければならない。もちろん、自然の均衡が更新世のころと同じとはいえない。だが、いまでも自然の均衡はある。生物と生物とのあいだには、網の目をはりめぐらしたような関係があり、すべては寸分の狂いもなく一つにまとまっている。この事実を無視するのは、絶壁のうえに立って重力などないとうそぶくのと同じだ。自然の均衡とは、不変の状態ではない。流動的で、時と場合に応じて有為転変していく。人間もまたその一部で、そのおかげをこうむることもあるが、また逆に――それもたいてい人間が差出がましいことをするために、手いたい目にあうときもある。

昆虫防除に化学薬品を使いだしてから、私たちは二つのきわめて重大なことを見落していた。まず、人間ではなくて、自然そのものの行うコントロールこそ、害虫防除に本当に効果があるということ。害虫の個体群は、生態学者のいう環境抵抗によってチェックされているが、これこそ生命がこの地上に誕生してから、変ることなく行われてきたいとなみといえよう。どのくらい食糧があるのか、気象条件はどうか、競争相手、また捕食者など、こうしたことがとても大切なのだ。《ある種の昆虫がのさばりだし、自然に氾濫するのを防いでいる最も効果的な唯一の原因は、昆虫同士殺しあって戦争をしていることなのである》と、昆虫学者ロバート・メトカフは言う。だが、いまの化学薬品は、たいてい昆虫という昆虫を――人間に役立つものも、人間の敵もみな殺しにしてしまう。

無視されてきた第二の点は、ひとたび環境抵抗が弱まると、ある種の昆虫は、爆発的な増殖力を示すということ。さまざまな姿をとって行われる生命の誕生は、人間には想像もつかない勢いで行われている。もっとも、たまに垣間見ることはできるけれども。私がまだ学生だったころのことを思い出す。壺のなかにふつうの干し草と水とをまぜて入れておき、それに原生動物を十分に培養させたのを二、三滴加えると、不思議なことが起る。二、三日もたたないうちに、壺は、渦を巻き、矢のように飛びかう、はなやかな生命の群れでいっぱいになる。数えきれない、何兆という極微動物、ゾウリムシなのだ。ほこりの粒のように小さなゾウリムシは、食物もふんだんにあり、温度もちょうどよく、敵もいないこの仮のエデンの園で、思う存分繁殖していく——。また、フジツボ、カメノテ、エボシガイなどで真っ白になった岩の続く海岸を思い出す。目のとどくかぎりの岩が、真っ白になっていた。また、クラゲの大群、行けども行けども、幽霊のようにふらふらと浮いている。水とほとんど同じようにつかみどころのない、いつ果てるともしれないクラゲの大群。

タラが冬の海を渡って産卵地へ移り、それぞれ一匹が何百万の卵を産みつけるとき、どんなにすばらしい自然のコントロールが行われるかは、周知の事実である。タラの子供たちが残らず生き残ったら、海はタラで溢れてしまうだろうが、そうはならない。不思議な自然の力で、夫婦のタラから生れた何百万という子供のうち大きくなるのは、平均すると両親の数とほとんど同じだ。

何かとてつもない天変地異が起って、自然相互のコントロールの枠がこわれ、生れただけの子供たち全部が大きくなったら、いったいどういうことになるだろう——こんな空想にふけってはたのしむ生物学者もいる。たとえば、百年ばかりまえ、トマス・ハックスリーが計算してみせたところによれば、一匹のアブラムシの雌から一年間に生まれる子供が全部大きくなるとその総重量は、当時の中国の住民の体重の総計に等しいという（アブラムシは、交尾せず子供を産む不思議な性質がある——単為生殖）。

こんな極端なことは実際には起らないが、自然相互のやりくりが狂いだせばどんなにおそろしいことになるか、動物個体群を研究しているものにはよくわかっている。北アメリカで牧畜業者がコヨーテを殺しまわったことがあったが、そのむくいは野ネズミの洪水だった（コヨーテが野ネズミの繁殖を押えていたのだ）。よくひきあいに出されるアリゾナのカイバブ高原のシカも、同じだ。かつては、シカの個体数は環境とつりあっていた。オオカミ、ピューマ、コヨーテのような捕食動物がいてシカを餌食にしたため、シカの数とシカの食糧とは均衡がとれていた。だが、シカを《保護する》ために、オオカミやピューマを殺しつくしてみると、シカの数がいちじるしくふえ、やがてシカの食物がなくなってきた。木の若葉は上の方まで食い荒され、やがて餓死するシカもでてきた。そして、その数は、オオカミとかコヨーテに殺されていたころよりも多かった。おまけに、シカが死物狂いに餌をさがしまわったために、自然全体に被害が及んだ。

野原や森には捕食昆虫がいるが、みなオオカミやコヨーテと同じような役目を果している。だから、こうした昆虫を殺してしまうと、被食者側の昆虫の数が大きくふえる。
地球上に棲息する昆虫の種類はどのくらいあるのか、だれにもわからない。種類のはっきりしないのが、まだたくさんあるのだ。だが現在までに記載されている種類が七十万もあるから、種類の数のうえから見れば、地球上の被造物のうち、七〇パーセントから八〇パーセントが昆虫なのだ。人間が何一つ手を下さなくても、このたくさんの昆虫たちは、自然のコントロールをうけている。もし、そうでなければ、化学薬品をどんなにたくさん使っても、またほかの方法を用いても、その数を一定の線にとめておくことはおそらくできないだろう。

愚かなことに、私たちは天敵を殺してみてはじめてそのありがたさに気づく。自然のなかを歩いても、その美しさに気づく人がほとんどいないように、自然の不思議、――私たちのまわりでいとなまれている不思議な、ときにはおそろしいばかりの力に溢れた自然を見る人はいない。たがいに食べあったり、寄生しあっている昆虫の活動に気づく人もいない。獰猛な態度を見せる、奇妙な姿のカマキリを庭のしげみで見かけたことはあるだろう。そしてこのカマキリがほかの昆虫を餌食にして生きていることは知っているだろう。だが、本当のことを知りたいと思うならば、夜、庭へ出てみなければならない。懐中電燈で照らしてみると、あちこちでカマキリが抜きあしさしあし獲物におそいかかるのが見られるはずだ。おそいかかるものとおそわれるもののドラマの一端にふれることができる。自然はみずからをコントロールするのに、残忍な力をふるう――このようなことが、少しずつわかりかけてくる。

ほかの昆虫を殺して食べる捕食者の種類は多い。ツバメのように空中からさっと獲物におそいかかるものもいる。かと思うと、ゆうよう迫らず木の幹を這(は)っていって、じっと動かぬアブラムシなどを片っぱしからひっぱがして食べてしまうのもいる。ホホナガスズメバチは、からだのやわらかい虫をつかまえては、その汁(ジュース)を自分の子供に飲ませる。ジガバチなどの類(たぐい)は、軒下に泥(どろ)で柱状の巣をつくり、やがて生れてくる幼虫のために、つかまえた虫をつめこんでおく。ハナダカバチ属のある種は、牛が草を食(は)んでいるところへやってきてあたりを飛びながら、ハエが馬や牛の血を吸いにくるのをねらっている。ミツバチと間違えるほど大きな羽音をたてるハナアブは、アブラムシのついた木や草に卵を産みつけ、孵化(ふか)した幼虫は、おびただしいアブラムシを捕食しながら成長していく。またアブラムシ、カイガラムシ、そのほか草木をあらす虫をいちばんたくさん食べるのは、テントウムシだ。ある文献によれば、たった一かたまりの卵を産むエネルギーをたくわえるために、一匹のテントウムシが捕食するアブラムシは、何百にもなるという。

もっと変った習性があるのは、寄生昆虫だ。敵をじかにおそうのではなく、相手によっていろいろな方法を使いわけながら、自分の子供を育てていく。たとえば、相手の幼虫や卵のなかに、自分の卵を産みつけておくと、卵から孵った子供たちは、相手のからだを餌にしながら大きくなっていく。ねばねばした液体を出して、芋虫や青虫に卵をくっつけまわる昆虫もいる。孵化すると、寄生幼虫は相手の皮膚を食いやぶってなかへ入っていく。まるで先のことは何から何までカンでわかるかのように、ふつうの葉に卵を産みつけて平気な顔をしている昆虫もいる。しばらくすると、芋虫や青虫がかならずやってきて、卵のついたその若葉を食べる……。

野原でも、生垣でも、森のなかでも、いたるところで捕食者や寄生者がせわしく動きまわっている。ほら、ここに池がある。見あげてごらん。太陽の光をいっぱいにうけ羽をきらめかせて矢のように飛びかっているのは、トンボだ。かれらの先祖は、巨大な爬虫類が棲息していた沼沢を飛びまわってきた。いまもまた、あの太古のむかしさながらに、眼光鋭いトンボは、空中を乱舞しながら、バスケットのような脚で蚊をしかとつかまえる。そして、下の水中では、トンボの子供たち、ヤゴが、蚊の子供、ボウフラや虫を食べて大きくなっていく。

こっちに、クサカゲロウがいる。葉っぱにとまっているが、うっかりすると、見落してしまうところだ。ガーゼのような緑の羽、金色の目、はずかし気にひとりつつましく秘密をただよわせて……。二畳紀に棲息していた先祖の後裔だ。クサカゲロウの成虫は、草木の蜜や、アブラムシの蜜を吸い、時がみちて産卵するときには、細長い茎状部の先を葉にくっつけて卵を産みつける。やがてたくさんの子供が孵る。クサカゲロウの針毛のある幼虫は、アリマキライオンと呼ばれ、アブラムシや、カイガラムシや、ダニをつかまえては体液を吸い出す。やがてあの永遠の生命の循環の時がみちると、白い絹の繭（まゆ）ができて蛹（さなぎ）になるが、それまでに一匹のアリマキライオンが捕食する虫の数は、数百にもなる。

ほかの昆虫の卵や幼虫に寄生して、相手をおそう寄生バチ類、またハエはたくさんいる。卵寄生性のハチはたいていずいぶん小さいが、数が多いのと元気がよいので、作物をあらすいろいろな害虫の繁殖を押えてしまう。

日の照るときも、雨が降るときも、真っ暗なやみの夜も、かれら小さな昆虫たちは、休みなくたち働いている。冬がおそいかかって、生命の炎がかき消されてしまっても、かれらの生命そのものはおき火となって燃えつづける。昆虫界にも春がめぐってきて夜明けがくれば、また高く炎がまいあがるのだ。それまで、見渡すかぎり真っ白な雪におおわれたその下や、霜でかたく凍りついた地表の下、また木の皮の裂け目や、安全な穴ぐらのなかに身をひそめて、寄生虫や捕食者は、それぞれ寒い冬をしのいでいく。

母親カマキリの生命の火は、暑い夏が終ると、消えてしまう。だが、灌木（かんぼく）の枝に付着した薄い羊皮紙の小さなケースのなかで、カマキリの卵は安全に守られているのだ。

アシナガバチの雌は、受精卵をいだいて人もこない屋根裏の片すみにかくれている。

その卵に彼女のコロニーの未来すべてがひそんでいる。ひとりさびしく冬をすごした彼女は、春になると小さな紙の巣をつくり、そのなかに二つか三つ卵を産みつけ、働きバチを何匹か大事に育てる。働きバチの助けをかりて、やがて巣は大きくなり、コロニーがひろがっていき、働きバチは、暑い夏の日の続くかぎり休むことなく餌をさがし集める。そして、その餌とは、おびただしい芋虫や青虫なのだ。

このように、かれらの生活様式と私たちの要求とが相まって、かれらは、私たち人間が害をうけないように、自然のバランスを保ってくれる味方だった。それなのに私たちは、ほかならぬ自分自身の味方に砲火をあびせかけた。おそいかかってくる敵を未然にくいとめてくれたそのすばらしい力にいまごろはじめて気づくとは、何と迂闊なことか。かれらの助けをかりなければ、私たちは押し寄せる敵の下敷になってしまうかもしれない。

いろいろな殺虫剤が数多く使われ、その毒性も強くなっていくにつれて、いたるところで年を追うごとに環境抵抗が永久に低下していくのは、いかんともしがたい。このまま先へと進んでいけば、どんなにおそろしいことになるか予測もできない疾病をまきちらす昆虫、作物をあらす昆虫が大発生して、前代未聞の被害をもたらすかもしれない。《そんなことを言ったって、それはただの理屈じゃないか。実際にはそんなことになるものか。とにかく、僕が生きているうちは大丈夫さ》と言われるかもしれない。

だが、あちこちでこういうことが起っている。科学雑誌を開いてみれば、一九五八年にすでに、自然の均衡（バランス）がくずれて大発生した五十種類あまりの昆虫があがっている。そして、毎年、その数はふえていくばかりなのだ。この問題を特集した最近号は昆虫の個体群の均衡が殺虫剤のためにゆがみだした現象をとりあつかった報告書、二百十五編を掲載している。

　化学薬品スプレーは、皮肉な結果に終ることがある。まさに押えようとしたその昆虫が、スプレー後、大発生するのだ。カナダ南部のオンタリオ州では、ブユを駆除しようと化学薬品をまいたら、十七倍も逆にふえてしまった。また、イギリスでは、有機リン酸系の薬品をまいたら、タマナアブラムシの記録やぶりの大発生になやまされた。

　また、目指す相手の昆虫をやっつけることはできたが、それと同時にパンドラの箱が開いて、それまでとじこめられていた害虫、毒虫がいっせいにあばれだすこともあった。たとえば、ハダニは、いまでは世界中にひろがって害を及ぼしているが、それは、DDTなどの殺虫剤がその天敵を殺してしまったためなのだ。ハダニは、昆虫ではない。ほとんど肉眼では見えないくらい小さな、八本足の動物で、クモ、サソリ、ダニと同じグループに入る。口は、錐（きり）状で血や汁液を吸収するのに適し、クロロフィルに異常な食欲をみせる。小さな、短剣のような口を広葉樹や針葉樹の葉の外殻（がいかく）にさしこみ、クロロフィルを吸い出す。クロロフィルは、木や葉を緑にしている葉緑素で、このダニにやられた森や林は、胡椒（こしょう）がふりかかったようにまだらになり、被害が大きなときには、葉が黄色く変色して、片端から落ちてしまう。

これは、実際に合衆国西部の国有林で二、三年まえに起ったことなのだ。調べてみると、そのまえ一九五六年に、合衆国林野局が、八十八万五千エーカー（訳注　一エーカー＝四〇四七平方メートル）あまりの森林にＤＤＴを撒布（スプレー）している。それは、トウヒの芽を食う虫を駆除するためだったが、ＤＤＴスプレーの翌年の夏、虫の被害どころか、もっと深刻な問題が起っていたのがわかった。飛行機で森林の上を飛んでみると、ひろい範囲にわたって森の明るくなっている個所が見られたが、それは大量のダグラスモミが褐色（かっしょく）になり、落葉したあとだった。ヘリナ国有林、ビッグベルト山脈の西斜面、そのほかのモンタナ地方、さらにはアイダホ州まで、森林はまるで山火事にあったみたいだった。こんなひどい被害はいままで他に類をみないことは疑うまでもなかった。そして、それもＤＤＴを撒布（さんぷ）したところは、ほとんど全部いためつけられている。ＤＤＴスプレー地区以外では、どこにも被害がみられなかった。ハダニ類による大被害は、むかしの記録にも残っているが、こんなことはなかった。似たような大被害といえば、三つある。一九二九年、イエローストーン国立公園のマジソン川流域、その二十年後にコロラド州、一九五六年、ニューメキシコ州の三つだ。どれも、森林に殺虫剤を撒布したあとで起っている（一九二九年は、ＤＤＴがまだなかったので、砒酸鉛（ひさんなまり）が使われた）。

なぜまた、殺虫剤をまくとハダニが猛威をふるうのだろうか。ほかの昆虫にくらべると、ハダニは殺虫剤をかけてもあまりきかないことはたしかだが、ほかにも理由が二つあるらしい。自然界には、テントウムシとか、タマバエとか、捕食性ダニとか、カメムシ類など、いろいろな捕食動物がいて、ハダニをコントロールしているが、これらの捕食動物はどれも殺虫剤にひどく敏感なのだ。さらに、ハダニのコロニー内部の個体群圧力が考えられる。十分に発達したコロニーは、密度の高い群れで、敵から姿をかくすために、防衛の網をはって、その下に密集している。化学薬品をまくと、直接死なずに、安全な場所を求めて動きだすので、コロニーは散る。そして、そのとき、まえよりもっと広い場所を求め、もっとたくさんの餌をあさるのだ。自分たちの敵は化学薬品で殺されてしまっているから、いまはもうあくせくと苦労して網をはることもない。そのエネルギーを、子孫をふやすのにつぎこむ。卵の数が、それまでの三倍にふえることも、珍しくない。まさに、殺虫剤のめぐみというわけなのだ。

ヴァージニア州のシェナンドー・バレーは、リンゴの産地で有名だが、アカオビハマキガが大発生して、被害が起ったことがある。それは、それまで使っていた砒酸鉛をDDTにきりかえた直後からのことで、それまで、アカオビハマキガの被害など、ほとんど問題にならなかったのに、またたくまにリンゴの五〇パーセントがやられ、アカオビハマキガはリンゴの害虫の王様にのしあがった。それも、DDTが大量に使われるにつれて、合衆国東部の大部分にはびこり、さらに、中西部へとひろがっていった。

皮肉なことが多い。カナダのノーヴァ・スコーシャのリンゴ園のうち、シンクイガ（その幼虫が〈虫食いリンゴ〉にする）の被害がいちばん大きかったのは、定期的に殺虫剤をまいていた果樹園だった。殺虫剤をまかなかったところは、蛾の被害もたいしたことはなかった（一九四〇年代の終り）。

スーダンの東部でも同じで、DDTを一生懸命まいた綿花栽培業者は、手いたい目にあっている。ガシュ・デルタ地帯では、灌漑設備に金をかけて、六万エーカーあまりの綿花畑をつくりあげた。そしてはじめてDDTを使ったころは、すばらしい成果があがったので、徹底的にスプレーを行うことになった。それからのことだ、いろいろ面倒なことが起ってきたのは。綿花の最大の敵は、オオタバコガの幼虫である。ところが、化学薬品をまけばまくほど、オオタバコガの幼虫がふえてきた。薬品をまかなかった畑では、実を結んだときにも、またその後さやが熟したときも、被害は少なく、それに反して二回スプレーした畑では、実綿の生産高は、その分だけ落ちた。葉を食いあらす虫で姿を消したのもいく種類かあったが、こうした利益も、オオタバコガの幼虫の被害にくらべれば、意味がない。高い費用をはらい苦労して化学薬品を撒布しなければ、綿の収穫はあがったはずである——綿花栽培業者が最後に得たものといえば、この腹立たしい結論だけだった。

旧ベルギー領のコンゴ（訳注 現コンゴ民主共和国）とウガンダでは、コーヒーの木の害虫を駆除するためにＤＤＴをむやみに使い、そのあげく《もはや救いようもない》羽目におちいっている。いつのまにかＤＤＴは害虫にほとんどきかなくなり、そのかわり害虫の捕食昆虫が片端から死んでいったのだ。

アメリカではこんなこともある。南部ではヒアリ、中央西部ではマメコガネを撲滅しようと最近、農業経営者が大量の殺虫剤を買いこみ、大がかりな殺虫剤スプレーを行なった。だが、へたな買物だった。殺虫剤を撒布したために、昆虫界の個体数の均衡がやぶれて、もっとたちの悪い害虫が出てきたからだ（七章と十章を見よ）。

ルイジアナ州の農場経営者は、一九五七年に、ヘプタクロールを大量に使ったが、その結果得たものといえば、サトウキビの最大の敵のひとつ——サトウキビをくいあらすsugarcane borerというメイガの一種の幼虫大発生だけだった。ヘプタクロールを使用したそのすぐあとから、被害がひどくなってきた。ヒアリを殺す目的だった化学薬品は、その蛾の幼虫の天敵をみな殺しにしてしまったのだ。サトウキビ畑の被害は大きく、農場経営者たちが騒ぎだし、州を告訴しようとした。こういうことになるとわかりきっているのに何も注意しなかったのは、州の怠慢であるというのだった。

同じように苦い目にあったのは、イリノイ州の農民たちだった。マメコガネの防除にディルドリンを東部イリノイの農地に徹底的に撒布したら、まさに撒布したその区域にアワノメイガの幼虫が大発生した。よく調べてみると、撒布した畑から、ほかの二倍もの幼虫が見つかった。どういうわけでこんなことになったのか、農民たちはいまはまだその理由などわからないだろう。だが、つまらない買物をさせられたことは、べつに科学者が説明しなくても、よくわかる。ある昆虫からのがれようとして、もっと危険な昆虫を背負わされてしまった。合衆国農務省の概算によれば、合衆国国内でのマメコガネの被害は年間総計一千万ドルだが、アワノメイガの幼虫による被害は、八千五百万ドルにもなるという。

それまで、アワノメイガを防除するには自然の力をうまく利用してきたのだ。偶然この害虫がヨーロッパから合衆国に入ってきたのは、一九一七年。二年後にはもう、その天敵の寄生虫を輸入する計画をたて、その後かなりの費用をかけて、ヨーロッパやアジアから二十四種類の寄生虫を入れ、とくに五種類が威力を発揮することがわかっていたのだった。だが、殺虫剤で天敵が死んでしまったいま、こんなに骨を折ったのもすべてむだだったと言わざるをえない。

そんなことなどありえない、と思うのだったら、カリフォルニア州の柑橘林を見ればいい。そこでは、生物学的コントロールでは世界でいちばん有名でかつ優秀な実験が、一八八〇年代に行われた。一八七二年、柑橘の木の樹液を吸っているカイガラムシの姿がカリフォルニアで見られてから十五年もたたないうちに、カイガラムシはおそろしい勢いでひろがり、多くの果樹園が全滅の被害をうけた。まだ年の浅かった柑橘産業は、破滅の危機に瀕した。柑橘栽培をやめる人も出てきて、つぎからつぎへと果樹園がつぶれていった。だが、そのうちオーストラリアから、カイガラムシの寄生虫を輸入した。ベダリアテントウという名前の小さなテントウムシだった。最初に輸入してからわずか二年たつかたたないうちに、カリフォルニアの柑橘栽培地帯全部のカイガラムシが完全に押えられてしまった。ミカン畑を朝から晩まで目を皿にしてさがしまわっても、カイガラムシは一匹も見つからなかった。

だが、一九四〇年代に入ると、ほかの害虫を駆除するのに化学薬品を使いだした。農夫たちは、新しい殺虫剤の魅力に勝てなかったのだ。ＤＤＴ、さらに毒性のはげしい薬品をまくようになると、カリフォルニア州のあちらこちらから、ベダリアテントウは姿を消してしまった。むかし輸入したときの費用は、わずか五千ドルだったが、テントウムシは毎年数百万ドルもの利益をもたらしていた。それが、ちょっとした不注意のために、その利益も水の泡と消えた。カイガラムシは、またたくまにふえだし、五十年来の猛威をふるいだしたのだ。

《一時代が、これで終りをつげた証しといえよう》と、ポール・ドバック博士は言う（博士は、リヴァーサイドの柑橘研究所につとめている）。いまや、カイガラムシの防除は、きわめて厄介なことになった。ベダリアテントウをふやすには、何度もくりかえし放してやらねばならず、また殺虫剤ができるだけかからないように、薬品スプレーには細心の注意をはらわなければならない。だが、柑橘栽培者がどんなに注意しても、結局は隣の畑の所有者のなすがままになる。風にのって殺虫剤がいくらでも飛んでくるからなのだ。

いろいろ農作物に害を加える昆虫のことを書いてきた。それでは、病気をまきちらす昆虫はどうだろうか。危険信号は、もう出ている。たとえば、南太平洋のニッサン島では、第二次世界大戦のあいだ徹底的に殺虫剤を撒布したが、やがて戦いが終って殺虫剤がまかれなくなると、マラリア菌を運ぶ蚊の大群が、またたくまにまた島を占領してしまった。そのすごい発生ぶりも当然だったのだ。マラリアカの捕食昆虫は戦争中にすっかり死滅してしまい、戦争が終ってもすぐにはもとどおりになれなかったからだ。この消息を書いているマーシャル・レアドは、化学薬品による防除を《踏み車》にたとえている。一度踏みはじめると、やめたらどうなるかこわくてやめられないのである。

また世界のいくつかの地域では、殺虫剤スプレーは、疫病といままでにない関係をもつようになる。どういう理由からか、水棲カタツムリ（巻貝）のような軟体動物には、殺虫剤がほとんどきかない。いままでたびたびこのようなことが観察されている。たとえば、フロリダ州東部の塩性湿地で、殺虫剤による大虐殺が行われたことがあったが

（一九六～一九八ページを見よ）、水棲カタツムリだけは生き残っている。その光景は、まえにも書いたが凄惨きわまりなく、シュールレアリストが描く画を思い起させる。息たえてころがっている魚や、まさに死にかけているカニの上をうようよと這いまわっているのは水棲カタツムリ。毒の死の雨に倒れた死者をむさぼり食っていたのだ。

だが、なぜこうしたことが重要なのか。水棲カタツムリといえば、たいてい危険な寄生虫を宿す宿主であって、危険な寄生虫は軟体動物のなかばかりか、ときには人間の体内で、生活環の一部をすごす虫なのだ。たとえば、ジュウケツキュウチュウなど。水を飲んだり、また水泳したりするとき皮膚から人間の体内に入って、おそろしい病気の原因になる。ジュウケツキュウチュウは、中間宿主の水棲カタツムリが水中に排泄する（ジュウケツキュウチュウは、水棲カタツムリに一定期間寄生する）。とくにアジア、アフリカには、こういう病気が多い。害虫防除が行われる。すると、水棲カタツムリの数が大きくふえ、やがてかならずあのおそろしいむくいがくるのだ。

そして、人間だけではなく、牛、羊、ヤギ、シカ、オオツノジカ、ウサギなどいろんな温血動物が肝臓病にかかる。寄生虫のついた肝臓は、食用にもならず、捨てるよりほかはない。そのために合衆国の牛飼いがうける損害は、年額三百五十万ドルあまりになる。水棲カタツムリの数がふえるようなことをすれば、事態が悪化するのは明瞭である。

過去十年間、こうした問題はすでに暗い影をなげかけてきたが、私たちは、注意してみようともしなかった。自然相互のコントロールをうまくあやつれるだけの優秀な頭脳をもった人たち——かれらは化学薬品のすばらしさに目を奪われて、ほかを見ようとはしなかった。一九六〇年の調査によれば、生物学的コントロールの分野で活躍している研究者は、合衆国の応用昆虫学者のわずか二パーセントにすぎない。裏がえせば、九八パーセントは、たいてい化学的殺虫剤研究にたずさわっているのだ。

どうしてまた、こんなことになっているのか。化学工業の大会社が大学に金をつぎこむ。殺虫剤研究の資金を出すからなのだ。ドクター・コースの学生たちにはたっぷり奨学金があたえられ、魅力のある就職口がかれらを待ちうけている。だが、生物学的コントロールの研究にそんなにお金が出ることは決してない。生物学的コントロールの研究などを援助すれば、化学工業はみずから自分の首をしめることになるという簡単な理由からだ。そしてまた生物学的コントロールの研究は、州や中央政府所属の機関にまかせられている。しかもそこにつとめている人たちにはらわれている給料は、はるかに低い。

またどうして著名な昆虫学者が化学薬品を熱心に擁護するのだろう——この不思議な事実も、こうしたことを考えてみれば、むしろあたりまえなのだ。みんな化学工業関係の会社から援助をうけている。かれらの専門家としての名声、それればかりかかれらの仕事そのものが、化学的な方法がだめだとなれば、つぶれてしまうことになりかねない。

餌をくれる飼主の手をかむばかな犬など、どこにいようか。だから、殺虫剤はまったく無害です、と言い張るかれらをどれほど信用できようか。

昆虫防除は化学薬品にかぎるとだれもかれも殺虫剤を大歓迎しているが、少数の声がきかれないわけではない。数は少なくても、目の澄んだ人はいる。自分たちは化学者でも、技術屋でもなく、生物学者であることを忘れない人がいる。

イギリスのF・H・ジェイコブは、断言する——《応用昆虫学者と呼ばれている人々の活動ぶりを見ていると、みんな、殺虫剤スプレー・ホースの先にこそ救いがあると信じ……再発生の抵抗、哺乳類の中毒など面倒なことになったら、化学者が新しい丸薬を発明して助けてくれるだろうなどと思っているようだ。こうした考えは、ここには通じない。……害虫防除の根本的な問題に最後の答えをあたえるものは、ただ生物学者なのだ》。

カナダのノーヴァ・スコーシャのA・D・ピケット博士は書いている——《応用昆虫学者は、みな知るべきである。自分たちは生物を相手にしているのだ、と……かれらの仕事は、単なる殺虫剤のテストとか、毒性のさらに強い破壊的な化学薬品を求めることに終ってはならない》。ピケット博士自身、捕食者、寄生虫を十分に活用して昆虫防除を行おうとする方面の開拓者だった。かれ自身、またかれの仲間があみ出した方法は、いまでも模範的といえるが、利用する人があまりにも少ない。合衆国でそれと比較しうるものをさがすとすれば、カリフォルニア州の何人かの昆虫学者がたてた総合的な防除計画くらいのものだろう。

ピケット博士が活躍しはじめたのは、いまから三十五年ばかりまえ、ノーヴァ・スコーシャのアナポリス・バレーのリンゴ園でのことだった。カナダでは、いちばんたくさん果物ができる地方である。殺虫剤（当時はまだ無機化学薬品）さえ使えば、害虫は駆除できる、果樹栽培者にこのすばらしい方法を教えてやればそれですむ、そのころだれもがそう思っていた。だが、現実は、そのはかない夢をうちくだいた。どういうわけか、昆虫は、いうことをきかなくなったのだ。新しい化学薬品が加わったり、もっとよいスプレー器具が案出されたり、もっと熱心に撒布（スプレー）がなされたりしたが、害虫防除の問題はいっこうに改善されなかった。そこにＤＤＴが登場。ＤＤＴは、シンクイガの大発生という《悪夢を追いはらう》ことになっていた。だが、実際にＤＤＴを使って得たものといえば、歴史はじまって以来というほど、ダニの被害がふえたことだけだった。《私たちは、あぶない目からあぶない目へと、危険な橋を渡っているのだ。抜本的な解決をはかることなく、つぎからつぎへと問題をただすりかえているにすぎない》と、ピケット博士は言った。

だが、まさに、この点でピケット博士とその仲間は、ほかの昆虫学者とははっきり違うのだ。ありもしない狐火（きつねび）に惑わされて、もっと猛烈な、もっと強烈な毒薬をと、あさりあるく連中をしり目に、新しい道を歩きだした。自然のなかにこそ、頼む味方はいるのだ——こう看破したかれらは、なるべく自然そのもののコントロールを利用し、できるだけ殺虫剤を使うことはやめる方法を考え出した。殺虫剤を使うときには、最小限にとどめる——害虫を全滅させなくても、むしろ益虫に害をあたえないようにする。その時期を選ぶことも大切だ。たとえば硫化ニコチンは、リンゴの花がもも色になるまえに使う。すると、私たちにとって大切な捕食者の命が助かる。その時期は、捕食者はまだ卵の状態にあるからだ。

ピケット博士は化学薬品をよく吟味して、昆虫寄生者や捕食者を少しでもいためないものを選ぶ。かれの言葉——《私たちが、むかし無機化学薬品を使ったように、防虫といえばすぐにＤＤＴ、パラチオン、クロールデンやそのほかの新しい殺虫剤に手をのばすようになれば、生物学的コントロールに関心のある昆虫学者は、もう敗北したも同然だ》。毒性の強い、みな殺しの殺虫剤のかわりに博士がとくに期待しているのは、南米産熱帯性灌木（かんぼく）の幹からつくる殺虫剤ライアニア、さらに硫化ニコチン、砒酸鉛（ひさんなまり）だ。場合によっては、濃度のごくうすいＤＤＴやマラソンも使っていい（百ガロン（訳注　一ガロン＝三・七八リットル）につき一ないし二オンス（訳注　一オンス＝二八・三五グラム）——ふつう使用される濃度は、百ガロンにつき、一ないし二ポンド（訳注　一ポンド＝〇・四五キログラム））。ＤＤＴ、マラソンといえば、いまでは、いちばん毒性が弱い殺虫剤だが、これもやめて、もっと安全な選択性のあるものを求めて研究を続けたい、と博士は言う。

さて、博士の計画は、実際にはどうだったろう。ノーヴァ・スコーシャの果樹園経営者のうち博士の指示どおりに殺虫剤をうすめて撒布（スプレー）した人たちは、化学薬品を大量に使ったものたちに、果実の収穫高の面でも品種の面でも少しもひけをとらない。それだけではなく、費用の上でも大きなひらきがある。ノーヴァ・スコーシャのリンゴ園で殺虫剤に使う費用は、ほかのリンゴ産地とくらべると、そのわずか一〇パーセントから二〇パーセントにすぎない。

このようにいろいろな利点がある。だが、それにもまして大切なのは、自然の均衡（バランス）をきずつけないことなのだ。ノーヴァ・スコーシャの昆虫学者たちは、G・C・アルエットの考えを理想的に実現しようとしているといえよう。カナダの昆虫学者であるアルエットは、自分の人生観をいまから十年ばかりまえこのように言いあらわした——《私たちは、世界観をかえなければならない。人間がいちばん偉い、という態度を捨て去るべきだ。自然環境そのもののなかに、生物の個体数を制限する道があり手段がある場合が多いことを知らなければならない。そしてそれは人間が手を下すよりもはるかにむだなく行われている》。

十六　迫り来る雪崩

いまなおダーウィンが生きていたら、自分がとなえた自然淘汰説があまりにも如実に昆虫たちの世界に実証されているのを見て、おどろき、よろこぶだろう。これでもか、これでもかと化学薬品をまきちらしたために、昆虫個体群の弱者は、滅んでゆこうとしている。生き残ったのは、頑健でまた適応力のあるものだけで、かれらは私たちがいくら押えつけようとしても執拗にたちむかってくる。

いまから五十年まえ、ワシントン大学の昆虫学者Ａ・Ｌ・メランダー教授は言った——《化学薬品スプレーに昆虫は抵抗力をもつようになるだろうか》と。いまならあらためて問うまでもない。一九一四年と四十年後の時代との相違で、そのころはまだよくわからなかったのだ。ＤＤＴがあらわれるまえ、そのころは化学薬品といってもまだ無機の時代で、それもいまからみれば、きわめておとなしく上品に使われていた。だが、化学薬品をまいても生き残る害虫がいろいろいた。メランダー自身、サンホセカイガラムシ（ナシマルカイガラムシ）には手をやいた。はじめの四、五年間はよかった。石灰硫黄合成剤は効果をあげた。だが、ワシントンのクラークストン地方では、ウィナッチエ、ヤキマ・バレーの果樹園のような具合にはいかず、サンホセカイガラムシが、抵抗しだした。

そのうち突然、サンホセカイガラムシの抵抗はほかへとひろがっていった。果樹栽培者たちがやたらとまく石灰硫黄合成剤に何もおとなしく死ぬことはない、と虫もみな同じような考えにとりつかれたのか、合衆国中西部では、カイガラムシに薬品がほとんどきかなくなり、何千エーカー（訳注　一エーカー＝四〇四七平方メートル）という立派な果樹園がいためつけられてしまった。

またカリフォルニア州では、むかしのように、木をすっぽり天幕でおおい、シアン化水素酸でいぶしてみたが、これも失敗で、とうとうカリフォルニア州柑橘類試験所が事態の調査にのりだす。それは一九一五年ごろのことで、その後二十五年あまりも調査研究が続けられた。抵抗力をもちだした昆虫には、ほかにコドリンガ（あるいはリンゴムシとも呼ばれる）がいる。それまで四十年間、砒酸鉛が効果をあげたが、一九二〇年代になってきかなくなったのだった。

だが、本格的な《昆虫抵抗時代》は、ＤＤＴ、ならびにその一族の到来とともにはじまる。たった二、三年のうちに雲行きはただならぬ様相を見せはじめる。昆虫のこと――たとえば個体群相互の力関係を少しでも知っていれば、化学薬品が逆に問題をこじらせることぐらいはわかっていたはずであった。だが、ますます毒性の強い化学薬品があとからあとへとあらわれる。毒性が強ければ、それだけたくさんの害虫が殺せる——見た目にはいかにももっともらしい理屈にだまされて、いまでも農場経営者は、新薬にとびついていく。どういうおそろしいことになるのか、——いや、いますでに抜きさしならぬ泥沼に落ちこんでいる。ことのおそろしさに気づいているのは、疾病を媒介する昆虫を研究している人たちぐらいで、それもいまになって気づきだしたのだ。

　昆虫が人間にさからうことなどできるものか——人間がたかをくくってぐずぐずしているうちに、昆虫のほうはおどろくべき速度で、抵抗をくりひろげていった。ＤＤＴ以前の殺虫剤に耐性を示した昆虫は、約十二種ばかりいるが（一九四五年まで）、有機系の新薬が発見され、容赦なくまきちらされるにつれて、目もくらむような速さで昆虫は抵抗しだし、一九六〇年には、百三十七種というおそるべきたくさんの害虫が、化学薬品に挑戦してきた。どこまでふえつづけるか、だれにも見通せない。すでに千をこえる科学論文が発表された。ＷＨＯ（世界保健機関）は、世界各国の科学者三百人あまりに協力を求め、《抵抗は、病毒媒介昆虫防除計画が今日直面する最大の問題である》という声明を出した。動物個体群を専門に研究しているイギリスのすぐれた学者チャールズ・エルトン博士の言葉——《迫り来る雪崩のとどろきがきこえる……》。

　ある昆虫にきく特殊な化学薬品が発見された——誇らしげに、このようなニュースが刷られる。だが、その化学薬品に、昆虫のほうはすぐに抵抗しだす。インクのかわくいとまもなく、ニュースは修正されねばならなくなる。たとえば南アフリカでは、長いあいだブルーティックというダニの被害がひどく、ある牧場だけでも、一年間に六百頭の牛が死んだ。数年間、砒素剤をまいてみたが一向にきかず、ＢＨＣにきりかえたら、たちまち効果があがった。一九四九年春の報告は、砒素に抵抗したダニも、新しい化学薬品で駆逐できた、と誇らしげに述べているが、なんとあっけなかったことか、まだその年も暮れないうちに、その新薬にもダニは、また新たな抵抗をみせはじめた、と発表する羽目になった。皮革業界新聞の記者はおどろいて記事を書いた（一九五〇年）、《これは科学者のあいだで静かにひろまっていくだけで、海外の新聞の片すみにしかのらない事件かもしれない。だが事態の重大さを正しく理解するならば、新しい原子爆弾のニュースと同じように大見出しをつけなければならないだろう》。

昆虫が抵抗するのは、農業や林業にとって一大脅威だが、さらにおそろしいことがいつ公衆衛生の分野で起るかもしれない。人間がかかるいろいろな病気が昆虫と関係があるのは、周知の事実である。ハマダラカに刺されるとマラリアの胞子小体が注入される。また黄熱病や脳炎の病原体を運ぶ蚊もいる。イエバエは、蚊と違って人を刺したりしないが、そこらにとまって、赤痢菌をばらまくことがあり、また多くの国では眼疾流行の原因となる。疾病と病菌媒介者、または伝播（でんぱ）動物との関係をならべてみれば、発疹（はっしん）チフス――キモノジラミ、ペスト――ネズミノミ、アフリカ睡眠病――ツェツェバエ、いろいろな熱病——ダニ類など数かぎりがない。

私たちは、何らかの手をうたなければならない重大な問題に直面している。昆虫の伝播する疾病などほっておけばよい、などと良識ある人間に考えられるわけがない。先のことを考えずに、すぐあとで困る方法にとびついていいのだろうか——これはさしせまった重要な問題である。伝染病を運ぶ媒介昆虫を駆除して伝染病をくいとめた——このようなかがやかしい勝利の歴史はいろいろあって、だれでも知っている。だが、その裏面を知る人はどれほどいるだろうか。あのかがやかしい数々の勝利は、あっけない一幕の夢だった、——むしろ敗北だったといえよう。病気を運ぶ虫たちを殺そうとやっきになればなるほど、虫たちは強くなり、抵抗力をましてきた。それればかりか、私たち人間は、自分自身の武器となる虫たちまでも殺してしまったのかもしれない。

カナダの有名な昆虫学者A・W・A・ブラウン博士は、WHOの依頼をうけて、昆虫の抵抗の調査にのりだした。一九五八年にその結果が論文として発表されているが、ブラウン博士は書いている——《効力のある合成殺虫剤が公衆衛生の分野で使われだしてから十年とたたぬうちに最大の問題となったのは、以前は防除できた昆虫が殺虫剤に抵抗をくりひろげてきたことである》。ブラウン博士の研究論文を出版したWHOは、警告を発しているが、それは——《この新たな問題がすぐに解決されないかぎり、マラリア、発疹チフス、ペストなどの節足動物媒介の伝染病に対して現在行われている熱心な戦いも、おそろしい反撃にあう覚悟をしておかなければならない》。

　反撃といってもその程度はどのくらいなのだろう。抵抗力をもちだした昆虫のリストをつくるとなると、伝染病に関係のある昆虫の名前は残らずそこにのってしまう。まだ化学薬品のきく昆虫といえば、ブユ、サシチョウバエ、ツェツェバエぐらいなものだ。イエバエ、キモノジラミは、世界中いたるところで抵抗しだした。マラリア撲滅も、蚊が抵抗力をみせだしたためにたちなやんでいる。そしておそるべきことには、ペスト伝播の立役者であるトウヨウネズミノミにも、ＤＤＴがきかなくなった。このほか殺虫剤に抵抗力をみせる昆虫の数はおびただしく、各大陸、各群島、そういう報告のない国はない。

　新しい殺虫剤が医学衛生面ではじめて使われたのは、一九四三年だと思う。当時イタリアを占領した進駐軍が大勢の人間にＤＤＴの粉をふりかけて、チフスを撲滅している。その二年後、今度はマラリアカを駆除しようと残効性の強いＤＤＴを大量に撒布（スプレー）した。わずか一年たつかたたないうちに、不吉な徴候が出てきた。イエバエとイエカ属の蚊が、抵抗しだした。一九四八年には、化学薬品クロールデンが新しく発見されて、ＤＤＴの効果を高めるために使われた、二年間はうまくいった。だが、一九五〇年になると、クロールデンに抵抗性のあるハエが発生し、まだその年もあらたまらないうちに、イエバエ全部、イエカ属のすべてが、クロールデンに抵抗するといっても間違いない情況になった。つぎからつぎへと新薬が使われるにつれて、昆虫は抵抗しだした。一九五一年の終りまでには、ＤＤＴ、メトキシクロール、クロールデン、ヘプタクロール、ＢＨＣがもうきかなくなっていた。そして、ハエは《傍若無人》にあたりを飛びまわっていた。

同じような悪循環は、一九四〇年代の終りに、サルデーニアでも起っている。また、デンマークではＤＤＴの入った製品を一九四四年に使いはじめたが、一九四七年には、もう方々でハエが死なななくなっている。エジプトでは、一九四八年にすでにＤＤＴの効力が失われた地域が出てきた。さっそくＢＨＣにきりかえたが、その効果も一年たらず。エジプトのある寒村の例は、事態の深刻さを象徴的に示している。ここでも殺虫剤の威力はすばらしく、一九五〇年にはハエが片端から死に、幼児死亡率は五〇パーセント近くも減少した。ところが、その年が明けるとＤＤＴもクロールデンもきかなくなった。ハエはむかしと同じようにふえ、それにつれて幼児の死亡率も逆もどりした。

アメリカ合衆国でハエがＤＤＴにひろく抵抗性をみせるようになったのは、一九四八年テネシー・バレーでのことだ。その後、方々でＤＤＴがきかなくなってきた。ディルドリンを使って挽回（ばんかい）しようとしたが、それも**わずか二カ月**のはかない夢に終っている。ディルドリンにもハエが抵抗しだした地方があるのだ。ありとあらゆる塩化炭化水素系の薬品を使ってみたあげく、今度は有機リン酸エステル系のものにきりかえたが、結果は同じだった。専門家がいま結論として言えるのは、このようなことだけだ――《イエバエを防除しようとしても殺虫剤はもう使えない。衛生設備一般の改善からやりなおさねばならない》。

DDTがはじめて使われ、キモノジラミにすばらしい成果をあげた例として、ナポリがよくひきあいに出される。それに匹敵するものとして、その二、三年後に行われた日本と韓国のシラミがりがある。一九四五年から四六年にかけての冬には、二百万あまりの日本人、韓国人がシラミにとりつかれていた。一九四八年には、スペインにチフスが流行し、このときにもDDTが使われたが、このときは失敗している。心ある人なら、これは何かおかしいと思ったにちがいない。だが、実験室でのテストがうまくいくので、昆虫(こんちゅう)学者たちは、シラミは抵抗しないものと思いこんでいた。だから、一九五〇年から五一年にかけての冬、韓国で起った出来事には、度胆(どぎも)を抜かれた。韓国人の兵隊にDDTの粉末をかけたら、シラミは逆にふえてきたのだ。そこでシラミを集めて試験をしたら、五パーセントの粉末をふりかけても、シラミの自然死亡率が変らない。東京の浮浪者、板橋の貧民収容所、シリア、ヨルダン、東エジプトの難民収容所で集めたシラミについても同じようなことがわかり、シラミを防除してチフスを予防するのにDDTが役に立たなくなったことはもはや疑うべくもなかった。シラミに対してDDTの効力が失われた国の名をあげてみれば、一九五七年までには、イラン、トルコ、エチオピア、アフリカ西部、南アフリカ、ペルー、チリ、フランス、ユーゴスラヴィア、アフガニスタン、ウガンダ、メキシコ、タンガニーカ（訳注 現タンザニア）。はじめイタリアですばらしい威力を発揮したのも、いまや色あせた感じだ。

ＤＤＴに最初に抵抗をみせたマラリアカは、ギリシアのハマダラカ属の*Anopheles sacharovi*だった。一九四六年徹底的に第一回目のスプレーをしたときには、うまくいったが、一九四九年になって、家や馬屋から逃げ出した成虫の蚊が陸橋の下にたくさんたむろしているのが見つかった。屋外にとどまる傾向はしだいにひろまり、橋の下だけでなく、洞穴や畑のなかの小屋や道路の暗渠や、またミカンの木の葉や幹にすみついた。撒布すると、家屋から逃げ出し、室外で休息し回復できるほど、成虫の蚊はＤＤＴに十分の耐性をもつようになったと考えてよい。それが二、三カ月たつうちに家屋のなかにとどまることができるようになり、ＤＤＴをまいた壁に平気でとまっている姿が見られた。

このような不吉な徴候を目のあたりにしてみれば、いまや事態はきわめて深刻と言わざるをえない。マラリアを撲滅しようと家屋にＤＤＴを根気よく撒布した、まさにそのために、ハマダラカ属の蚊は殺虫剤に急速に耐性をもつようになったのだ。一九五六年には、わずか五種の蚊が抵抗をみせたにすぎなかったが、一九六〇年の春には、二十八種と数が一挙にはねあがった！　そしてそのなかには、マラリア菌を媒介する、危険このうえもない蚊もいる（この蚊の分布地域は、アフリカ西部、中東、中央アフリカ、インドネシア、ヨーロッパ東部）。

ほかの疾病を媒介する蚊も同じだった。象皮病のような病気の原因である寄生虫を運ぶ蚊が熱帯にいるが、これも、世界各地で強い耐性をもつようになっている。合衆国のある地方では、脳炎の一種 western equine encephalitis の菌を媒介する蚊が抵抗しだした。だが、さらにおそるべきことには、何世紀にもわたって猛威をふるう世界的な伝染病の一つ、黄熱病の媒介昆虫が抵抗しだし、はじめ東南アジアにあらわれた抵抗性のある蚊は、いまやカリブ地方いたるところに見うけられる。

マラリアそのほかの疫病（えきびょう）を伝播する昆虫があいかわらず抵抗をやめないと、世界各地から報告が届いている。一九五四年にトリニダードで黄熱病が突然発生したが、それは、病原菌媒介蚊が耐性をもち、防除できなかったためだった。インドネシアやイランでは、マラリアの火の手があがった。ギリシア、ナイジェリア、リベリアでは、蚊はあいかわらずマラリア原虫を伝播している。ジョージア州では、ハエを駆除して、ひどい下痢を起す胃腸病を押えることができたが、一年の夢におわった。エジプトでも一時ハエを防除して急性結膜炎をなくすことができたが、それも一九五〇年までのことだった。

直接人間の生命をおびやかすものではないが、経済的な面で残念なのは、フロリダの塩性湿地地帯に発生する蚊が耐性をもちだした事実である。この蚊は、べつに病原菌を運ぶわけではないが、人間の血に飢えて群れをなしておそいかかるために、フロリダ海岸の広範な地帯は殺虫剤ができるまえは、もともと人は住むことができなかったのだ。だが、せっかくの殺虫剤の効果は一時的なものにすぎず、またたくまに、もとの状態にもどってしまった。

ふつうのイエカもあちらこちらで抵抗している。方々の町や村では大規模な化学薬品撒布を年々行おうとしているが、考えなおさなければならない。この蚊は、現在DDTをはじめ何種類かの殺虫剤に抵抗性をもち、その分布地域は、イタリア、イスラエル、日本、フランス、合衆国の一部(カリフォルニア、オハイオ、ニュージャージー、マサチューセッツ州など)に及ぶ。

ダニもまた問題である。脳脊髄膜炎(のうせきずいまくえん)菌の伝播者であるモリマダニ(森のなかで人を襲う)も、最近になって抵抗をくりひろげだした。また、ある種の犬に寄生するダニに殺虫剤がきかないことは、まえからはっきりひろくわかっている。犬のことだといって、うっかりしてはいられない。このダニは、亜熱帯に産し、ニュージャージーぐらい北になると、室外よりもむしろ暖房のきいた室内で越冬するようになる。合衆国の自然博物館のジョン・C・パリスターの報告によれば、一九五九年の夏、セントラル・パークの西側の隣のアパートから博物館に電話がたてつづけにかかってきた。パリスター氏は説明する——《ときどき、アパート全体に、ダニの子があらわれ、なかなか駆除できない。セントラル・パークから犬がひろってきたダニが、アパートのなかに卵を産みつけ、孵(かえ)

すのだ。ＤＤＴも、クロールデンも、そのほかわれわれの新しい殺虫剤のほとんどが、きかないようだ。まえには、ニューヨークの町の真ん中にダニがいるなど、ありうることではなかったが、いまやダニはいたるところを這いまわり、ロングアイランド、ウェストチェスター、そればかりかコネティカットにまで足をのばしている。こうしたことは、ここ五、六年まえから見られる現象である》。

北アメリカ全体に分布するチャバネゴキブリは、クロールデンに耐性を示すようになった。害虫駆除業者のお気に入りだったクロールデンがきかないとなると、有機リン酸エステル系の薬品にきりかえる。だが、それにも昆虫が抵抗するとすれば、いったい何を使ったらいいのか、害虫駆除業者は頭をかかえこむほかない。

病原菌媒介昆虫を防除する関係団体は、相手が抵抗力をみせるようになるたびに、新しい殺虫剤にきりかえて事態をのりこえてきた。いくら一生懸命化学者が新しい薬品をつくるからといって、これがいつまでも続くと思ったら間違いだ。ブラウン博士は、私たちは《一方通行路》を進んでいるのだ、と言う。いつ道が終りになるか、だれにも分からない。伝染病をまきちらす昆虫の防除態勢がととのうまえに、行きつくところまで行きついてしまったなら、私たちはもうお手あげだ。

作物をおびやかす昆虫についてもまた同じである。

まだ無機化学薬品が使われていたころ耐性をもっていたのは、十二種類ばかりにすぎなかったが、いまはおびただしい農業昆虫が、ＤＤＴ、ＢＨＣ、リンデン、トクサフェン、ディルドリン、アルドリンに抵抗する。そればかりではない。あれほど期待のかけられていたリン酸エステル類もきかなくなってしまった。作物をあらす害虫で抵抗性をもつものは、一九六〇年までに、全部で六十五種類にもなる。

　農業昆虫がＤＤＴにはじめて抵抗性をみせるようになったのは、アメリカ合衆国で、一九五一年のことだった。ＤＤＴが使われだしてから六年目である。いまいちばん手をやいているのは、シンクイガだといっていい。リンゴのできるところなら、世界中どこでもＤＤＴがきかなくなっている。キャベツをあらす昆虫も、また大きな問題となっている。ジャガイモの害虫も、合衆国の多くの地方では、化学薬品の手におえなくなっている。綿花をむしばむ六種の昆虫は、アザミウマ、ナシヒメシンクイガ、ヨコバイ、芋虫、青虫、ダニ、アブラムシ、ハリガネムシなどと同じで、農民たちがいくら一生懸命化学薬品をふりかけてもいまやびくともしない。

　化学工業関係の人たちは、おそらく昆虫たちが殺虫剤に耐性をもつようになった事実を、受け入れたがらないにちがいない。一九五九年には、百種以上の主な昆虫が化学薬品に抵抗する事実が明らかになったにもかかわらず、農業化学の一流雑誌には、《昆虫の抵抗は、まことか嘘（うそ）かわからない》と書いてある。だが、産業界が楽観してみても、それで問題が消えうせたわけではないし、経済的にも悲観的な材料が多い。その一つは、化学薬品を使って防除する経費は、あがりこそすれ減らないことである。また、あらかじめ先の分まで殺虫剤をストックしておくことはもはや不可能である。いまいちばん威力のある殺虫化学薬品でも、明日になれば全然きかなくなるかもしれない。殺虫剤関係の会社への投資は、暴力では自然に勝てないことがはっきりとわかれば、二度と回収されないだろう。いくら新しい殺虫剤を発明し、新しい使用法を考え出しても、昆虫たちはいつも一ラウンド先を走っているようなことになるだろう。

ダーウィンは自然淘汰(とうた)ということを説いたが、この説を何よりも如実(にょじつ)に例証するのは、まさに抵抗というメカニズムだろう。一つの個体群を形成している昆虫は、構造、習性、生理の面でさまざまな変化をみせているが、そのうち、化学薬品の攻撃をうけて生き残るのは《タフな》昆虫だけで、殺虫剤スプレーは、弱者を一掃してしまう。生き残るのは、人間の攻撃をかわすことのできる性質を先天的にもっている昆虫だけで、やがて新しい世代を生むが、かれらはただ相続ということによって、親がもっていた《タフな》性質すべてをそなえている。だから害虫を駆除しようと大量に化学薬品をまけば、悪い結果になるとしか予想できない。強者と弱者がまじりあって個体群を形成していたかわりに、何世代かたつうちには、頑強(がんきょう)で抵抗性のあるものばかりになってしまうだろう。

昆虫が化学薬品に抵抗する方法はいろいろで、いまでもまだ完全にはわからないことが多い。抵抗するのに有利な構造をもっている昆虫もいくつかいると思われるが、それも推測の域を出ない。だが、いくつかの系統に免疫があることは、たとえばブリーイエ博士の報告でも明らかで、かれはデンマークのスプリングフォルビの害虫予防研究所でハエを観察して、《真っ赤に燃える石炭の上でおどる未開国の魔法使のようにハエはDDTとたわむれる》と言っている。

そのほかの地方からも、これと同じような報告が届いている。マレー半島のクアラルンプールでは、DDTを撒布（スプレー）した室内から蚊が逃げていったが、それははじめのうちだけで、やがて抵抗しはじめ、たいまつの光で照らしてみるとDDTの沈積が明らかに見られる、その表面に平気でとまっていたという。また、台湾南部のある軍隊のキャンプでは、トコジラミの抵抗がみられ、DDTの粉だらけになりながら平気で這いまわっていた、このトコジラミをDDTのしみこんだ衣類に試験的に移してみると、一カ月も死なず、そればかりか卵を産みつけ、幼虫はすくすくと育っていったという。

だが、抵抗の質は、からだの構造にかならずしも左右されない。DDTに耐性のあるハエには、酵素があり、それが殺虫剤の毒性を抜いて、毒性の少ないDDEに変えてしまう。この酵素は、DDTに対して発生的に耐性のあるハエだけに見られる。これは、もちろん遺伝的にそなわっている能力で、どういうふうにしてハエやそのほかの昆虫が有機リン酸系の化学薬品の毒性を消すのかは、あまりよくわかっていない。

また、ある種の昆虫は習性から化学薬品のとどかないところへ逃げてしまう。耐性のあるハエは、薬のかかっている壁にはあまりとまらず、かかっていない水平面にとまるのだ。耐性のあるイエバエには、サシバエのように一カ所にじっととまる習性があり、そのため毒の残滓にふれる回数が少ない。またマラリアを伝播する蚊のある種のものには、DDTにふれる度合を減らして、免疫性をつくり出すというような習性がある。スプレーがあると、小屋を飛び出して、外で生きながらえる。

ある種の昆虫に耐性ができるには、ふつう二年か三年かかる。だが、ときには一シーズン、あるいはもっと短い期間のこともある。またその逆に極端に長いときは、六年もかかる。ある昆虫の個体群が一年に何回発生をくりかえすか、これが大切な点で、それはそれぞれの昆虫の種類やまた気候に左右される。たとえば、カナダのハエが合衆国南部のハエにくらべて耐性をもちにくいのは、合衆国南部は暑い夏が長く続き、発生率が高いためである。

《昆虫が化学薬品に抵抗力をもつようになれるなら、人間だって、それと同じにはならないのか?》——と尋ねる人がときどきいる。理屈の上では、たしかにそのとおりだ。だが、人間の場合には、何百年、何千年とかかるから、いまの人間にはほとんどなんのなぐさめにもならない。耐性は、一個人にできるものではない。生れつき毒に強い性質があるときにだけ、生き残って子孫を産む可能性が大きい。だから、耐性とは、数世代、またはもっとたくさんの世代をへてできてくるものなのだ。人間の世代は、大ざっぱに言って、百年間に三回かわるにすぎないが、昆虫の世代交代は、数日間、数週間が単位なのだ。

《場合によっては、いま完全な状態をつくりだしてそのあげくお手あげになるよりは、戦いの度合をゆるめ、少しぐらいの被害は、我慢したほうがいい》とオランダの植物保護局局長のブリーイエ博士は忠告する、――《実際問題として私はこのように言いたい、〈農薬を撒布するのは、なるべくひかえよ〉と。〈できるだけたくさん農薬を撒布せよ〉ではだめなのだ……害虫の個体群に対する弾圧は、つねにできるだけ弱めなければならない》。

このような考えが、アメリカ合衆国の農務省関係者にひろく理解されていないのは、まことに不幸なことと言わなければならない。農務省年鑑一九五二年度版は、全巻昆虫特集版となっていて、昆虫が耐性をもつようになった事実を認めているが、《防除が完全に行われるには、さらに強力な殺虫剤を、もっと多量に使用する必要がある》という。いままで使用されていない新しい殺虫剤といっても、いまや昆虫ばかりでなく生命そのものをこの地上から抹殺（まっさつ）するものしか残っていないということになったら、いったいどうなるのか、農務省はそれについては口をとざしている。だが、一九五九年、この警告がでてからわずか七年あとに、コネティカットの昆虫学者の意見が、農業食品化学雑誌に引用されている。一種、あるいは二種類の昆虫被害に対し、新しい薬品が使用されたが、それは**使用しうる最後のもの**だった、と。

ブリーイエ博士の言葉――

《私たちが危険な道を進んでいることは疑うまでもなく明らかだ……**私たちはほかの防除方法を目指して研究にはげまなければならない。化学的コントロールではなく、生物学的コントロールこそ、とるべき道であろう。暴力をふるうのではなく、細心の注意をもって自然のいとなみを望ましい方向に導くことこそ、私たちの目的でなければならない……。**

私たちは心をもっと高いところに向けるとともに、深い洞察(どうさつ)力をもたなければならない。残念ながら、これをあわせもつ研究者は数少ない。生命とは、私たちの理解をこえる奇跡であり、それと格闘する羽目になっても、尊敬の念だけは失ってはならない……生命をコントロールしようと殺虫剤のような武器に訴えるのは、まだ自然をよく知らないためだと言いたい。自然の力をうまく利用すれば、暴力などふるうまでもない。必要なのは謙虚な心であり、科学者のうぬぼれの入る余地などは、ここにはないと言ってよい》。

十七 べつの道

私たちは、いまや分れ道にいる。だが、ロバート・フロストの有名な詩とは違って、どちらの道を選ぶべきか、いまさら迷うまでもない。長いあいだ旅をしてきた道は、すばらしい高速道路で、すごいスピードに酔うこともできるが、私たちはだまされているのだ。その行きつく先は、禍(わざわ)いであり破滅だ。もう一つの道は、あまり《人も行かない》が、この分れ道を行くときにこそ、私たちの住んでいるこの地球の安全を守れる、最後の、唯一(ゆいいつ)のチャンスがあるといえよう。

とにかく、どちらの道をとるか、きめなければならないのは私たちなのだ。長いあいだ我慢したあげく、とにかく《知る権利》が私たちにもあることを認めさせ、人類が意味のないおそるべき危険にのりだしていることがわかったからには、一刻もぐずぐずすべきではない。毒のある化学薬品をいたるところにまかなければならない、などという人たちの言葉に耳をかしてはいけない。目を見開き、どういうべつの道があるのか、をさがさなければならない。

化学薬品による防除にかわるほかの方法は、実にいろいろある。ある種のものは、すでに実際に応用されてすばらしい効果をあげ、また、現在はまだ実験室でのテストの段階にあるものもある。また、まだ科学者のアイデアにすぎず、試験されるのを待っているものもある。とまれ、これらはどれもこれも**生物学的**な解決を目指している。まず、コントロールしようとする相手の生物をよく理解し、こうした生物をつつむ生の社会全体を明らかにする。生物学という、ひろい分野の各領域で活躍する専門家――昆虫学者、病理学者、遺伝学者、生理学者、生化学者、生態学者が、それぞれの研究成果や、創意豊かな考えを出しあい、力を合わせて、生物学的コントロールという新しい学問をうち立てようとしている。

ジョンズ・ホプキンズ研究所の生物学教授カール・P・スウォンソンの言葉――《サイエンスとは、およそいかなるサイエンスでも、川の流れのようなものだ。大河もそのはじまりはちょろちょろ流れる水で、それもどこから湧き出るのかわからぬことが多い。静かに流れるかと思うと、はげしく早瀬を下ることもある。川原のあらわれる日照りのときもあるが、大水が押し流れることもある。サイエンスも同じなのだ。ひとりひとりの研究の力を集め、またいろんな考えの流れを組入れて成長していく。さまざまな概念と帰納の結果によって、サイエンスという川は、深みをまし、ひろがっていく》。

現代の新しい意味でのいわゆる生物学的コントロールというサイエンスも同じことだと言えよう。このサイエンスは、百年ほどまえ暗中模索のうちに誕生した。そのころ農園をあらす昆虫になやまされていた合衆国では、その昆虫の敵となる生物をつれてきたらどうだろう、と考えたのだった。はじめは、海のものとも山のものともわからず、また全然だめかと思われたときもあったが、そのうちすばらしい成果のあがることもあって、はずみがついてきた。とはいえ、挫折しかけた時期もあった。ちょうど一九四〇年代に入って新しい殺虫剤が出まわり、その一時的な効果に目がくらんだ農学者らが昆虫を使う方法すべてに背を向け、《化学的コントロールの地獄の踏み車》を踏み出したのだった。だが、からまわりするばかりで害虫のいない世界という目標に近づけるわけがない。そして、とうとうしまいにわかったのは何だったろう——、化学薬品をむやみにまきちらせば、破滅するのは目指す相手ではなくて、自分自身だということだった。新しい考えを集めて、生物学的コントロールというサイエンスの川は、また流れだした。

いろいろある新しい方法のなかでもとくにすばらしいのは、ある種の力を内へと向ける——言葉をかえれば、昆虫の生命力を逆に利用して自己破壊のほうへもっていこうとするもので、なかでも《雄不妊化》という方法はめざましく、アメリカ合衆国農務省昆虫研究所長エドワード・クニプリング博士を中心とするグループによって研究されている。

いまから二十五年ほどまえ、クニプリング博士が昆虫コントロールのこの新しい方法を発表したときには、かれを知るものはみな、その独創性に舌をまいた。何万という昆虫を集めて性能力を破壊し、それをあたりに放つと、性能力を破壊された雄は、ふつうの野生の雄と争う。何度かこれをくりかえすと、無精の卵しか生れず最後にはその個体群は死滅するだろう――これが、クニプリング博士の理論だった。

だが、役人たちはこの説に冷淡だったし、またほかの学者たちもきわめて懐疑的だった。しかし、クニプリング博士は、ひとり心の裡にこの考えをもちつづけた。まず、昆虫を不妊化するには実際どうしたらよいだろうか――この問題を解決しなければ実地試験はできないのだった。一九一六年、G・A・ラナーという昆虫学者がX線をタバコシバンムシにあてて不妊化したという。X線が昆虫を不妊化することは少なくとも理論上明らかだった。一九二〇年代の終りには、ハーマン・マラーがX線照射による突然変異という画期的な発明をし、ここにひろい、新しい分野がひらけ、数多くの研究が行われ、二十世紀のなかごろには、X線やガンマ線を使えば、少なくとも十二種の昆虫が不妊化できることがわかった。

だが、これらすべては、あくまで実験室のなかの実験で、すぐに実用に移すわけにはいかなかった。ところが一九五〇年クニプリング博士は、この方法を実際に適用するという困難な仕事に着手した。アメリカ合衆国南部には螺線虫の成虫クロバエ科のハエがいる。家畜の大敵だ。雌は、温血動物の開いた傷口に卵を産みつけ、孵化した幼虫は寄生性で、被寄生動物の肉を餌にして育つ。この寄生虫にたかられると、十分に成長した食用牛でも十日とたたないうちに死んでしまうことがあり、その損害は、アメリカ合衆国で年間四千万ドルにのぼると推定されていた。そのほか、野生の動物がどのくらいその犠牲になっているかは、明らかにすべくもないが、とにかくその被害はきわめて大きいといっていい。テキサスでは、シカの個体数が減っている地域があるが、その原因はやはりこのハエにあると考えられている。このハエは、熱帯、亜熱帯をとわず、南アメリカ、中央アメリカ、メキシコにかけて分布しているが、アメリカ合衆国ではふつう南西部にいる。ところが、一九三三年ごろ、偶然フロリダ州に闖入（ちんにゅう）し、冬も気候が温和で越冬できるので、群れをなしてフロリダに棲息（せいそく）しだした。そればかりか、このハエの大群は、やがてアラバマ州南部やジョージア州へと押し出し、このため合衆国東南部州の家畜産業は、年間二千万ドルの損害をこうむった。

テキサス州農務省関係の生物学者は、さっそくこのハエの習性についていろいろ調査をし、その報告は何年かたつうちに山をなした。それまで、フロリダ州の島で予備的な野外実験を何度かくりかえしてきたクニプリング博士は、一九五四年いよいよ大規模なテストを行なって自分の理論を実証するため、オランダ政府と連絡をとり、本土から少なくとも五十マイルは離れているカリブ海のキュラソー島へとおもむいた。

フロリダ州農務省研究所で飼育し不妊化したハエは、一九五四年八月のはじめ、空路キュラソー島へと運ばれ、一マイル（訳注　一マイル＝一・六キロメートル）平方あたり四百匹の割合で一週間にわたって空から放たれた。すると、実験用のヤギに産みつけられていたたくさんの卵は、ほとんどいっせいに減少しはじめ、また残った卵もほとんど孵らなかった。不妊化したハエを放ってからわずか七週間のうちに、寄生していた卵は残らず無精卵となり、そして、しばらくするうちに卵という卵は姿を消してしまった。キュラソー島のハエは、文字どおり全滅した。

キュラソー島の成功が知れわたると、フロリダ州の家畜業者はこの新しい方法にとびついてきた。カリブ海の小さな島にくらべて三百倍もひろいというむずかしさはあったが、とにかく一九五七年合衆国農務省とフロリダ州が資金を出しあい、ハエの防除にのりだした。まず《ハエ工場》というような施設をつくって、一週間に五千万匹のハエを飼育する。不妊化したハエを二百匹から四百匹ずつボール箱につめ、二十機の軽飛行機をチャーターして、一機につき千箱ずつつみ、あらかじめきめたコースを一日五、六時間飛ぶ——こういう計画をたてたのだった。

ちょうど運のよいことに、一九五七年から五八年にかけての冬はきびしく、フロリダ州北部は寒波におそわれ、ハエの棲息範囲が狭くなった。それまで十七カ月をかけて準備してきた計画もこのとき完了し、不妊化した人工飼育のハエが三十五億匹、フロリダ州とジョージア州さらにアラバマ州の一部に放たれた。ハエの幼虫が傷口から入って病気が蔓延した最後は、一九五九年の二月だった。二、三週後には、数匹の成虫が網にかかっただけで、その後、ハエは影も形も見せなかった。東南部では、ハエは完全に死滅したのだ。まさにかがやかしい科学の勝利だった。不撓不屈の地味な基礎研究にささえられた科学の力が十分に発揮されたものと言ってよい。

だが、このハエはもともと西南部に棲息し、またいつ闖入してくるかわからないので、ミシシッピ検疫所はあいかわらず何か対策をたてる必要に迫られている。ハエの発生地そのものをなくしてしまえばよいが、ひろい地域だし、たとえ西南部のハエを駆逐しても、またメキシコからいつでも入ってくることを考えれば、本当にむずかしいといわなければならない。だが、これはやりがいのあることであり、政府は、ハエの個体数をごく低く押えるとか、何らかの対策を近いうちにたてて、テキサス州や西南部の被害をくいとめたいと考えているようである。

ハエ防除がすばらしい成果をおさめたのに刺戟されて、ほかの昆虫にも同じような方法を使ってみようという気運が高まった。もちろん、生活史、個体群密度、X線照射に対する反応など、いろいろの要因が入りまじるから、どれにもこの方法があてはまるわけではない。

ローデシアにいるツェツェバエを防除しようと、イギリス人が実験を重ねた。このハエは、アフリカ全体の三分の一にあたる地域にはびこり、人体に有害なのはもちろん、四十五万平方マイルにわたる森林もある草原で家畜を飼うさまたげとなる。ツェツェバエの習性は、例のクロバエ科のハエとはかなり違い、X線照射で不妊化できるとはいえ、実際に防除を行うにはなお技術上解決しなければならない点がいろいろある。

イギリスではすでにほかのたくさんの昆虫について、放射線に対する反応度を調べていた。またアメリカ合衆国では、ウリミバエ、ミカンコミバエ、チチュウカイミバエについて、ハワイの研究所で有望な実験成績をおさめ、孤島のロタ島での野外実験も成功していた。アワノメイガの幼虫や、サトウキビムシの試験も行われ、さらに医学上問題になる昆虫も、不妊化すれば駆除できる可能性が出てきていた。チリの学者が指摘しているが、マラリアの病原を運ぶ蚊は、化学薬品でおさえてもあいかわらずチリで繁殖しているという。不妊化した雄を放てば、絶滅できるかもしれない。

放射線による不妊化が実際にはなかなかむずかしいので、もっと簡単なほかの方法で同じような効果があがらないものか、化学薬品を使って不妊化をはかる研究が、いまいろいろ行われている。

フロリダ州オーランド農務省付属研究所の所員たちは、イエバエを不妊化しようと、実験室での試験ばかりでなく、野外実験も何回か行なっている。適当な食物に、不妊性の化学薬品をまぜておくのだ。フロリダ・キーズ群島で一九六一年実験したところでは、わずか五週間でハエがほとんど姿を消したという。もちろん、近くの島からまたハエが飛んできたが、試験的な試みとしてはこれは十分成功したのだ。こうした有望な方法に、政府がどんなに喜んだか、十分想像できる。イエバエは事実上殺虫剤の手におえなくなっているのだ（これについてはいままで何回か述べたとおりである）。いままでにない新しい手段を講じなければならないことは、だれにもわかっていた。放射線で不妊化してしまえばよいが、これにもまた問題がある。人工的に飼育するむずかしさもあるが、自然に発生する数よりももっと多い雄のハエを不妊化して放たなければならないのだ。例のクロバエ科のハエなら数が限られているが、飼育したイエバエを放てば、ハエの数は一時的であるにせよ、倍以上にふえるから、あまり喜ばれないであろう。しかし、また化学的不妊剤をハエの好きな食物にまぜ、ハエのとまる場所においておけば、それにたかった雄は不妊化され、そのうち不妊化されたハエのほうが多くなり、ハエ全体が死滅するかもしれない。

不妊効果のある化学薬品を見つけだすほうが、化学薬品の毒性試験よりむずかしい。ある一つの薬品の不妊効果を調べるのには一カ月もかかる。こうした試験は並行して同時にいくつも行えるとはいえ、一九五八年の四月から一九六一年の十二月までかかって、何百という薬品をふるい分け、不妊効果のあるものを選び出した。有望と思われる薬品はほんのわずかであったが、それでも農務省は満足した。

農務省関係のほかの研究所でも、同じような問題ととりくみ、サシバエ、蚊、ワタミハナゾウムシ、ミバエの類(たぐい)にきく化学薬品を試験している。すべて、いまは実験の段階にすぎないが、不妊化学薬品の研究がはじまってから二、三年たつかたたぬうちに、少なくとも理論として魅力にみち溢(あふ)れたこの研究部門は、まだ実験の段階にあるとはいえ大きくふくれあがってきた。クニプリング博士によれば、化学的に昆虫を不妊化する方法をまえにしては《どんなにすぐれた殺虫剤でも色あせて見えるだろう》。百万匹の昆虫が一世代ごとに五倍になると仮定してみよう。そして、ここにある殺虫剤があって一世代について九〇パーセント殺す効果をあげる。すると三世代後に生き残るのは、十二万五千匹だ。ところが、九〇パーセント不妊化する化学薬品があるとすれば、わずか百二十五匹が生き残るだけなのである。

しかし、その反面、このような薬品には劇薬が多い。はじめのうちは、なるべく安全な薬品をとりあげ、また安全な使用法を心がけていたが、いまは、不妊剤を空からまいたらどうか、という声がしきりにきかれる。たとえばマイマイガの幼虫の被害の大きな森林に撒布(スプレー)したらいいのではないか、という。どういう危険な副作用があるのか、十分に調べもしないで、こんなことをすれば、それはまさに暴挙というほかない。殺虫剤どころの騒ぎではなくなるだろう。

いま試験中の不妊剤は、だいたい二種類ある。その作用していく過程は両方ともきわめて興味深い。第一のグループは、細胞の生成過程、物質代謝と密接な関係があり、細胞や組織に必要な物質ととてもよく似ているので、有機体は本当の代謝物質と《間違って》通常の生成過程のなかにとりいれてしまう。だが、わずかのくい違いでうまく統合せず、プロセスは止まる。このような化学物質は、ふつう代謝拮抗物質と呼ばれる。

第二のグループは、染色体に作用し、遺伝子化学物質に影響を及ぼし、染色体を粉砕すると思われる。このグループの不妊薬はアルキル化をうながす薬品で、きわめて反応度が高く、細胞を破壊する力も強く、染色体をいためつけ、突然変異をひき起す。ロンドンのチェスター・ビーティー研究所のピーター・アリグザンダー博士の考えによれば、《昆虫の不妊化にきくアルキル化剤は、強烈な突然変異誘発物であり発癌物質である》から、このような劇薬を勝手に防虫に使えば、《きわめて面倒なことになる》。だから、こういう特殊な化学薬品は実験室で試験しても実際に使うのはやめて、もっと安全で、かつ目指す相手にきくほかの薬品を発見したいものだ。

最近いろいろおもしろい研究があるが、なかでも興味深いのは、やはり昆虫の生成過程そのものから武器をつくり出す方法である。昆虫は、いろいろな毒や誘引液や忌避液をたえず生み出しているが、こうした分泌物にはどういう化学的な性質があるのだろうか。それを抽出して選択性殺虫剤をつくれないだろうか――こうした問題にとりくんでいるのは、コーネル大学などの研究グループで、捕食性動物の攻撃から昆虫が身を守る防禦体制をつぶさに調べて、昆虫分泌物の化学構造を明らかにしようとしている。また、幼虫がふつうの成虫となるまでの期間、変態防止の役目を果している《幼虫ホルモン》と呼ばれる強力なホルモンがあり、これをとくに研究しているグループもある。

昆虫分泌物の研究がそのまま役立つとすれば、それは昆虫をひきよせる芳香剤、誘引剤の開拓にある。ここでもまた、自然そのものに教えられることが多い。とくにおもしろい例はマイマイガだ。マイマイガの雌は、からだが重くて飛べず、地表を這いまわり、飛んでもせいぜい地面すれすれで、草木のあいだをバタバタしたり、木の幹を這ったりしている。雄はまたそれと逆で、飛ぶ力が強く、雌の特別な腺から出る香りをかぎつけて遠くても飛んでいく。かなりまえから、昆虫学者はこれに注目し、雌のからだから人工的に性誘引液を抽出し、マイマイガの雄をつかまえるのに利用していた。昆虫の個体数を調べるのに、この液をわなに使って棲息地帯周辺にまき、雄を呼びよせることもしてみた。だが、その費用がたいへんだった。マイマイガが出まわって困るとうるさい合衆国東北部の州でも、必要なだけ雌のマイマイガの数をそろえるとなるとむずかしく、雌の蛹をヨーロッパでさがし集めて、わざわざ輸入することもあり、へたをすると一つの蛹に五十セントの費用がかかる。こうした行き詰りをみごとに打開したのは、誘引液の分離である。農務省の化学者たちが何年も研究したあげく、誘引液の分離に成功したのだった。その後まもなくヒマシ油の成分から、これによく似た合成物がつくり出され、それはただ雄のマイマイガをだますというよりは、本当の液にまさるとも劣らない誘引力があるといってよく、捕獲網にわずか一マイクログラム（百万分の一グラム）入れておけば、それで十分の効果がある。

これは、ただ学者の興味をひくばかりではなく、きわめて実用的なことがらなのだ。なぜならば、この新しく発見された経済的な《マイマイガ誘引剤》は、個体数を調べるのに使われるばかりでなく、また防虫にも利用できる可能性をはらんでいる。いま実際にいくつかテストが行われている。心理戦の実験と呼んでもいいようなこの方法は、誘引剤を粒状の物質とまぜて空から撒布（さんぷ）する。そして、雄のマイマイガの嗅覚（きゅうかく）を混乱させ、あちらでもこちらでもいい匂（にお）いをさせて、雌へと通ずる本当の匂いの道をかきみだしてしまう。さらに奇抜な試みは、ありもしない虚構のつがいを演じさせようとする実験である。実験室で木の切れはしや、虫の形をしたものとか、そのほか生命のない小さな物体をマイマイガ誘引液にひたしておくと、マイマイガの雄はそれと交尾しようとする。生殖本能を非生産的な方向に向けて、それではたして実際に個体数が減少するかどうか――それはまだ明らかではないが、とまれおもしろい可能性をはらんだ着想といっていい。

マイマイガをひきよせたのは、合成された最初の昆虫（こんちゅう）誘引剤だったが、やがてほかの昆虫についても同じような誘引剤が合成されるにちがいない。事実いろいろの農業昆虫について、誘引剤イミテーションの研究が行われており、ベリヒンタマバエとスズメガの一種の幼虫については、有望な実験結果が出ている。

またある種の昆虫に対しては、誘引剤と毒との連結剤の実験が進められている。政府関係の科学者たちは、メチル゠オイゲノールという誘引剤をつくったが、これをミバエの一種 oriental fruit fly と melon fly の雄が嗅ぐと発情して狂ったようになる。これに毒をまぜた実験が、小笠原諸島（訳注 当時は米国占領下）で行われた。ファイバーボードを小さな角に切りきざみ、二種類の化学薬品にひたし、それを群島全部に空から撒布して、雄のハエを殺そうとした。この《雄殲滅》という計画がはじめて実施されたのは、一九六〇年だったが、その翌年九九パーセント近くのハエがたちまち死滅した（農務省の推定による）。いままでのようにただ殺虫剤をまくよりもこの方法のほうが効果があったらしい。有機リン酸の一種をファイバーボードにつけたのだが、ファイバーボードなどはおそらく野生の動物が食べるようなことはないし、またその残留物はすぐに霧散し、土壌や水にまざる心配はない。

だが、昆虫界のコミュニケーションすべてが、ひきよせたり、また逆にはねつける香りによって行われているわけではない。音もまた、相手をおどろかしたり、あるいは逆に相手をひきよせたりする役目を果している。コウモリが飛ぶときには、羽からたえずある特定の超音波が流れ出るが、ある種の蛾は、それをききつけて、いちはやく逃げ去る（ちなみに、コウモリが闇の夜でも飛べるのは、この超音波がレーダーの役目を果しているからなのだ）。また、寄生バエの羽音がすると、ハバチ科のある種の幼虫は、一かたまりになって身の安全を守る。しかし逆に、ある種の木に穴をあける昆虫がたてる音は、寄生虫をおびきよせることになり、蚊の雌は美しい羽音をたてては、雄をさそいよせる。

ある音に敏感に反応する――こうした昆虫の性質を利用できるとすれば、どういうことが考えられるだろうか。まだ実験の段階にすぎないが、興味あるのは、雌の蚊の羽音をテープに録音してきかせると、雄がひきよせられる。雄の蚊は、電流を通じてある網のなかへとさそわれて死んだ。アワノメイガの幼虫とネキリムシの幼虫は、超音波の響きに反応して逃げ去るので、その野外実験がカナダで行われている。動物音に関する研究の権威ヒューバート・フリングとメーブル・フリング教授（両者ともハワイ大学教授）の考えによれば、音をたてて昆虫の行動をかきみだす方法を実用化するにはもう一歩のところで、昆虫が音をたてたり、また音をききとる現象については、すでに厖大な研究がなされているという。そして、相手をひきよせる音よりも、相手を追いはらう音のほうが、応用範囲もひろいようである。フリング夫妻は、ムクドリの研究で有名になった。仲間の悲鳴の録音をきくと、ムクドリは危険を感じとって逃げ去ってしまう。こうした事実のなかにこそ、昆虫にも応用できる鍵がひそんでいるかもしれない。研究所だけでなく、実際に工場を経営している人たちも、このような研究には将来性があると考え、現に有名なある電子工業会社はそのため特別の研究所を建てようとしている。

　音で昆虫をじかに殺すことはできないだろうか——こんな実験も行われている。たとえば、ボウフラを実験室のタンクに入れて超音波をたてると、一匹残らず死んでしまう。だが、同時にほかの水棲(すいせい)生物にも被害が及ぶ。また、べつの実験によれば、ホホアカクロバエ、コメノゴミムシダマシ、チャイロコメノゴミムシダマシの幼虫、黄熱病を媒介するネッタイシマカなどは、超音波をたてると、数秒のうちに死滅したという。このような実験は、みんな新しい方向を目指しての第一歩といってよく、驚異の電子工学の力をかりて、いままで考えもつかなかった新しい防除学がそのうちうちたてられるだろう。

　しかし、新しい生物学的防除学といえば、電子工学とかガンマ線放射とか、そのほか現代の科学者があみ出したものにかぎらない。古くから知られている方法も、脚光をあびている。たとえば、人間と同じように、昆虫も病気にかかる。あのむかしのペストのように伝染病が蔓延(まんえん)すれば、昆虫もばたばたと倒れてしまう。またウィルスの襲来をうけて、おびただしい昆虫が病気になり死滅する。虫も病気になるのは、アリストテレスの時代のまえから知られていたし、中世の詩には、カイコの病気がうたわれている。そして、パスツールが伝染病の原理を発見できたのは、カイコの病気を調べたからだった。

昆虫はウィルスや細菌におそわれるばかりでなく、菌類、原虫類、微生物、そのほか極微世界の目にも見えぬ生物（これはたいてい人間には有益な生物）にもなやまされている。微生物とは、病原体であるものばかりではなく、廃棄物を破壊し、土壌を豊かにし、醗酵（はっこう）とか硝化のような無数の生成過程のなかへともぐりこんでいくものも含まれる。微生物もまた防除の助けにならないことがあろうか。

微生物を防除に役立てようと着想した最初の人間は、十九世紀の動物学者で細菌学者のE・メチニコフだったが、この考えは、その後十九世紀末から二十世紀前半にかけて、しだいにはっきりとした輪郭をととのえてくる。昆虫の環境に病気を発生させれば、防除できることが実際にわかったのは、一九三〇年代の末で、このときにはバチルス属の細菌の胞子から乳化病を人工的に発生させてマメコガネの被害をくいとめている。細菌による防除は、合衆国東部で長いあいだ模範的に行われてきたが、それについては七章を見られたい。

同属の細菌に *Bacillus thuringiensis* というのがある。この細菌は、一九一一年ドイツのチューリンゲン地方で発見され、コクガの一種 flour moth の幼虫のあいだにおそろしい敗血症をひき起すことがわかっていた。幼虫は、病気にかかって死ぬのではなくて、むしろ毒のために死滅する。桿状菌（かんじょうきん）のなかで胞子とともに発生するこの固有の結晶体は、蛋白質（たんぱくしつ）を含有し、ある種の昆虫、とくに蛾のような鱗翅目（りんしもく）の幼虫に対してはげしい毒性をもっている。この毒素がついた木の葉を食べると、幼虫はまたたくまに麻痺(まひ)におそわれ、食欲を失い、やがて死んでしまう。この毒性にあたればすぐに摂食が止る、というのだけでも、実際の面にずいぶん応用でき、病原菌をまけば作物がほとんど被害をまぬかれることになる。この細菌は、きわめて有望で、すでにアメリカ合衆国ではいくつもの会社が、*Bacillus thuringiensis* の胞子の入った合成物を、いろいろな商品名をつけて製造している。また、ほかの国でも野外実験が行われ、たとえばフランスとドイツでは、モンシロチョウの幼虫に対し、ユーゴスラヴィアではアメリカシロヒトリに対し、ソ連邦ではテンマクケムシに対して、それぞれ実験が進められている。パナマでは、一九六一年に試験をはじめたが、この細菌殺虫剤ともいうべきものは、バナナ栽培業者の救いの神となるだろう。パナマにはバナナの根をかじる穿孔虫(せんこうちゅう)がいて、そのため風が吹くと木が根本から簡単に倒れ、深刻な問題となっている。この穿孔虫を押えられるのはそれまでディルドリンしかなく、ディルドリンを撒布(スプレー)したあげく、いまは化学薬品特有の悪循環が起っている。まず穿孔虫そのものが、抵抗性をもつようになり、また化学薬品のために、ほかの害虫を食べる捕食性動物も姿を消し、その結果ハマキガがふえはじめた。この小さいが太っちょの蛾の幼虫は、バナナの表面をくいあらす。このようなときに、いままでと質の違う新しい微生物殺虫剤があらわれ、ハマキガも押えれば穿孔虫も殺すということになれば、どんなにすばらしいだろう。そして、自然相互のコントロールは、少しもみだされることがない。

カナダ東部、アメリカ合衆国東部の森林地帯では、新芽を食いあらす虫や、マイマイガなどの被害が大きく、ここでも細菌殺虫剤は期待されてよい。一九六〇年、カナダと合衆国両国共同で、*Bacillus thuringiensis* の野外実験が行われている。このときには市販品が使われたが、いままでの結果からみれば、とにかく有望といえよう。たとえば、ヴァーモントでの最終結果報告は、DDTと同じ効果があがったと述べている。未解決の点は技術的なもので、針葉樹の葉に細菌の胞子をふりかけ付着させるのに、どういう溶剤がいいかということなど。農作物の場合は簡単で、粉末状のものも使える。菜園では、いろいろな野菜に細菌殺虫剤がすでに試験的に使われ、とくにカリフォルニア州ではさかんである。

さて、これほど人目につかないかもしれないが、このほかウィルスによる防虫が行われている。カリフォルニア州のムラサキウマゴヤシの苗畑では、モンキチョウの一種の幼虫の害を防ぐために、ウィルスの入っている液体を撒布(スプレー)した。このウィルスは、毒性の強い伝染病にかかって死んだその幼虫のからだから抽出したもので、殺虫剤と同じような威力がある。病気にかかって死んだその幼虫が五匹もあれば、ムラサキウマゴヤシ畑約一エーカー（訳注 一エーカー＝四〇四七平方メートル）分のウィルスが抽出できる。また、カナダの森林地帯では、マツの木をあらすマツノキハバチにウィルスがすばらしい威力を発揮することがわかり、殺虫剤のかわりにウィルスが主に使われている。チェコスロヴァキアでは、クモ状の巣をかけるチョウや蛾の幼虫やそのほかの害虫に原虫類を使う実験をしている。またアメリカ合衆国では、原虫類に属する寄生虫がアワノメイガの幼虫の産卵力を減少させることが発見された。

微生物殺虫剤というと、ほかの生物を危険にさらす細菌戦争を思い浮べるかもしれないが、そんな心配は無用だ。化学薬品と違って、昆虫病原体は、ある特定の昆虫をおそうだけなのだ。昆虫病理学の権威エドワード・スタインハウス博士は言う――《本ものの昆虫病原体が、脊椎（せきつい）動物に伝染病を発生させたことは実験においてもまた実際にも一度もなかった》。昆虫病原体は、きわめて特殊なもので、ごくわずかの種類の昆虫だけ――ときには一種類の昆虫だけしかおそわない。高等動物や植物に病気をひき起すものとはまたべつの系統に所属している。スタインハウス博士が指摘しているように、自然界の昆虫に病気が発生するときには、その病気はいつも昆虫にかぎられ、それが寄生する宿主植物や宿主動物に及ぶことはない。

自然界のなかに昆虫の敵がいる。いろんな種類の微生物だけでなく、同じ昆虫同士でも敵となる。害虫の敵を育てて害虫を押えようと考えた最初の人は、エラスムス・ダーウィン（訳注 チャールズ・ダーウィンの祖父）だとふつう言われている（一八〇〇年ごろ）。これが生物学的コントロールのはじめだったせいか、化学薬品にかわるものといえば、虫をもって虫を制する方法が唯一のものと一般に誤解されている。

こうした古典的な生物学的コントロールがアメリカ合衆国ではじめて本格的に行われたのは、一八八八年だった。昆虫探索家の草分けの第一人者アルバート・コーベルは、ワタフキカイガラムシという虫の天敵を求めてオーストラリアへと出かけた。この虫のために、柑橘産業は大打撃をうけようとしていたのだ。十五章でも書いたが、この遠征は大成功で、二十世紀になると、まねかれざる害虫を餌とする自然の敵を、みんなさがし求め、全部で、百種類あまりの捕食者、寄生虫が集まった。コーベルが持って帰ったベダリアテントウなど、海外から輸入したものは、すばらしい成績をあげ、たとえば日本産のスズメバチは、合衆国東部のリンゴ園をあらす害虫を完全に押えつけてしまった。まだらのあるアルファルファ・アブラムシの天敵は、中東からカリフォルニア州に偶然入りこみ、アルファルファ産業を救った。マイマイガの寄生虫や捕食者がすばらしい防虫効果をあげ、また、マメコガネツチバチという寄生バチがマメコガネの害を防いだのとおなじだ。カイガラムシやコナカイガラムシに対して生物学的コントロールを行えば、カリフォルニア州で年数百万ドルの利益があがるものと考えられ、同州の指導的な昆虫学者のひとりポール・ドバック博士が計算したところでは、生物学的コントロールに四百万ドル投資すれば、一億ドルとなってかえってくるという。

害虫になやまされたあげく、天敵を輸入して生物学的コントロールの効果をあげた実例は、世界各地に見いだされ、四十カ国にも及ぶ。このような防除が化学薬品スプレーよりすぐれていることは、いまさらいうまでもない。まず費用があまりかからない。またその効果は一時的なものでなく、化学薬品のようにあとまで毒が残ることもない。だが、生物学的コントロールは軽視されて予算も十分もらえず困難な道を歩いてきた。生物学的コントロールを正式に州の事業として行なっているのは、合衆国では、カリフォルニア州だけで、この問題を専門的に研究している昆虫学者がひとりもいない州もたくさんある。予算がないためか、天敵による防除というこの方法が、十分な学問的な裏づけなしに行われることもあった。被食者である昆虫の個体数にどういう圧力が加わるか正確に研究しないことも多く、また安易に天敵を放つこともあった。この正確さこそ、生物学的コントロールが成功するかしないかのきめ手なのに……。

捕食者と被食者は、それぞれ独立して生存しているのではなく、生命の大きないとなみの一部なのだ。したがって、私たちはたえず生のいとなみ全体を考えなければならない。もっとも模範的な生物学的コントロールが行われるとすれば、おそらく森林についてだろう。現代の農業は、きわめて人工的で、いままでの自然という概念はもはやあてはまらない。だが、森はべつで、自然にはるかに近い。とくに、手をかける必要はない。ちょっと手をかすだけで、自然は自分の道を歩んでいける。すばらしい、そして複雑なコントロールと均衡（バランス）のシステムをつくり出しては、害虫の攻撃をかわしていく。

アメリカ合衆国の森林官は、生物学的コントロールといえば、主に害虫に寄生する寄生虫や捕食者を問題にする傾向があったように思われる。それにくらべると、カナダ人は視野がひろく、またヨーロッパの学者のうちには、進取の気概にみちあふれた人がいて、《森林衛生学》ともいうべき学問を発展させ、その領域はおどろくほどの広範囲にわたっている。鳥、アリ、森にすむクモに巣喰う細菌までも、樹木と同じように森を構成するものと考え、このような森を保護する生物で、新しい森林をつくろうとしている。まず鳥をふやすことからはじめる。近代になって集約的森林経営が進むにつれて、樹齢の多いうろ穴のある古木はとりはらわれたが、それといっしょにキツツキや、そのほかの鳥の巣も姿を消していった。そこで巣箱がそこかしこに掛けられ、鳥たちはまた森へと帰ってくる。フクロウや、コウモリのためには、とくにそれに合った巣箱がつくられ、フクロウやコウモリは夜になると虫を求めて飛びまわり、昼は昼で小鳥たちが虫をあさりまわる。

だが、これはまだ初歩の段階にすぎない。ヨーロッパの森林で行われたすばらしい防除方法には、forest red ant というアカヤマアリを害虫の捕食者として利用するのがある。ちなみにこのきわめて攻撃的なアリは、残念ながら北アメリカには分布しない。いまから二十五年あまりまえ、ドイツのヴュルツブルク大学教授カール・ゲスヴァルトが、このアリを人工的に飼育する方法を発明し、かれの指導のもとに、西ドイツの九十あまりの試験区域に一万以上のアカヤマアリの巣がつくられた。この方法は、イタリアをはじめ、このアカヤマアリのいる国でひろく応用され、森林をむしばむ害虫を駆除し、たとえば、アペニン山脈では、植林地帯を保護するのに、数百もの巣を設けた。

ドイツ、メルン市の森林官ハインツ・ルッペルツホーフェン博士は言う――《コウモリやフクロウを含め、鳥やアリを森のなかでうまく保護できれば、それだけで生物的均衡は大幅に回復する》。博士の考えによれば、捕食者や寄生虫をつれてくるよりも、樹木の《自然の仲間》をたくさん育てたほうが効果がある。

メルンの森では、新しく人為的につくったアリの巣がキツツキの餌食にならないように、金網をはりめぐらした。そのため、ところによっては十年間に四倍も数がふえたキツツキは、アリの巣をあらすかわりに害虫の芋虫、青虫をとった。そしてアリの巣や巣箱の世話をするのは、十歳から十四歳ぐらいまでの町や村の子供たちだから、費用はほとんどかからず、森は永久に害虫から守られることになった。

ルッペルツホーフェン博士は、このほかずいぶんおもしろい仕事をしている。それは、クモを使って森林を保護しようというもので、博士はこの方面の開拓者といっていい。クモについては、おびただしい文献があるが、主に分類や博物学に関するもので、それも断片的、散発的に行われ、生物学的コントロールとの関係に注目したものは一つもない。クモの種類は二万二千あることがいままでにわかっているが、そのうちドイツに棲息しているのは七百六十種類（合衆国には二千種類）で、ドイツの森林には二十九科がいる。

森林学者に興味があるのは、どういう網をクモがかけるか、という点である。車輪状の網をかけるクモが、いちばん役に立つ。この種のクモがかける網のうちには、目のとても細かいのがあり、空中を飛ぶ虫という虫がひっかかってしまうからなのだ。cross spider の大きな網は、直径十六インチ（訳注　一インチ＝二・五センチ）、その繊維には粘着力のある結節が十二万ばかりある。クモの寿命はふつう十八カ月だが、そのあいだに一匹のクモが殺す虫の数は平均二千匹と考えられている。生物学的にみて健全といえる森には、一平方メートルあたり五十から百五十四匹のクモがいる。それ以下のときには、ふくろのような形をした繭（そのなかに卵がつまっている）を集めてきて方々にまきちらす。ルッペルツホーフェン博士は言う——

《スズメバチグモの繭が三つもあれば、千匹のクモが生れ、二十万匹の空中を飛ぶ虫がつかまるだろう》。スズメバチグモは、合衆国にも棲息できる。春がくると、ちっぽけで押せばつぶれてしまう車輪状の網をかけるクモの子供たちが孵るが、この子供たちはとくに大切なのだ。《かれらは、力をあわせ梢の先に傘のような網をかけて、ふき出てくる若芽を求めて飛んでくる虫を残らずつかまえてしまう》と博士は言う。脱皮し成長するにつれて、網もまた大きくなっていく。

北アメリカの森は、ドイツと違って、あまり植林されていず、むしろ自然のままの森が多い。そして、森を害虫の被害から守る、ドイツと同じ種類の天敵がいるわけではない。だが、カナダの生物学者たちが押し進めてきた研究もドイツと似たようなものだった。カナダでとくに力を入れているのは、小哺乳類で、これはある種の害虫に対しておどろくほどすばらしい駆逐力をみせる。とくに森林のやわらかい土壌に棲息する虫――たとえば、ハバチなどはたちまちやられてしまう。ハバチは英語では sawfly と呼ばれているが、これは雌が鋸の刃の形をした産卵管をもっているためで、この鋭い刃で針葉樹の葉を細長く切り開き、卵を産みつける。幼虫は最後に地面に落ち、アメリカカラマツの泥炭のなかや、トウヒやマツの下のやわらかい土のなかに繭をつくる。だが、森林の土壌のなかは、小哺乳類のトンネルや通路が入り乱れている。白いあしをしたネズミ、ハタネズミ、いろんな種類のトガリネズミが穴を掘っている。かれら小さな穴掘り仲間の大食漢トガリネズミは、ハバチの繭を見つけ出しては、片端から食いあさる。まず前脚を繭のうえにのせ、中身の入った繭とからっぽの繭とを的確に見分けては、繭のはしを食いきる。トガリネズミほど、小さなくせに貪欲で飽くことを知らぬものはない。ハタネズミが一日に約二百個の繭を食べるとすれば、トガリネズミは種類によっては八百個ぐらいいたいらげても平気なのだ。実験室でのテストから推量して、いまある繭の七五パーセントから九八パーセントを、この方法で除去できると思われる。

ニューファンドランド島にはトガリネズミがいなくて、ハバチに悩まされていた。そこでこのトガリネズミを手に入れたいという熱心な要望が実を結んで、一九五八年、とくにハバチを好んで捕食するトガリネズミの一種が移入され、カナダ政府の一九六二年の報告によれば、大成功だったという。トガリネズミは繁殖し、島のすみずみまでひろがり、何匹かにしるしをつけておいたら、はじめに放した地点から十マイルも離れたところまで移動していた。

問題の恒久的な解決を望む森林学者には、こういう有力な武器がいろいろある。森のなかでいとなまれる自然相互の関係をきずつけないように守り育てることこそ、息の長い解決法といえよう。化学薬品を使って森林の害虫を駆除しようとしても、うまくいってせいぜい一時しのぎで、真の問題の解決にはならない。そして、へたをすれば、森のなかの小川にすむ魚を殺し、新しい害虫禍をまねき、自然相互のコントロールをこわし、さらには私たちがわざわざつれてきた天敵をも殺す羽目になる。ルッペルツホーフェン博士は言う――《こうした暴力のために、森の社会は、完全に均衡を失っている。害虫がひき起す災害は、周期的に起り、その頻度（ひんど）はますますひどくなってくる……化学薬品スプレーという反自然的な破壊行為はもうやめなければならない。いまなお自然と呼べるものがわれわれの周囲にいくらかでも残っているとすれば、森林はわれわれに残された最後の、かけがえのないものなのだ》。

私たちの住んでいる地球は自分たち人間だけのものではない——この考えから出発する新しい、夢豊かな、創造的な努力には、《自分たちの扱っている相手は、生命あるものなのだ》という認識が終始光りかがやいている。生きている集団、押したり押しもどされたりする力関係、波のうねりのような高まりと引き——このような世界を私たちは相手にしている。昆虫と私たち人間の世界が納得しあい和解するのを望むならば、さまざまな生命力を無視することなく、うまく導いて、私たち人間にさからわないようにするほかない。

人におくれをとるものかと、やたらに、毒薬をふりまいたあげく、現代人は根源的なものに思いをいたすことができなくなってしまった。こん棒をやたらとふりまわした洞窟時代の人間にくらべて少しも進歩せず、近代人は化学薬品を雨あられと生命あるものにあびせかけた。精密でもろい生命も、また奇跡的に少しのことではへこたれず、もりかえしてきて、思いもよらぬ逆襲を試みる。生命にひそむ、この不思議な力など、化学薬品をふりまく人間は考えてもみない。《高きに心を向けることなく自己満足におちいり》、巨大な自然の力にへりくだることなく、ただ自然をもてあそんでいる。

《自然の征服》——これは、人間が得意になって考え出した勝手な文句にすぎない。生物学、哲学のいわゆるネアンデルタール時代にできた言葉だ。自然は、人間の生活に役立つために存在する、などと思いあがっていたのだ。応用昆虫学者のものの考え方ややり方を見ると、まるで科学の石器時代を思わせる。およそ学問とも呼べないような単純な科学の手中に最新の武器があるとは、何とそらおそろしい災難であろうか。おそろしい武器を考え出してはその鋒先(ほこさき)を昆虫に向けていたが、それは、ほかならぬ私たち人間の住む地球そのものに向けられていたのだ。

解説

筑波常治

本書は、レイチェル・ルイズ・カーソンの主著『サイレント・スプリング』の全訳である。原著は一九六二年、アメリカのホートン・ミフリン社から出版された。日本語の訳書は二年ののち、青樹簗一氏の手により、新潮社から単行本として出されている。今回、訳書の題名をかえて、「新潮文庫」の一冊にくわえられることになった。初版（単行本）の題名は『生と死の妙薬』となっていた。化学薬品は一面で人間の生活にはかりしれぬ便宜をもたらしたが、一面では自然均衡のおそるべき破壊因子として作用する。初版の題名はその意味でなかなか含蓄にとんでいたのだが、一般読者には科学書でなくてミステリー物のような印象をあたえてしまい、不評であった。そこでこんどの文庫版では、原題をそのまま日本語になおして、『沈黙の春』と題された。

しかし原題のもっているニュアンスをつたえるためには、もうすこし長い説明が必要なように思われる。「ものみな萌えいずる春」という日本語があるが、ほんらいそうあるべきはずだった春が、化学薬品の乱用によってそうではなくなってしまった。そのことが本書の主題であり、むしろ《ものみな死に絶えし春》とでも表現したら、内容的には原著の主張をいちばんよくつたえることができるだろう。

カーソン女史は一九〇七年、アメリカのペンシルヴァニア州で生れた。同州の女子大学を卒業してから、ジョンズ・ホプキンズ大学の大学院に進学して、動物学を専攻した。二十五歳で学位を得て、アメリカ合衆国漁業局につとめる。そのころから勤務のかたわら、海洋生物にかんするエッセイを書きはじめる。四十五歳のとき、文筆に専念する目的で、いっさいの官職をしりぞいた。本書のほかに、『潮風のもとで』『われらを囲む海』などの著書をあらわしたが、一九六四年の春、日本語訳の初版が公刊される直前に亡くなった。

日本において、いわゆる農薬禍がさわがれだしたのは、数年前からである。それとおなじ事態を、カーソン女史ははるかに以前から、アメリカで警告していたわけだ。しかも本書の内容からも知られるとおり、きわめて多くの実証的データにもとづいておこなったのである。最近のいわゆる公害問題を、もっとも早い時期に先取りして論じたものであり、極言すると二十世紀後半の科学技術史上、とくに注目されてしかるべき業績のひとつであろう。農薬をふくむ化学薬品の使用が、人間の生活に目下もたらしつつある混乱は、近代文明全般に共通する問題を、象徴的にしめすものといってよい。

敗戦直後の状態を記憶している人はいまでも少なくないはずである。東京の焼野原にたっていたバラックは、どこもかしこも、ノミ、シラミ、ナンキンムシのたぐいが横行していた。シラミの媒介によって、発疹チフスが大流行した。このとき、アメリカ占領軍のもちこんだものが、DDTであった。主要な駅の改札口のちかくに、保健所の係員がまっていて、通勤者や通学生にDDTの白い粉をあびせかけたものだ。これによって発疹チフスは終焉にむかい、また多くの日本人が苦しめられた肌のかゆみから解放された。DDTこそ薬害の元凶のごとくいわれるが、あまりに忘れっぽいのも考えものである。熱帯で人間を多年のあいだ苦しめつづけたマラリアが、DDTの普及のおかげで激減したことも、まがうことなき事実である。要するに、人間にたいして破格の恩恵をあたえたものが、その目的をいちおう達成するや、ぎゃくに人間を害する方向へ転じてゆく。ここに文明というものの矛盾があるのだ。現代における化学薬品こそ、そのジレンマの典型というべきである。

農薬をふくめて殺虫剤・殺菌剤は、人間からみて〝有害〟な生物群を排除するために開発された。そもそもの問題は、この〝有害〟という定義にふくまれている。Aなる生物がBなる生物を食い殺すという場合、BにとってAは有害な存在にちがいない。しかし自然界全体からみるならば、多種多様な生物たちが食ったり食われたりしながら、それなりに安定した生態系をつくっている。AもBもその一部をなす構成要素にほかならない。そして特定の種属だけ過度にふえすぎることがないよう、抑制するための条件がととのえられている。

ところが、ホモ・サピエンス（ヒト、人類）という特定種属は、このタブーに挑戦して、これを破ったのである。人間の個体数の過度の増加を抑制するさまざまの存在が、〝有害〟なものとして撲滅の対象になった。また人間はあまたの生物群のなかから、少数の特定のものだけを、たんに人間の利用目的にかなうという理由でえらびだし、家畜となし、作物となした。そして利用目的をいっそうみたす方向へむけて、その〝改良〟をすすめたのである。このように設定された路線のうえを、そののちの人間の文明は真一文字に直進したといってよい。人間本位の利用目的にかなう生物は〝有益〟であり、これらを大量に増産することが、人間の繁栄のために必要である。したがって有益な生物の過度の増殖を抑制する自然界の作用は、ことごとく有害なものとして排除されなければならなくなった。

農薬をふくむ化学薬品は、それら〝有害〟なものどもを撃滅する手段であった。だが自然界のなかの存在としてみたとき、有益だの有害だのという区別は無意味である。人間のエゴイズムだけ基準にすれば、有益な家畜・作物のたぐいと、有害な害虫・病原菌のたぐいとでは、両極端にちがうものとして区分される。しかし自然界の生物としてみるとき、ともに複雑なタンパク質からなるその機能に、本質的な差があるわけはない。有害な生物たちの息の根をとめる薬剤は、有益な生物にたいしても被害をおよぼすのが当然である。

有害な種属だけ選別して退治できるような薬品を、むろん人間はめざしたのであった。しかしそれを簡単につくれると考えたのは、とんでもない思いあがりだったのである。そしてこのことの解決がつかぬうち、有害・有益の区別なくすべての生物に害ある種類の薬品が、かたはしから開発され、薬効の強度を増進させていった。その結果、ものみな死に絶えたにひとしい沈黙の春が到来したことは、カーソン女史の本書がくわしく説明しているとおりである。

人間はさらにもうひとつ、重要なことを見おとしていた。少なくとも軽視しすぎていた。前述のように、自然は多種多様の生物群が存在することで、それなりの安定を維持している。そのなかの一種ないし数種を撲滅することは、とりもなおさず全体のバランスをくずす結果になる。複雑な形の自然石がつみかさなってできた石垣(いしがき)から、一個ないし数個の石をひきぬいたらどうなるか。影響はたちまち全体におよび、石垣そのものの大規模な崩壊をおこすにちがいない。ちょうどそれとおなじである。しかも自然界の場合、構成それ自体が複雑であるゆえに、影響もいっぺんには表面化しない。ある部分はたちどころに、べつの部分は長期間をおいたのちに、被害の進行をあらわにしてくる。人間自身の予想もしなかった個所へ、意表をついた連鎖反応の結果がでてくるのである。Aなる害虫を除去する目的で、ある薬剤が使用されたとしよう。その目的はたっせられて、Bなる作物が虫害をまぬかれた。しかしその結果、おなじくAによって食い殺されていたCやDの種属が、抑制因子をとりのけられて爆発的に増加し、あらたな害虫となってBにおそいかかる。こういった例が多数あるのである。

殺虫・殺菌の効能をもつ化学薬品が、いったん開発されてこのかたというもの、人間は文字どおりなりふりかまわず、ひたすらそれへの依存度を増し、つまり量質ともに強大化する方向へつっぱしった。なぜそのようにしなければならなかったのか。最近の日本では、このことをもいわゆる公害の一種にふくめ、製薬資本の営利主義——すなわち企業の利益のため不必要な薬品を売りまくって乱用をすすめたことが、非難のまとになっている。しかしこれだけで片づけられるほど、事態の本質は単純でないのだ。右のような皮相的見解でわりきるには、現在の状況はあまりに絶望的である。すでに最初の出発点からして、人間の文明それ自体のなかに、かくならざるをえない必然性がやどされていた。一企業の責任に帰するには、悲劇の根はいささか深すぎる。

人間が今日のごとく高度文明をきずきえたのは、採集経済から脱して、牧畜さらに農耕という生産手段を発明したからである。それは換言すると、ある特定の土地を、牧場あるいは田畑として使用することである。さらに換言すると、人間の利用目的にかなう家畜・作物によって、それらの土地を独占させることでもある。ほんらいならばそこの土地には、家畜・作物いがいの各種生物が、当然のこととして棲息(せいそく)していた。人間はそれらの生物群にたいし、害獣・害鳥・害虫あるいは雑草といった汚名を一方的にかぶせ、強引に排除する手段にでた。こうして自然界のバランスがくずれた。いわゆる公害の起原は、工業とともにおきたのではなく、遠く牧畜ないし農耕のはじまりにさかのぼるのである。

家畜や作物は、いずれも野生生物から進化した。人間の利用目的にかなうように〝改良〟されたものである。この改良という言葉自体、はなはだ人間本位の用法である。人間の利用する部分、ブタならば肉、イネならば種子、キャベツならば葉、ダイコンならば根、といった各器官を、人間の利用に有利なように改造することをさしているわけだが、自然界の生物としてみたらどういうことになるか。それは身体の一部の器官だけが、他の器官とくらべて不釣合に肥大化させられることを意味している。つまり生物としては畸型になり、生活能力において虚弱化する。これが家畜および作物を改良するということのもうひとつの側面である。イネがゆたかにみのった状態を、「黄金の穂がたわわに――」といった表現であらわすが、それを天然の植物としてみれば、あまりにも穂の部分だけ巨大化しすぎてしまい、まっすぐにたっていることができなくなった不健康な状態である。時代とともに、人間は家畜・作物の改良をすすめた。ということは、不健康の度合をひどくさせたのである。当然ながらそれらの生活能力は、低落の一途をたどった。

畸型にして虚弱なこれらの種属は、野生の動植物群と対等に競争することなどできない。したがってそれらをそだてるには、人間の手による〝保護〟が不可欠となる。その保護こそ、家畜については飼育技術、作物については栽培技術にほかならない。時代とともに家畜・作物の改良がすすみ、ということは畸型の程度がひどくなり、それにあわせて飼育・栽培技術も発達した、ということは過保護の傾向をつよめた。虚弱きわまる作物をよく成育させようと、土壌をやわらげ、水はけや空気の流通をよくし、日照条件を考え、大量の肥料を投入する。そうなった田畑は、ある種の野草（雑草）や野生動物（害虫など）にとっても、いよいよ絶好の生活環境と化する。そこでそれらを排除するため、人間の介入がいっそうエスカレートせざるをえない。農業の発達とは、とりもなおさずこのイタチごっこのくりかえしであったことになる。

　排除されるもののうちでも、昆虫類とバクテリア、ウィールスのたぐいは、人間にとり最大の厄介物だった。農業が開始されてこのかた、これらから作物を保護しぬくことが、人間の悲願であった。日本の米作りにかんしていえば、かつてウンカ（浮塵子）とよばれる害虫が猛威をふるった。ウンカはセミに似た形をしているが、ずっと小形（体長六ミリくらい）である。小さいだけに素手による除去が困難である。これが生育中途のイネにとりつき、茎の汁を吸うのである。大量にとりつかれたイネは枯死してしまう。ウンカの大発生が、江戸時代には飢饉の一因にもなっていた。有効な駆除方法が見つからぬまま、神仏の加護にすがろうとする習慣がひろまった。「虫送り」とよばれる行事がそれである。村中の人間が手に手に炬火をかざし、鉦や太鼓をたたきながら、行列をくんで水田のあいだをねりあるく。そして口々に虫除けの呪文をとなえ、ウンカ発生の原因たる悪霊をとりのぞこうとするものである。いまも一部の地方には、伝統的な祭礼となって保存されている。

江戸中期にいたり、はじめて「注油法」が発見された。水田に大量の油を流すと、水の表面に油膜が形成される。それからイネを棒でたたき、あるいは押しまげて茎葉を油膜につける。そうするとウンカが油膜中に落ちて、呼吸器官をふさがれ窒息死するというものである。この方法は北九州にはじまり、各地へ伝播していった。最初の有効な駆虫法であり、これをもって農薬使用のはじまりとする説もある。とはいっても、もちろん完全な害虫防除はまだ不可能であった。それをめざして人間の必死の努力がなされたのである。

化学農薬の開発は、こういう努力の延長線上に生じたものである。農民にとって未曽有の福音というべきだった。しかし害虫よりもさらに厄介な相手――病原菌をめぐって、さらに厄介な難題がでてくることになる。明治以前、これら肉眼でとらええないバクテリア、ウィールスの存在は、もちろん知られていなかった。病害の正体がわからず、異常気象のせいなどにされていたのである。明治以降、これら微生物が病気の原因と判明し、薬品による防除手段があわせて開発された。

ところが病原菌の場合、薬品にたいする抵抗性の問題がでてきた。ある種の病原体に効く農薬をつくりだし、これを撒布(さんぷ)する。病原体のほとんどは死滅するが、ふしぎと一部の系統が生きのこり、ふたたび増殖をはじめる。この系統は農薬の洗礼をくぐりぬけたのであり、その抵抗性はあらたにふえた子孫へ遺伝する。そこでこれをおさえるには、前よりも強力な農薬が必要になってくる。強力な農薬を投下して大部分を死滅させえても、またまた一部は生きぬいて、子孫をふやしだす。このようなことがくりかえされて、いわゆる多農薬農法にゆきつかざるをえなくなった。化学薬品によって大型の生物は死に絶え、沈黙の春が到来したのであるが、病原体のたぐいは沈黙せず、しぶとく活動を再開するのである。

一方において、強力化した薬品の成分は、作物の内部に蓄積される。いわゆる残留農薬が生じるのである。この成分は当然ながら、その作物を食べる人間の体内へはいり、人体に蓄積することで毒作用をあらわす。これが日本でも最近さわがれだした農薬禍だが、じつはそれ以前の段階で、さらに深刻な事態がおこりつつある。強力化した農薬が、作物そのものへも毒としてはたらき、かんじんの作物の順調な生長を阻害することである。こうなっては文字どおり、元も子もなくなる。しかし農薬を強化しないかぎり、病原菌がふたたび勝利をしめる。農薬を強めて作物をそだたなくするか、農薬を強めずに病原菌をはびこらせ、これによって作物がおびやかされるか、いずれにころんでもどうともならない、絶体絶命の破局がもう目前にせまってきている。日本の米作りは、世界のあらゆる農業のうちで、もっとも多くの人手間を要し、もっとも多く土地あたりの生産高をあげてきた。つまりほんらいの自然からいえば、もっともはなはだしいバランスの破壊を前提にしている。それゆえ右のような問題が、もっとも早い時期に露呈する危険も大きい。しかしいずれの国の農業も、いずれ到達する果てはおなじことになろう。

そのような事態への対策として、カーソン女史は「もっと危険度の弱い農薬を使うように心がけるとともに、非化学的な方法の開拓に力をいれなければならない」と主張し、また「薬剤が食糧に少しも残留しないような方法で昆虫を駆除する可能性もたくさんある」と指摘している。だが以上にのべてきたごとく、多農薬農法のよってきたる必然性を考えると、そうそう容易に解決策があるわけもない。いわゆる天敵の利用——害虫を駆除するに別種の生物を導入する方法にしても、自然界のバランスの破壊であることにはかわりなく、そうであるかぎりまた何らかの形で同様の困難が生じてくるにちがいない。

このようなジレンマこそ、人間の文明にそもそもの最初からひそんでいたものであり、現在はそのことが顕在化した時代だといえる。その現代文明の一環として、農薬をふくむ化学薬品があるわけである。化学薬品によって喚起された困惑は、文明そのものの内包する矛盾にほかならない。この『沈黙の春』は、そういう状況をしめすひとつの具体的証言といってよい。それにしても、カーソン女史が本書を執筆した当時には、前記のような対策がまだ実現の望みあるものと期待されていた。そのときから十年余の歳月は、事態のいっそうの困難をあきらかにしてきている。たんなる気休めでない〝解決策〟は、いぜん暗中模索のさなかにある。

（一九七三年三月、評論家）

※この本の原典は、アメリカの Fawcett World Library から出ている二種類のペーパーバックス（Crest Books と Premier Books）のほか、イギリスの Penguin Books で廉価（れんか）に入手できます。

この作品は一九六四年六月新潮社より『生と死の妙薬』として刊行され、一九八七年五月新装版『沈黙の春』として刊行された。

Title : SILENT SPRING
Author : Rachel Carson

沈黙の春

新潮文庫　カ－4－1

Published 1974 in Japan
by Shinchosha Company

昭和四十九年二月二十日　発行
平成十六年六月十五日　六十二刷改版
令和六年四月二十日　八十七刷

訳者　青樹簗一

発行者　佐藤隆信

発行所　株式会社新潮社
郵便番号　一六二―八七一一
東京都新宿区矢来町七一
電話　編集部(〇三)三二六六―五四四〇
　　　読者係(〇三)三二六六―五一一一
https://www.shinchosha.co.jp

価格はカバーに表示してあります。

乱丁・落丁本は、ご面倒ですが小社読者係宛ご送付ください。送料小社負担にてお取替えいたします。

印刷・東洋印刷株式会社　製本・加藤製本株式会社

ISBN978-4-10-207401-5 C0161